新型产胶植物 橡胶草

●刘实忠 覃 碧 杨玉双 编著

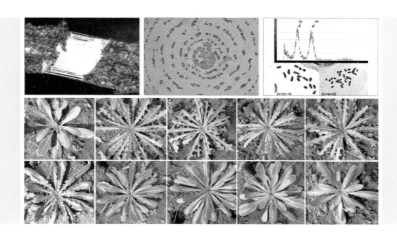

中国农业科学技术出版社

图书在版编目（CIP）数据

新型产胶植物橡胶草 / 刘实忠，覃碧，杨玉双编著 . -- 北京：中国农业
科学技术出版社，2021. 12

ISBN 978-7-5116-5604-9

Ⅰ . ①新… Ⅱ . ①刘… ②覃… ③杨… Ⅲ . ①橡胶草—研究 Ⅳ . ①S576

中国版本图书馆 CIP 数据核字（2021）第 245793 号

责任编辑	周　朋
责任校对	贾海霞
责任印制	姜义伟　王思文

出 版 者	中国农业科学技术出版社
	北京市中关村南大街12号　　邮编：100081
电　　话	（010）82106631（编辑室）　（010）82109702（发行部）
	（010）82109709（读者服务部）
传　　真	（010）82106631
网　　址	http：// www.castp.cn
经 销 者	各地新华书店
印 刷 者	北京建宏印刷有限公司
开　　本	185 mm×260 mm　1/16
印　　张	16.25
字　　数	366千字
版　　次	2021年12月第1版　　2021年12月第1次印刷
定　　价	198.00元

《新型产胶植物橡胶草》
编委会

主　编：刘实忠　覃　碧　杨玉双
副主编：王肖肖　陈秋惠　高玉尧　徐建欣

序

橡胶草（*Taraxacum kok-saghyz* Rodin，TKS）又名青胶蒲公英、俄罗斯蒲公英，原产于哈萨克斯坦共和国天山山谷和中国新疆特克斯河流域，适宜生长在温度为 20～25℃的温带凉爽气候区域，耐低温，适宜种植区域广。橡胶草根部可合成优质的天然橡胶，所产天然橡胶的分子结构和三叶天然橡胶完全相同，分子量及分子量分布完全适于工业化生产。我国西北、华北和东北的大部分地区均适于橡胶草的种植，适合于大规模机械化种植生产。

蒲公英橡胶的成功开发必将改变世界天然胶的分布带，并为我国天然胶资源的长久、安全、稳定供应做出巨大贡献。另外，蒲公英橡胶的成功开发和应用，也将促使橡胶业降低石油基的合成橡胶用量，不仅可间接减少对石油的消耗，也会改善环境、降低碳排放从而产生重大的社会效益。蒲公英橡胶草优良的栽培特性也将改良我国"三北"地区几千万亩的荒漠化盐碱地；通过林下间作和土地轮作，提高土地利用率和经济效益；缓解三叶天然橡胶产业对热带雨林侵蚀的生态压力，生态效益显著。

本书共分为 10 章，详细介绍了橡胶草的形态特征及其野生种质资源、橡胶草染色体及其所产天然橡胶、橡胶草突变体创制与杂交选育种、橡胶草栽培技术、橡胶草基因组与转录组、橡胶草分子标记开发及其应用、橡胶草中天然橡胶与菊糖合成途径及其关键基因鉴定与克隆、橡胶草组织培养与扩繁、橡胶草转基因与基因编辑、橡胶草作为产胶植物的优势及其产业化研究进展与展望等内容。

本书可供以橡胶草等产胶植物为研究对象的科研院所和高校科研人员、教师和研究生参考。

由于笔者水平有限，疏漏和错误在所难免，敬请批评指正！

刘实忠　覃碧　杨玉双
2021 年 8 月
于海南海口中国热带农业科学院橡胶研究所

著者简介

刘实忠，博士，研究员，毕业于中国农业大学。

近年来致力于产胶作物种质资源评价与利用研究，在橡胶草种质收集保存与选育种等工作上取得了进展。系蒲公英橡胶产业技术创新战略联盟专家委员会副主任委员（2015年至今），华中农业大学及海南大学硕士研究生导师。主持和参与国家级、省部级科研项目及企业重点横向课题20多项，获发明专利11项，实用新型专利20项，发表论文60多篇，获省部级科技奖3项。

邮箱：sz_liu@126.com

覃碧，博士，副研究员，毕业于南京农业大学。

长期从事作物遗传育种与分子生物学相关研究，目前主要研究方向为产胶植物种质资源收集、鉴定、评价及其种质创新。系蒲公英橡胶产业技术创新战略联盟成员，海南大学硕士研究生导师。主持和参与国家自然科学基金、国家重点研发专项、海南省自然科学基金等国家级、省部级科研项目10余项，获授权发明专利3项，实用新型专利6项，在国内外学术期刊发表论文30余篇。

邮箱：qinbi126@163.com

杨玉双，博士，助理研究员，毕业于中国科学院大学。

长期从事作物遗传育种与分子生物学相关研究，目前主要研究方向为产胶植物种质资源收集、鉴定、评价及其种质创新。系蒲公英橡胶产业技术创新战略联盟成员。主持和参与国家自然科学基金、国家重点研发专项、海南省自然科学基金等省部级科研项目10余项，获授权发明专利2项，实用新型专利1项，参与发布地方标准2项，发表相关学术论文共13篇。

邮箱：yangyushuang56@163.com

目 录

第一章

橡胶草的形态特征及野生种质资源

1.1 橡胶草的形态特征与分类

橡胶草（*Taraxacum kok-saghyz* Rodin，TKS）是一种菊科（Asteraceae）蒲公英属（*Taraxacum*）大角蒲公英组（Sect. *Macrocornuta* V. Soest）的多年生草本植物，最早在中国新疆和哈萨克斯坦共和国被发现。据罗士苇等（1951b）和《中国植物志》（中国科学院中国植物志编辑委员会，1996）中的描述，橡胶草的形态特征如图 1 所示。

抽薹期　　　　　　　　　盛花期

成功授粉的种子　　　高含胶量株系根部拉丝　　　完整植株

图 1　橡胶草不同组织的形态特征与根部橡胶丝

1.1.1 橡胶草的叶片形态特征

橡胶草叶片为簇生叶，一株植株可以有多丛簇叶，每一簇有 20 ~ 50 个叶片，平铺或靠近于地面生长成碟形，叶柄不明显。叶片有多种形态，在倒卵形与披针形之间，全缘或羽状分裂，甚至全裂，形状多变，同一植株上也有可能不同，在不同生长阶段其叶片形态也会有变化。研究表明，随着个体发育和在环境适宜的条件，同一株植物裂片比例会增加（Krotkov，1945）。叶尾钝或急尖，主叶脉粗壮。叶片颜色翠绿色或蓝绿色，蓝绿色的类型居多（图2）。

| 全裂型TKS | 羽状分裂型TKS | 微裂缺型TKS | 全缘型TKS |

翠绿色　　　　　　　　　　　　　　　　蓝绿色

图2　不同叶片形态以及不同叶片颜色的橡胶草

1.1.2　橡胶草的花形态特征

在自然条件下，每年的5—7月为盛花期。开花期间每株植物可抽出数个花轴，花轴如筷子般细长光滑，顶部着生头状花序。花苞钟状，内层苞片比外层苞片长，外层苞片具有小小的"角"，这是区别于其他蒲公英的特征。黄色的舌状花，花药连合呈线形，下端有细而短的白色柔毛，花柱白色，柱头黄色（图3）。

图3　橡胶草的花和果实形态特征

1.1.3　橡胶草的果实形态特征

果实为瘦果型，淡褐色，长 0.25～0.35cm，上部具有短刺，上端逐渐变细延长成喙，喙长 0.6～0.8cm，喙的顶端分生着白色冠毛。整体很轻，像其他蒲公英果序一样会被风吹散（图3）。

1.1.4　橡胶草的根部形态特征

橡胶草的根型有直根型和须根型（图4）。根肉质，根颈部有黑褐色的"根套"。一般须根型的根部生物量比较大，直根型的材料便于后期采收，因此，橡胶草的根部驯化应以大生物量直根型为目标。

直根型　　　　　　　　　　　　　　　　须根型

图4　不同根型的橡胶草根部形态特征

1.1.5　橡胶草根部乳管结构与天然橡胶积累

乳管是产胶植物合成天然橡胶的细胞，乳管的分化情况与产胶量密切相关。橡胶草的根部韧皮部能够发育形成乳管并合成优质的天然橡胶，不同种质及其不同发育时期的根部乳管数量差异较大（图5）。冯午等（1952）对一年生的橡胶草植株根部乳管发育和天然橡胶的积累进行研究发现，橡胶草根部的乳管细胞位于韧皮部，且分散成束，所以被称为韧皮束，韧皮束在根内分布成同心圆圈，所以用韧皮束圈数表示乳管在橡胶草根内的分布和数目。生长 1 个月的根含有 2～3 圈，生长 2 个月的根含有 6～8 圈，生长 3 个月的根达到 9～13 圈，在生长 2～3 个月时乳管增加最快，而橡胶含量增加也最快，在气温高的夏季，植株休眠时乳管的增加也几乎停滞（冯午等，1952），证明橡胶草根部乳管的分化程度与产胶量呈正相关。

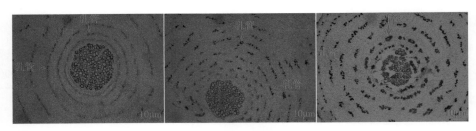

图 5　橡胶草根部乳管细胞

1.2　橡胶草与其他蒲公英植物的区别

橡胶草与短角蒲公英（*Taraxacum brevicorniculatum*，TB）、药用蒲公英（*Taraxacum officinale*，TO）的区别如图 6 所示，有 3 个主要特征。一是叶片表面光滑无毛，有肉质感，较厚，表面有光泽，无刺，主脉浅色，叶片多呈蓝绿色，侧脉不发达。二是总苞片的尾端有小小的"角"，橡胶草的花序直径 25 ～ 30 mm，比许多其他蒲公英植物的花序要小；总苞片带有长而尖的角，外层总苞片长 4 ～ 5 mm，宽 1.5 ～ 2 mm，等宽或稍宽于内层总苞片；内层总苞片长为外层总苞片的 1.5 ～ 2.5 倍。三是橡胶草的干根切开或者多年生鲜根折断可以看到拉出丝的橡胶，其他蒲公英干根或者鲜根切开很难看到胶丝。另外，橡胶草是二倍体植物，可进行有性生殖，一般是异花授粉。在早期的研究过程中，根据苞片有"角"的这一特征，研究者们将短角蒲公英当作了橡胶草，直到 Kirschner 等（2013）发现这个种质是三倍体，进行 AFLP 分析后才将之与橡胶草区分，这种蒲公英的干根含胶量仅为橡胶草的 1/4 ～ 1/2，是一种含胶量很低的产胶植物。

图 6　橡胶草（TKS）与短角蒲公英（TB）、药用蒲公英（TO）的形态特征比较

1.3　橡胶草的生长习性

橡胶草为多年生草本植物，部分种质在种植的第一年能够大量开花结实，而有些种质则需要生长到第二年春季才能开花，其开花时间受温度和光周期影响很大，5—6 月为盛

花期，可持续到 7 月中旬左右结束。橡胶草属于自交不亲和植物，但不同种质间的亲和性差异较大。整个生长周期中，叶片的生物量受环境影响变化很大。一般植株在第二年的夏季（7—8 月）会出现一个休眠期，持续时间长短不一，主要受温度和降水的影响。休眠期一般发生在植株开花结实之后，这期间植株地上生物量很小，甚至叶片全部枯萎，但地下根部保持活性，遇到适宜的条件（雨水、温度）后会再次萌发长出新芽（图 7）。

图 7　野生橡胶草夏季休眠的生长状态

1.4　野生橡胶草种质资源及其分布

1.4.1　橡胶草种质资源

种质资源主要的类型有野生种、近缘种、古老品种以及改良品种等。橡胶草种质资源是遗传改良的前提和基础。蒲公英属植物如橡胶草（TKS）、短角蒲公英（TB）、药用蒲公英（TO）等都属于橡胶草的种质资源（表 1）。橡胶草原产于哈萨克斯坦天山山谷和中国新疆特克斯河流域，目前已收集的野生橡胶草种质资源也来源于其原产地。橡胶草自交不亲和，种群间高度杂合，遗传多样性丰富，其形态特征差异多但细微，难以区分，目前还没有系统而准确的橡胶草种质分类。前几年，蒲公英属短角蒲公英被误认为是橡胶草（Schmidt et al.，2010）。实际上其可能是橡胶草与四倍体蒲公英属植物的杂交后代，可无融合生殖，干根含胶量仅为橡胶草的 1/4 ~ 1/2，是一种低劣的产胶植物，保存在荷兰 KEYGENE 公司、德国卡尔斯鲁厄植物园、马尔堡大学、美国俄亥俄州立大学 OARDC 等机构中（Kirschner et al.，2013）。而橡胶草种质保存于俄罗斯瓦维洛夫植物研究所，可共享的种质（NSL219131）保存于美国农业部（USDA）种子库。李英霜等（2017）对橡胶草及其同域近缘种表型多样性研究表明，存疑种、红果蒲公英和小果蒲公英为一个亚类，与两组橡胶草为同一类群；药用蒲公英和橡胶草（昭苏居群）、深裂蒲公英（*Taraxacum stenolobum*）、寒生蒲公英（*Taraxacum subglaciale*）、荒漠蒲公英

（*Taraxacum monochlamydeum*）为同一类群；多葶蒲公英和多裂蒲公英为同一类群；长锥蒲公英（*Taraxacum longipyramidatim*）为另一类群（李英霜等，2017）。这与《中国植物志》中的类群分类有所出入，说明橡胶草的种质资源丰富多样，分类工作还有待进一步的完善。另外，橡胶草分布区域广，不同区域之间存在一定的分布规律，大多数生长于草甸、河边等。

表 1　蒲公英属植物种质资源分类

名称	类群	分布地特征	主要特征
橡胶草 *Taraxacum kok-saghyz* Rodin	大角蒲公英组 Sect. *Macrocornuta* V. Soest	河漫滩草甸，盐碱化草甸，农田水渠边	根有橡胶；叶肉质，叶缘无锯齿；苞片的尖端有小"角"
短角蒲公英 *Taraxacum brevicorniculatum*	大角蒲公英组 Sect. *Macrocornuta* V. Soest	草地，牧场，盐碱地	叶有的不裂，有的深裂成羽状；苞片基部圆形到稍钝
药用蒲公英 *Taraxacum officinale*	药用蒲公英组 Sect. *Taraxacum*	低山草原，森林草甸	叶波状齿；苞片先端渐尖，无角
红果蒲公英 *Taraxacum erythrospermum*	红果蒲公英组 Sect. *Erythrosperma*（H. Lindb. f.）Dahlst.	山地草原，森林草甸，荒漠草原及荒漠带的河谷，渠边	叶羽状深裂
小果蒲公英 *Taraxacum lipskyi*	大角蒲公英组 Sect. *Macrocornuta* V. Soest	低山草原，荒漠草原	叶羽状深裂；苞片紫红色，无角或具短角
寒生蒲公英 *Taraxacum subglaciale*	光果蒲公英组 Sect. *Glabra* Dahlst.	高寒荒漠带	叶羽状浅裂；苞片绿色，无角
深裂蒲公英 *Taraxacum stenolobum*	亚洲蒲公英组 Sect. *Sinensia* V. Soest	河谷草甸，低山草原	叶羽状深裂
荒漠蒲公英 *Taraxacum monochlamydeum*	大角蒲公英组 Sect. *Macrocornuta* V. Soest	荒漠区汇水洼地及盐渍化草甸	叶羽状浅裂或深裂
多葶蒲公英 *Taraxacum multiscaposum*	大角蒲公英组 Sect. *Macrocornuta* V. Soest	低山草原，荒漠区汇水洼地	叶具波状齿，或羽状浅裂或深裂；苞片无角或具不明显的小角
多裂蒲公英 *Taraxacum dissectum*	多裂蒲公英组 Sect. *Dissecta* V. Soest	高山湿草甸	叶羽状全裂；苞片绿色，先端常显紫红色，无角
长锥蒲公英 *Taraxacum longipyramidatum*	大角蒲公英组 Sect. *Macrocornuta* V. Soest	低海拔草原，荒漠洼地	叶具波状齿至羽状深裂；苞片绿色，无角或具不明显的小角

1.4.2 野生橡胶草种质的分布及其原生境特征

美国农业部网站可共享的橡胶草种质共 22 份，目前发表的橡胶草相关文章所用的材料大多数来源于美国农业部收集的种质。美国农业部（USDA）收集的种质均采集自哈萨克斯坦的阿拉木图，分布特点均为草原或河岸草甸，生长的土壤类型以沙土、沙质壤土居多，其相关信息详见表 2。目前报道的野生橡胶草一部分是哈萨克斯坦本国研究人员收集的种质，保存在哈萨克斯坦突厥斯坦植物园（表 2）。而苏联收集和保存的野生橡胶草种质的分布仅限于哈萨克斯坦东南部靠近中国边境的地方（Polhamus and Hill，1962）。笔者所在研究团队通过与新疆农业科学院联合对新疆的伊犁州昭苏县、特克斯县、察布查尔锡伯自治县等地进行了考察，分别在昭苏县和特克斯县发现了多个橡胶草种质群落。昭苏县内发现的野生橡胶草群落主要位于低海拔的草原，群落数量比较大，有几千到上万株，不同年份考察发现其群落数量变化比较大，雨水充沛的年份群落数量显著大于雨水比较缺乏的年份（图 8）。而特克斯县内发现的野生橡胶草群落主要位于河谷草甸，群落数量比较小，有几百到几千株（图 9）。国内发现的野生橡胶草种群均位于特克斯河流域，海拔 1 300 ~ 2 000 m，属半湿润性草原气候，冬长无夏，年均温度 2.9℃。目前，国内外已报道的野生橡胶草种质的采集地均来自哈萨克斯坦天山山谷和中国新疆特克斯河流域，进一步表明这个区域是橡胶草的起源中心。

图 8 新疆伊犁州昭苏县草原上发现的野生橡胶草群落

图 9 新疆伊犁州特克斯县河谷草甸中发现的野生橡胶草群落

表 2　野生橡胶草分布地

编号	采集地	生境特征	取样数量	考察与收集人
XJZS（统称）	新疆伊犁州昭苏县	草原，黏土至沙质壤土	几百株（根据表型和分布位置单株收集种子）	新疆农业科学院品种与资源研究所、中国热带农业科学院橡胶研究所、中国科学院遗传与发育生物学研究所
XJTKS（统称）	新疆伊犁州特克斯县	河谷草甸，沙质壤土	100多株（根据表型和分布位置单株收集种子）	新疆农业科学院品种与资源研究所、中国热带农业科学院橡胶研究所、中国科学院遗传与发育生物学研究所
W635156	阿拉木图，哈萨克斯坦	河岸草甸，沙壤土	100	USDA
W635159	阿拉木图，哈萨克斯坦	草原，沙壤土	8	USDA
W635160	阿拉木图，哈萨克斯坦	草原，黏土至沙壤土	30	USDA
W635162	阿拉木图，哈萨克斯坦	草原，沙壤土	7	USDA
W635164	阿拉木图，哈萨克斯坦	干旱草地，含少量壤土的沙地，含盐量高	15	USDA
W635165	阿拉木图，哈萨克斯坦	草原，沙壤土	50	USDA
W635166	阿拉木图，哈萨克斯坦	草原，沙壤土	2	USDA
W635168	阿拉木图，哈萨克斯坦	干草原，沙壤土	15	USDA
W635169	阿拉木图，哈萨克斯坦	干草原，沙壤土	30	USDA
W635170	阿拉木图，哈萨克斯坦	干草原，沙壤土	20	USDA
W635172	阿拉木图，哈萨克斯坦	干草原到草原的转变区，深的沙壤土	100	USDA
W635173	阿拉木图，哈萨克斯坦	路边沟渠，盐碱土，一小块的黏质土壤和沙土	10	USDA
W635174	阿拉木图，哈萨克斯坦	谷底草地，壤质土	15	USDA
W635176	阿拉木图，哈萨克斯坦	草原，沙质壤土	30	USDA
W635177	阿拉木图，哈萨克斯坦	草原，黏质壤土含有一小块沙壤土	20	USDA
W635178	阿拉木图，哈萨克斯坦	草原，沙质壤土至黏质壤土之间	75	USDA
W635179	阿拉木图，哈萨克斯坦	干的草地，沙质壤土	2	USDA

（续表）

编号	采集地	生境特征	取样数量	考察与收集人
W635180	阿拉木图，哈萨克斯坦	草原，黏土至沙质黏土之间	100	USDA
W635181	阿拉木图，哈萨克斯坦	草原，黏土上层有 1 ~ 2 in（1 in = 2.54 cm）的沙壤土，盐化土壤	15	USDA
W635182	阿拉木图，哈萨克斯坦	草原到干草原的过渡区，沙土	5	USDA
W635183	阿拉木图，哈萨克斯坦	草甸草原，黏土至沙土之间	170	USDA
W653323	阿拉木图，哈萨克斯坦	草地，山谷，肥沃的壤土	15	USDA
006	Sarydzhaz 西北的北边 1 km，哈萨克斯坦	不详	不详	哈萨克斯坦突厥斯坦植物园
192	Tekes 东南方 5 ~ 6 km，在 Oi-kain 定居点附近，哈萨克斯坦	不详	不详	哈萨克斯坦突厥斯坦植物园
202	Sarydzhaz 东北东 6 km，哈萨克斯坦	不详	不详	哈萨克斯坦突厥斯坦植物园
203	Sarydzhaz 东北东 5 ~ 6 km，哈萨克斯坦	不详	不详	哈萨克斯坦突厥斯坦植物园
207	Kegen 西南 1 ~ 2 km	不详	不详	哈萨克斯坦突厥斯坦植物园
213	Kegen 与 Boleksaz 之间，Kegen 西南 1 ~ 2 km，哈萨克斯坦	不详	不详	哈萨克斯坦突厥斯坦植物园
214	Sarydzhaz 与 Komirshi 之间，Sarydzhaz 北 4 km，哈萨克斯坦	不详	不详	哈萨克斯坦突厥斯坦植物园
217	Sarydzhaz 与 Komirshi 之间的路边，哈萨克斯坦	不详	不详	哈萨克斯坦突厥斯坦植物园
219	Komirshi 西南 6 km，哈萨克斯坦	不详	不详	哈萨克斯坦突厥斯坦植物园
234	Kegen 与 Oktyabr 之间，Kegen 东北 1 ~ 1.5 km，哈萨克斯坦	不详	不详	哈萨克斯坦突厥斯坦植物园

（续表）

编号	采集地	生境特征	取样数量	考察与收集人
235	Kegen 北 2 km，哈萨克斯坦	不详	不详	哈萨克斯坦突厥斯坦植物园
236	Kegen 北西北 4 km	不详	不详	哈萨克斯坦突厥斯坦植物园
237	Zhalauly 村 庄，Kegen 西北 6 km，哈萨克斯坦	不详	不详	哈萨克斯坦突厥斯坦植物园
239	Tuzkol Lake，Karasaz 东南东 9 km，哈萨克斯坦	不详	不详	哈萨克斯坦突厥斯坦植物园

1.4.3　野生橡胶草的表型特征与鉴定

笔者考察发现的野生橡胶草的生长表型与文献记载完全一致，叶片卵圆形裂缺，叶片光滑没有毛刺有肉质感，叶色深呈蓝色，并且在其根部发现一定量的胶丝，多年生植株的根外部有黑色的橡胶套（图 10）。野生橡胶草群落的个体表型丰富，同时所在区域还有大量的蒲公英以及一些蒲公英与橡胶草的中间类型，可能是橡胶草与蒲公英杂交产生的中间类型，这些野生种质对今后橡胶草的遗传改良具有非常重要的意义。我们考察发现，野生橡胶草的盛花期一般在每年的 5—6 月，10 月还有一次开花，但 10 月的开花量没有 5—6 月的多，种质考察与收集应该在盛花期开展，以采集种子为主，减少对原生境野生种质的破坏。多年考察的经历，使考察队员深深忧虑我国橡胶草种质资源因生态环境恶化而锐减，如何尽快进行重点保护、保存优异资源是摆在每个橡胶草工作者面前的重要课题之一。

图 10　新疆野生橡胶草种质表型及其根部橡胶套拉丝

第二章

橡胶草染色体及所产天然橡胶

2.1 橡胶草染色体及其制片技术

全世界蒲公英属有 2 000 余种，我国有 70 种、1 个变种，其中以蒲公英分布最为广泛，几乎遍布全国（葛学军，1998）。蒲公英属的染色体基数为 $X=8$，$2n=16$、24、32（葛学军等，1998）。而橡胶草属于二倍体植物，其染色体数目为 $2n=2X=16$（罗士苇等，1951a）。简捷稳定的染色体制片技术对于遗传育种和种质资源分析具有重要意义（帅素容，2003）。压片法因操作步骤较少、操作简便、容易掌握等特点，在植物染色体制片中被广泛使用。大量研究显示，制片材料的选取时间、预处理、解离等步骤对制片成功率及制片效果至关重要，不同植物及取材部位的最优处理条件也往往存在差异。笔者以橡胶草根尖和嫩叶为材料，对取样时间、预处理试剂和处理时间、解离方法及解离时间进行了比较研究，筛选获得了一套高效、稳定的橡胶草染色体制片技术，为橡胶草倍性育种、种间杂交及种质资源分析等研究提供技术支持。其步骤包括取样、预处理、解离、染色、制片和镜检。

2.1.1 实验材料与方法

2.1.1.1 制片材料准备与取样

幼根取样：种子用灭菌灵浸泡 24 h 后，分散置于垫有滤纸的培养皿中培养（25 ℃），待根长至 1 ~ 2 cm，取根尖 0.5 ~ 1 cm。嫩叶取样：选取生长旺盛的植株未展开的嫩叶（长度为 1.5 ~ 2 cm）。

2.1.1.2 确定适宜的取样时间

橡胶草根尖和嫩叶分别于 8：00、10：00、12：00 和 14：00，4 个不同时间取样，比较不同取样时间获得的中期分裂相细胞情况，筛选最适取样时间。对橡胶草根尖和嫩叶的取样时间进行比较分析，结果表明，无论是橡胶草根尖还是嫩叶，其最佳取样时间均为

8：00—10：00（表3）。在此时间段取到的样品的中期分裂相细胞所占比例较多，容易找到分散较好的染色体分裂相，而其他时间获得的中期分裂相较少。

表3　不同取样时间获得的中期分裂相比较结果

取样部位	取样时间			
	8：00	10：00	12：00	14：00
根尖	中期分裂相多	中期分裂相多	中期分裂相较少	中期分裂相较少
嫩叶	中期分裂相多	中期分裂相多	中期分裂相较少	中期分裂相较少

2.1.1.3　筛选适合的预处理试剂和处理时间

选用2种预处理试剂：1%秋水仙素（Biodee公司）室温处理，处理时间分别为2 h、3 h和4 h；2 mmol/L 8-羟基喹啉（Sigma公司）室温处理，处理时间分别为2 h、3 h和4 h。之后，转入卡诺氏固定液（酒精：乙酸=3：1）于4℃冰箱固定24 h。对2种预处理试剂及处理时间的制片效果进行比较分析（表4）。结果表明：用2 mmol/L 8-羟基喹啉处理的染色体浓缩程度适宜，形态清晰，效果最好（图11C和图11D）；0.1%秋水仙素处理的染色体浓缩程度适宜，形态较清晰，但是染色背景颜色较深，效果次之（图11A和图11B）。不同预处理时间的比较结果显示，2 mmol/L 8-羟基喹啉和0.1%秋水仙素处理4 h的染色体浓缩程度和清晰度均好于2 h和3 h处理的效果。综上分析，用2 mmol/L 8-羟基喹啉处理4 h的制片效果最好。

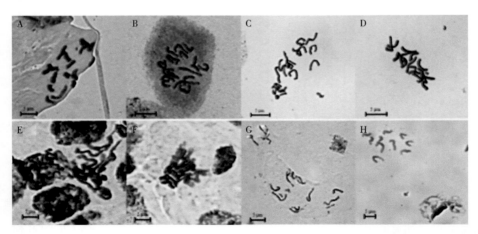

A～B，0.1%秋水仙素预处理；C～D，8-羟基喹啉预处理；E～F，解离不充分，细胞重叠，
染色体分散不开，形态模糊；G～H，解离时间过长，细胞破裂，染色体出现混杂、缺失

图11　不同处理试剂和不同解离程度的橡胶草染色体形态

表4 不同预处理方法和预处理时间对橡胶草制片效果的影响

预处理试剂	处理时间 /h		
	2	3	4
0.1 % 秋水仙素	染色体浓缩程度不足，形态模糊、拖尾	细胞分裂相少，染色体浓缩程度适宜，形态模糊	细胞分裂相一般，染色体浓缩程度适宜，形态较清晰
2 mmol/L 8- 羟基喹啉	染色体浓缩程度不足，形态模糊、拖尾	细胞分裂相少，染色体浓缩程度一般，形态较模糊	细胞分裂相较多，染色体收缩适中，形态清晰

2.1.1.4 筛选合适的解离方法和解离时间

选用 2 种解离方法。酸解法：固定好的材料用 ddH_2O 清洗 2 次，每次 10 min，然后放入 1 mol/L 盐酸中于 60 ℃恒温下分别处理 8 min、10 min、12 min 和 16 min。酶解法［参照陆坤等（2009）的方法并稍做改动］：固定好的材料用 ddH_2O 浸洗 2 次，每次 10 min，加 A+B 缓冲液（终浓度：4 mmol/L 柠檬酸、6 mmol/L 柠檬酸钠）浸洗 2 次，每次 10 min；转入 2.5% 果胶酶（Solarbio 公司）和 2.5% 纤维素酶（Sigma 公司）混合溶液于 37 ℃下酶解，处理时间分别为 30 min、40 min、50 min 和 60 min；之后，用 ddH_2O 清洗 3 次，每次 5 min。

对 2 种解离方法及解离时间的制片效果进行比较分析（表5）。结果显示：橡胶草根尖酸解 10 min 和酶解 40 min 时，细胞壁解离充分，压片后细胞分散程度好，染色体分辨清晰，制片效果最好；叶片的最佳酸解和酶解时间分别为 12 min 和 50 min；解离时间不足时，细胞存在重叠现象，难以压散，染色体重叠严重，分辨不清，无法计数（图11E 和图11F）；解离时间过长，则会导致细胞破碎，染色体缺失或混杂，染色变浅，影响观测效果（图11G 和图11H）。

表5 不同解离方法和解离时间对橡胶草制片效果的影响

取样部位	酸解解离时间 /min				酶解解离时间 /min			
	8	10	12	16	30	40	50	60
根尖	细胞重叠多，染色体重叠、模糊，分裂相较少	细胞分散好，染色体形态清晰，分裂相较多	细胞分散好，染色体形态清晰，但存在细胞破碎现象	细胞分散好，但存在大量细胞破碎现象，分裂相少	细胞重叠多，染色体重叠、模糊，分裂相较少	细胞分散好，染色体形态清晰，分裂相较多	细胞分散好，染色体形态清晰，但存在细胞破碎现象	细胞分散好，但存在大量细胞破碎现象，分裂相少
嫩叶	细胞重叠严重，染色体重叠、模糊，分裂相少	细胞重叠较多，染色体重叠、模糊，分裂相较少	细胞分散好，染色体形态清晰，分裂相较多	细胞分散好，染色体形态清晰，但存在细胞破碎现象	细胞重叠严重，染色体重叠、模糊，分裂相少	细胞分散一般，染色体形态较晰，分裂相较多	细胞分散好，染色体形态清晰，分裂相较多	细胞分散好，存在缺失或混杂现象

2.1.1.5　染色、制片和镜检

采用改良苯酚品红染液（Solarbio 公司）染色，常规压片法制片。用 Leica DMLB 显微镜镜检，Leica DFC500 摄像头拍照。

2.1.2　结论与讨论

2.1.2.1　取样部位与时间对细胞分裂相的影响

根尖的分生组织有丝分裂旺盛、细胞壁薄，且取材容易、操作简便，因此，植物细胞染色体标本的制备多以根尖为材料。但是，对于大田生长植物的倍性鉴定等工作，利用幼嫩叶片为材料进行染色体制片显得更加方便快捷。张健等（2012）和高和琼等（2009）分别对橡胶树和木薯叶片的染色体制片技术进行了摸索和优化，取得了不错的效果。本节研究分别对橡胶草的根尖和嫩叶组织的染色体制片技术进行摸索，以期建立橡胶草根尖和嫩叶的染色体制片技术，从而根据试验目的和试验条件选择更加简便快捷的制片技术，提高工作效率。结果显示，虽然嫩叶的细胞中期分裂相要少于根尖的细胞中期分裂相，但是对制片效果并没有太大影响，均能有效用于细胞染色体观察试验。制片要获得较多的分裂相，须保证取样时组织细胞处于旺盛的分裂期，取材时间非常重要。本节研究结果显示（表3），无论是橡胶草根尖还是嫩叶，其最佳取样时间均为上午 8：00—10：00，此时间段取到的样品中期分裂相细胞所占比例较多，容易找到分散较好的分裂相。这与许多蒲公英属植物的最佳取材时间基本一致（张建和宁伟，2013；郭小英和吴玉香，2005；钟淑梅，2010），说明橡胶草在这一时间段处于生长旺盛期。

2.1.2.2　预处理处理试剂及其处理时间对制片的影响

预处理的主要目的就是通过阻断、抑制和破坏纺锤丝的形成使细胞分裂停滞在中期，进而获得更多的中期分裂相细胞，以便于压片和观察。因此，预处理是染色体制片中的关键环节。本节研究比较了 2 种预处理试剂的制片效果。2 mmol/L 8- 羟基喹啉处理的染色体浓缩程度适宜，形态清晰，效果很好（图 11C 和图 11D），张健等（2013）和钟淑梅（2010）在普通蒲公英染色体制片中用 8- 羟基喹啉预处理也获得了不错的效果；0.1% 秋水仙素处理的染色体浓缩程度适宜，形态较清晰，但是染色背景颜色较深，效果次之（图 11A 和图 11B）。预处理时间对制片效果也非常重要，处理时间过短和过长都会影响制片效果。本节研究结果显示，2 mmol/L 8- 羟基喹啉和 0.1% 秋水仙素处理 4 h 的染色体浓缩程度和形态清晰度最佳。2 h 和 3 h 预处理时间不足，导致染色体浓缩程度不到位，染色体形态模糊、拖尾，很难进行核型分析等后续研究。

2.1.2.3　解离方式及其时间对制片的影响

解离目的是使细胞分离，软化细胞壁和降解部分细胞质，便于染色体分散和展平，便

于染色体观察，在染色体制片过程中非常关键。本研究表明，橡胶草根尖酸解 10 min 和酶解 40 min 时，细胞壁解离充分，压片后细胞分散程度好，染色体分辨清晰，制片效果最好。嫩叶的最佳酸解和酶解时间分别为 12 min 和 50 min。无论是根尖还是嫩叶，解离时间不足时，细胞壁解离不充分，细胞存在重叠现象，难以压散，染色体重叠严重，分辨不清，无法计数（图 11E 和图 11F）。解离时间过长，会导致细胞破碎，染色体缺失或混杂，而且染色体着色困难，影响观测效果（图 11G 和图 11H），这在大量植物的染色体制片研究中已得到证实（林秀琴等，2011；刘丹等，2015；王超等，2012；张健等，2012；高和琼等，2009）。本节研究对酸解法和酶解法在橡胶草中的使用效果进行了比较分析。酸解法的解离时间更短。橡胶草根尖和嫩叶的酸解解离时间均明显短于其酶解解离时间（表 5）。酸解法操作更加简便稳定，容易掌握。虽然酶解法解离更加充分，细胞分散更好，但其操作过程相对繁琐，且酶解后的材料松软、易碎，分生组织容易丢失，从而导致制片效率较低。在染色体的分散程度、形态清晰度方面，酸解法与酶解法之间没有明显差别。综上所述，对于橡胶草根尖和嫩叶的染色体制片技术，采用酸解法会更加简便快捷、操作稳定、易于掌握。

染色体制片效果受多种因素影响。其中，采样时间、预处理和解离是影响制片效果的关键步骤。本节研究以橡胶草根尖和嫩叶为材料，对取样时间，预处理和解离进行了比较研究，结果如下：橡胶草根尖和嫩叶的最佳取样时间均为上午 8：00—10：00；2 mmol/L 8-羟基喹啉处理 4 h 的染色体浓缩程度适宜，形态清晰，效果最好；对于橡胶草根尖和嫩叶的染色体制片技术，采用酸解法会更加简捷、稳定和易于掌握；橡胶草根尖最佳酸解时间为 10 min，嫩叶的最佳酸解时间为 12 min。以上研究结果将为今后橡胶草倍性育种、种间杂交及种质资源分析等研究提供理论和技术支持。

2.2 橡胶草及其他产胶植物所产天然橡胶的理化特性与比较

天然橡胶主要在高等植物的乳管细胞中合成，是不可替代的工业原料，因其具有独特的物理和化学性质，包括回弹性、弹性、耐磨和抗冲击性、有效的热分散性以及低温下的延展性等（Yamashita and Takahashi，2020）。天然橡胶（顺式 -1,4- 聚异戊二烯）是一种植物次生代谢产物，被归类为类异戊二烯，其基本骨架结构仅包含具有顺式双键的异戊二烯单元（C_5H_8）的 1,4- 聚合物（图 12）。目前已发现超过 2 500 种植物可产生具有高分子量（MWs）的天然橡胶，包括橡胶树、橡胶草、灰白银胶菊、鹿角藤、印度榕等（表 6），其分子量大多在 10^4 ~ 10^6（Metcalfe，1967；van Beilen and Poirier，2007a；Mooibroek and Cornish，2000）。而在少数几种植物中也发现了具有反式双键的异戊二烯单元的高分子量反式 -1,4- 聚异戊二烯（表 6）。其中杜仲（*Eucommia ulmoides* Oliv.）属于杜仲科杜仲属，落叶乔木，是我国珍稀濒危第二类保护树种，其叶、皮和种子均含有

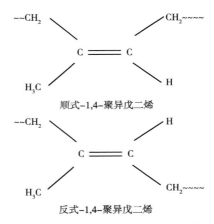

顺式-1,4-聚异戊二烯

反式-1,4-聚异戊二烯

图 12　天然聚异戊二烯的基本结构

反式 -1,4- 聚异戊二烯。除此之外，还有巴拉塔树（*Mimusops balata*）属于山榄科，是留尼汪岛和毛里求斯的特有树种，以及另外一个山榄科植物古塔波树（*Palaquium gutta*）中也能合成反式 -1,4- 聚异戊二烯。反式 -1,4- 聚异戊二烯不称为天然橡胶，而是分别称为杜仲胶、巴拉塔胶或者古塔波胶（张继川等，2011；Metcalfe，1967；Buchanan et al.，1979；Tangpakdee et al.，1997）。人心果（*Manilkara zapota*（Linn.）van Royen）属于山榄科人心果属，高大乔木。原产于墨西哥和中北美洲地区，是唯一同时含有顺式 -1,4- 聚异戊二烯和反式 -1,4- 聚异戊二烯的植物。

顺式 -1,4- 聚异戊二烯和反式 -1,4- 聚异戊二烯的化学组成完全一样（图 12），二者由于其分子链的构型不同，使得二者的特性迥然不同，顺式 -1,4- 聚异戊二烯为无规线团结构，常温下为优良的高弹性体；而反式 -1,4- 聚异戊二烯可在 <60 ℃的温度下快速结晶（Kent and Swinney，1966），分子结构微观有序，以折叠链的形式出现，易于堆集而结晶，常温为一种结晶性硬质塑料（Qian et al.，1995）。合成橡胶通过异戊二烯（2- 甲基 -1,3-丁二烯）化学聚合生产，主要作为石油裂解的副产品获得，其分子量与天然橡胶相当。然而天然橡胶与合成橡胶在物理性质上表现出一些不可忽略的差异，这主要归因于合成橡胶在聚合反应过程中随机形成的反式异戊二烯单元，而天然橡胶基本结构中顺式双键构型的一致性则由具有严格性的酶催化缩合反应而成。

表 6　主要产胶植物及其所产橡胶类型

名称	学名	分类	橡胶类型
橡胶树	*Hevea brasiliensis* Muell. Arg	大戟科橡胶树属	顺式 -1,4- 聚异戊二烯
橡胶草	*Taraxacum kok-saghyz* Rodin	菊科蒲公英属	顺式 -1,4- 聚异戊二烯
灰白银胶菊	*Partheninum argentatum* Gray	菊科银胶菊属	顺式 -1,4- 聚异戊二烯

（续表）

名称	学名	分类	橡胶类型
大叶鹿角藤	*Chonemorpha fragrans*	夹竹桃科鹿角藤属	顺式 -1,4- 聚异戊二烯
鹿角藤	*Chonemorpha eriostylis* Pitard	夹竹桃科鹿角藤属	顺式 -1,4- 聚异戊二烯
海南鹿角藤	*Chonemorpha splendens* Chun et Tsiang	夹竹桃科鹿角藤属	顺式 -1,4- 聚异戊二烯
桉叶藤	*Cryptostegia grandiflora*	夹竹桃科桉叶藤属	顺式 -1,4- 聚异戊二烯
印度榕	*Ficus elastica* Roxb. ex Hornem	桑科榕属	顺式 -1,4- 聚异戊二烯
花皮胶藤	*Urceola micranthum*（Wall. ex G. Don）D.	夹竹桃科花皮胶藤属	顺式 -1,4- 聚异戊二烯
大赛格多（云南水壶藤）	*Parabarium tournieri* Pierre	夹竹桃科水壶藤属	顺式 -1,4- 聚异戊二烯
菠萝蜜	*Artocarpus heterophyllus* Lam.	桑科波罗蜜属	顺式 -1,4- 聚异戊二烯
杜仲	*Eucommia ulmoides* Oliv.	杜仲科杜仲属	反式 -1,4- 聚异戊二烯
桃叶卫矛	*Evonymus hamiltonianus*	卫矛科卫矛属	反式 -1,4- 聚异戊二烯
古塔波树	*Palaquium gutta*	山榄科	反式 -1,4- 聚异戊二烯
巴拉塔树	*Mimusops balata*	山榄科	反式 -1,4- 聚异戊二烯
人心果	*Manilkara zapota*（Linn.）van Royen	山榄科铁线子属	同时含有顺式 -1,4- 聚异戊二烯和反式 -1,4- 聚异戊二烯

　　蒲公英橡胶与巴西橡胶树橡胶的主要成分类似，均为橡胶烃，但两种橡胶中的成分差异较大。蒲公英橡胶的分子量要比巴西橡胶树橡胶高，且蒲公英橡胶含有的树脂和油脂较多，其中树脂含量是巴西橡胶树橡胶的一倍，油脂含量是巴西橡胶树橡胶的 60 倍；两种橡胶中橡胶烃的含量不同，蒲公英橡胶中橡胶烃含量约为 77%，而巴西橡胶树橡胶中的橡胶烃含量为 93%。此外，蒲公英橡胶中蛋白质含量要比巴西橡胶树的橡胶多，这些蛋白质是导致人体对橡胶发生过敏反应的潜在过敏原。

　　2007 年 Jan B. van Beilen 和 Yves Poirier 对 3 种天然橡胶的胶乳含量、分子量、年产总量及平均年产量进行对比分析（van Beilen and Poirier，2007a；van Beilen and Poirier，2007b）（表 7）。分析结果显示，巴西橡胶树、橡胶草、银胶菊所产的天然橡胶分子量分别为 1 310 kDa、2 180 kDa、1 280 kDa。蒲公英橡胶分子量较大，胶乳含量高于银胶菊，不亚于巴西橡胶树，但胶乳的产量远不及巴西橡胶树。若能通过栽培或遗传育种技术增加橡胶草生物量，提高橡胶含量，则橡胶草将是巴西橡胶树最为理想的替补资源。

表 7　几种产胶植物的胶乳含量及产量的对比

产胶植物	胶乳成分	分子量 /kDa	总产量 /（t·a^{-1}）	平均产量 /（kg·hm^{-2}·a^{-1}）
巴西橡胶树	30% ~ 50%	1 310	8 800 000（2005）	500 ~ 3 000
橡胶草	约 30%	2 180	3 000（1943）	150 ~ 500
银胶菊	3% ~ 12%	1 280	10 000（1910）	300 ~ 1 000

　　蒲公英橡胶的胶乳中除了橡胶烃外还有非橡胶物质，非橡胶物质包括脂类、蛋白质、无机盐、矿物质及糖类等。胶乳中非橡胶物质含量对胶体性能、橡胶加工及橡胶制品的应用性能产生不同程度的影响，尤其是门尼黏度。Nico Gevers（2012）就橡胶草、银胶菊及巴西橡胶树的生胶中非橡胶成分进行了比较，结果如表 8 所示，橡胶草和银胶菊的生胶中的灰分、ETA 抽提物及丙酮抽提物含量均比巴西橡胶树的高，这可能与生胶中的无机盐和脂类含量较多有关；污物含量与巴西橡胶树的相当；而门尼黏度却偏低，这可能与橡胶草和银胶菊生胶中的非胶成分较多有关。

表 8　不同产胶植物的非橡胶成分比较

成分	巴西橡胶树	橡胶草	银胶菊
灰分（聚合物）/%	0.3	1.4	0.7
ETA 抽提物 /%	1.8	12.3	16.6
丙酮抽提物 /%	1.6	10.8	12.5
污物 /%	0.1	0.1	0
门尼黏度（1+4）100 ℃ /%	68.0	17.4	34.0

2.3　橡胶草根部天然橡胶的含量

　　1945 年前后，美国对橡胶草进行了集中的研究，野生品种的含胶量平均为 2% ~ 3%（占根部干重百分比，以下皆同），优良品种含胶量可达到 5% ~ 6%。而据 Kupzow（1980）称，苏联已经获得了含胶量 15% 的优良品种。橡胶草的产胶量与种子的类型及栽培地区的环境有很大关系。苏联科学家在 20 世纪 50 年代的研究报告称，橡胶草的根（鲜重，以下均是）产量为每公顷 7 700 ~ 9 000 磅[①]（即每亩[②]230 ~ 280 kg）。同一时期，在美国栽培橡胶草所得的 1942—1944 年在明尼苏达州试种的结果显示，橡胶草根产量最低是每亩 60 kg，最高是 450 kg，平均是 190 kg。橡胶的含量最低为根鲜重的 1.7%，最高为 5.79%，平均为 4.15%。据此推算，每亩可产蒲公英橡胶 2.27 ~ 4.54 kg，最高也不超过 15 kg（罗士苇等，1951b）。生长期不同的橡胶草含胶量差距较大，通常一年生的含胶量不及多年生的。不同的研究时期和研究人员所提供的橡胶草含胶数据也有较大差距。1950 年，我国西北橡胶调查团在新疆昭苏县附近特斯河谷采集到几种产橡胶植物。经鉴定发现，其中的一种与苏联发现的橡胶草是同种植物，并且其含胶量平均为干重的 22.39%。罗士苇等（1951b）在 20 世纪 40—50 年代的研究结果显示，橡胶草的橡胶含量在 2.89% ~ 27.89%。

2.4　橡胶草根部天然橡胶的抽提与检测方法

2.4.1　橡胶草根部样品预处理

①鲜根于 80℃烘箱中烘 24 h。对于形态完整的样品，剪下待测部位并拍照记录；对于直径较大（5 mm 以上）的样品，将之分割切碎到 5 mm 左右；对于带有杂物（如泥土、沙石）的样品，用水洗清理干净。

②将样品在 80℃烘箱中烘 2 h，使含水率降低到不影响冷冻研磨的程度。

③冷冻研磨。将样品装在研钵中，加入没过样品的液氮进行研磨，待液氮面降到样品以下，重复添加两次液氮充分研磨至细粉末状，然后取出粉末将其置于 80℃烘箱中烘干至恒重，保存在干燥器中备用。

2.4.2　差重法检测橡胶草根部天然橡胶含量

①取以上预处理好的 0.5 g 左右橡胶草根部粉末样品，用天平称量并记录实际质量 m_0（保留至小数点后 3 位数字），用滤纸包好，之后全程不要打开。

②搭建起索氏提取装置，将样品放在索提装置的烧瓶中，并在烧瓶中加入 250 mL 1% 的硫酸溶液，加热到 105℃，持续蒸煮 3 h，以除去样品中水溶性成分。

③取出样品，用沸水冲洗，至冲洗过的水呈中性。

④把样品放入烘箱，在 80℃下烘干。

⑤将样品放入索氏提取装置的索式管中，加入 250 mL 丙酮，加热到 80℃，回流 6 h，

---

① 1磅≈0.45kg。全书同。
② 1亩≈667m²。全书同。

然后取出样品，用真空干燥箱 50℃真空干燥至恒重，称量得到其质量 m_1。

⑥将样品放入索氏提取装置的索氏管中，加入 250 mL 石油醚，加热至 90℃，回流 5 h，然后取出样品，用真空干燥箱 50℃真空干燥至恒重，称量得到其质量 m_2。

⑦计算天然橡胶含量：橡胶质量 $=m_1-m_2$，含胶率 $\omega=(m_1-m_2)/m_0 \times 100\%$，计算结果保留小数点后 2 位数字。

2.4.3 红外光谱法检测橡胶草根部天然橡胶含量

2.4.3.1 检测样品制备

①取以上预处理好的 100 mg 左右橡胶草根部粉末样品，用天平称量并记录实际质量 m（样品）（保留至小数点后 3 位数字），放入 2 mL 聚丙烯离心管中。

②在离心管中加入 1.5 mL 去离子水，超声波室温振荡 3 min，在 4 500 r/min 转速下离心 5 min，倒掉上层液体。重复操作 3 次，直至离心后的液体澄清。

③在离心管中加入 1.5 mL 丙酮，超声波室温振荡 3 min，在 4 500 r/min 转速下离心 5 min，倒掉上层液体。重复操作 3 次，直至离心后的液体澄清。

④将离心管放入 70 ~ 80℃的烘箱中，烘干残留的丙酮（大约 20 min）。

⑤在离心管中加入 1.5 mL 石油醚，超声波室温振荡 3 min，在 4 500 r/min 转速下离心 5 min，把上层液体收集到 5 mL 容量瓶中。重复操作 3 次。

⑥用石油醚把 5 mL 容量瓶中的溶液定容，摇匀。

⑦从 5 mL 容量瓶中取 1.00 mL 溶液至新的 2 mL 聚丙烯离心管中，备用。

⑧称量 5 mg 左右聚苯乙烯（PS）标准品，并记录实际用量 m（PS），溶于 1.00 mL 石油醚中（20 min 左右）。然后轻微摇匀，取 100.00 μL 加入步骤⑦中装有样品的 2 mL 聚丙烯离心管中，制备成待测样品摇匀。

2.4.3.2 红外光谱仪扫描和检测

①取适量光谱纯的溴化钾，在玛瑙研钵中稍做研磨，然后装入称量瓶在 105℃烘箱中烘 3 h，除去其中水分，然后在玛瑙研钵中研磨至粒径小于 2 μm。取 100 mg 左右研磨好的溴化钾放入模具中，在 8 ~ 9t 的压力下压成薄片（也可用现成的溴化钾晶体片代替，可省略此步骤）。

②将溴化钾薄片放入夹具中，再将夹具放入红外光谱仪样品仓中，进行背景采集。

③取出夹具中的溴化钾薄片，滴 2 ~ 4 滴 2.4.3.1 步骤⑧中制备好的待测样品在薄片上，晾干或烘干，用夹具夹好，放入红外光谱仪样品仓中，进行样品采集，从而获得该样品的红外光谱。

④谱图处理。打开红外光谱图，局部放大，用峰面积工具分别对 699 cm^{-1} 峰和

835 cm^{-1} 峰进行积分，得出两个峰的面积。其中 699 cm^{-1} 峰为 PS 标准品的特征峰，其面积记为 S（PS），835 cm^{-1} 峰为橡胶草橡胶的特征峰，其面积记为 S（R）。根据以上数据和标准曲线 $y=kx+b$，计算得出橡胶草根部的含胶率 ω 为：

$$\omega = \left(\frac{S(\text{R})}{S(\text{PS})} - b \right) \times \frac{m(\text{PS})}{2km(\text{样品})}$$

2.4.3.3 红外标准曲线制作

①称取 50 mg 左右蒲公英橡胶标准品（由北京蒲公英科技发展有限公司提供），记录实际用量，加入 5 mL 容量瓶，用石油醚定容，超声震荡至完全溶解（可将溶液倒出到小烧杯，方便使用移液枪转移）。再用 8 个 2 mL 聚丙烯离心管作为样品管，按表 9 加入不同体积的溶液和石油醚，摇匀。

②称取 5 mg 左右的聚苯乙烯（PS）标准品，记录实际用量，溶于 1.00 mL 石油醚中，配制成 PS 标准品溶液。

③向装有浓度梯度溶液的 8 个离心管各加入 100 μL 的 PS 标准品溶液，混匀。

④参照以上红外光谱仪扫描和检测方法测出 8 个混合溶液的红外光谱，并对各个谱图的 699 cm^{-1} 峰和 835 cm^{-1} 峰进行积分，得出两个峰的面积，其中 699 cm^{-1} 峰为 PS 标准品的特征峰，835 cm^{-1} 峰为蒲公英橡胶的特征峰。计算出蒲公英橡胶和 PS 标准品的特征峰面积比。

⑤以步骤③中所得混合溶液中蒲公英橡胶和 PS 标准品的浓度比为横坐标，699 cm^{-1} 与 835 cm^{-1} 峰面积比为纵坐标，拟合得出标准曲线 $y=kx+b$。

表 9　蒲公英橡胶标准溶液浓度

配方	1#	2#	3#	4#	5#	6#	7#	8#
溶液转移体积 /mL	1.00	0.90	0.80	0.60	0.40	0.30	0.20	0.10
石油醚加入体积 /mL	—	0.10	0.20	0.40	0.60	0.70	0.80	0.90
理论浓度 /（mg·mL^{-1}）	10	9	8	6	4	3	2	1

2.4.4　核磁共振检测天然橡胶含量的方法

①橡胶草根部样品预处理方法与 2.4.1 相同，称取 150 ~ 200 mg 研磨好并烘干至恒重的橡胶草根部材料，添加 1 500 μL 含有 10% 氘代甲苯（toluene-d8，）、四甲基硅烷（tetramethylsilane）和 16 mmol/L 2,6- 二甲氧基苯酚（DMOP）的混合物作为内标，于 20℃转速 1 000 r/min 萃取 16 h。

② 21 000 g 离心 110 min，吸取 600 μL 上清液用于核磁共振仪 [^1]H-NMR（Bruker Avance Ⅲ 400 MHz）检测分析，采样参数为：5-mm 宽带反向（BBI）探头，共振频率 400 MHz，测定温度 298 K，90°脉冲，弛豫延迟时间 20 s。每次运行通过检查 DMOP 与校准器样品的积分来进行质量控制。同时以已知含量的顺式 -1,4- 聚异戊二烯样品作为对照进行平行检测。

③原始数据进行处理，包括相位和基线的校正。天然橡胶（顺式 -1,4- 聚异戊二烯）的 C5 甲基信号在 1.75 mg/kg 处积分，内标 DMOP 的甲基信号在 3.34 mg/kg 处积分，根据积分面积，并按照 [^1]H-NM R 内标法，套用公式计算样品含量。

第三章

橡胶草突变体创制与杂交选育种

橡胶草是极具发展前途的产胶作物。目前，橡胶草种质资源少、含胶量偏低，且橡胶草的异交特性和遗传复杂性使传统的育种效率低下，严重制约着橡胶草的产业化进程。因此，利用育种技术创建突变体库，筛选优异突变体可为橡胶草育种提供新材料，推进橡胶草种质创新，同时突变体库的创建还可为橡胶草基因遗传分析、基因定位与图位克隆及基因功能分析奠定基础，对于加快橡胶草育种进程意义重大。

3.1　采用甲基磺酸乙酯（EMS）诱变技术创制橡胶草突变体

EMS 作为一种高效、稳定的化学诱变剂，能够诱发点突变，其诱变效果效率高、频率高、范围广，而染色体畸变率相对较少，且多为显性突变体，易于突变体筛选，因而被广泛用于构建突变体库。目前，EMS 诱变已成功应用于拟南芥（Greene et al.，2003）、玉米（樊双虎等，2014；石海春等，2016）、水稻（王峰等，2011）、小麦（薛芳等，2010；张纪元等，2014）、大麦（Caldwell et al.，2004）、大豆（吴秀红，2012）、花生（殷冬梅等，2009）、甘蓝（曲高平等，2014）、番茄（Menda，2010）等多种作物的诱变科研中。EMS 诱变萌发试验是确定最佳 EMS 诱变条件的关键步骤。科研人员分别对 EMS 诱变对豆科（吴兴兰等，2015；梅凌锋等，2015）、十字花科（卢银等，2014）、茄科（马海新等，2015）等不同科的不同植物种子萌发的影响进行了研究，发现 EMS 诱变抑制植物种子的萌发，且随着 EMS 处理浓度和时间的增加，发芽势、发芽率等参数呈下降趋势，并根据半致死剂量筛选获得相应物种最佳诱变条件。随着橡胶草全基因组测序的完成（Lin et al.，2018），橡胶草突变群体构建工作显得尤为重要，但目前橡胶草种子的 EMS 诱变效应及最佳诱变条件的筛选工作尚未见报道。笔者以橡胶草品系 CXCH 为材料，采用 4 个 EMS 处理浓度（0.10%、0.20%、0.30% 和 0.40%）、3 个处理时间（4 h、8 h 和 12 h），分别对诱变后橡胶草种子发芽率、发芽势、发芽指数、成苗率和相对成苗率进行分析，探讨了 EMS 诱变处理对橡胶草萌发的影响，并根据半致死剂量筛选橡胶草种子最佳 EMS

诱变处理条件，为进一步构建橡胶草突变体库，筛选突变体、开展橡胶草育种和基因功能研究提供基础材料，研究结果也为其他作物开展 EMS 诱变研究提供参考。

3.1.1 材料与方法

3.1.1.1 实验材料

橡胶草材料 CXCH，2016 年种植于中国热带农业科学院橡胶研究所橡胶草种质资源圃，2017 年初收获种子。

3.1.1.2 EMS 处理方法

橡胶草种子 EMS 处理采用 4 个处理浓度 0.10%、0.20%、0.30% 和 0.40%，3 个处理时间 4 h、8 h 和 12 h。具体流程如下：挑选健康饱满的橡胶草种子，100 粒为 1 次重复，重复 3 次；将种子放入 100 mL 锥形瓶中，加入 40 mL 0.1 mol/L 磷酸缓冲液（PH 值 =7.5），震荡过夜培养；在通风橱中，弃去缓冲液，加入 40 mL 0.1 mol/L 磷酸缓冲液，加入相应量的 EMS（Sigma 公司），室温下震荡培养相应时间；结束后，弃去 EMS 溶液，用 40 mL 蒸馏水清洗 20 次，最后一次清洗使种子在水中浸泡 1 h；清洗后，将种子转入带有滤纸的培养皿中，放入 26 ℃培养箱内催芽。

3.1.1.3 发芽相关指数测定

发芽率和成苗率测定：EMS 诱变处理后，将各组种子分别放入带有滤纸的培养皿中，26 ℃培养箱内催芽；每天观察和记录种子发芽数量，以种子露白 2 mm 为标准，共催芽 6 d；随后将种子播种于种质圃培养钵中，每天观察和记录出苗情况；28 天以后计算成苗率和相对成苗率。

发芽率、发芽势、发芽指数、成苗率和相对成苗率的计算方法：

发芽率 =（种子发芽数 / 供试种子数）× 100%；

发芽势 =（发芽高峰期发芽的种子数 / 供试种子数）× 100%；

发芽指数 = $\sum$ Gt/Dt（Gt——在不同时间的发芽数；Dt——发芽日数）；

成苗率 =（成活苗总数 / 供试种子数）× 100%；

相对成苗率 =（处理的成苗率 / 对照成苗率）× 100%。

数据使用 IBM SPSS Statistics 19（IBM，New York，USA）软件进行数据处理、方差分析及 LSD 多重比较等，使用 Microsoft office 2013 进行图表制作，所有数据用平均值 ± 标准误（means ± SE）表示。

3.1.2 结果与分析

3.1.2.1 EMS 处理对橡胶草种子发芽率的影响

由表 10 可知，同一处理时间下，各处理与对照相比，其发芽率随着处理浓度增加存在不同程度下降，但差异均未达到显著水平。同一 EMS 浓度下（表 10），不同处理时间的发芽率存在差异，其中，0.3% 和 0.4% 处理 12 h 时发芽率都会有轻微下降，但差异也均不显著；可见，0 ~ 0.4% 的 EMS 处理浓度不会显著抑制橡胶草种子的发芽率。

表 10 不同 EMS 处理浓度对橡胶草种子发芽和成苗的影响

处理时间 /h	EMS 浓度 /%	发芽率 /%	发芽势 /%	发芽指数	成苗率 /%	相对成苗率 /%
	0	84.33 ± 1.67a	67.33 ± 1.45a	74.86 ± 0.15a	57.33 ± 2.73a	100.00 ± 0.00a
	0.10	83.33 ± 1.76a	62.67 ± 0.88ab	71.92 ± 0.90ab	57.00 ± 2.31ab	99.85 ± 1.45a
4	0.20	82.33 ± 1.67a	58.67 ± 0.33b	69.75 ± 1.16b	50.33 ± 2.19ab	88.38 ± 4.09a
	0.30	81.67 ± 1.86a	56.33 ± 0.67bc	67.64 ± 1.05b	48.67 ± 2.91ab	85.7 ± 4.15a
	0.40	83.33 ± 1.45a	49.00 ± 4.93c	65.28 ± 2.86b	49.00 ± 3.61b	82.71 ± 4.37a
	0	85.33 ± 3.84a	62.33 ± 1.86a	72.20 ± 0.86a	60.00 ± 4.51a	100.00 ± 0.00a
	0.10	88.67 ± 1.20a	55.00 ± 2.08ab	68.89 ± 1.25ab	55.33 ± 4.17a	91.73 ± 2.25b
8	0.20	83.33 ± 1.67a	46.67 ± 4.48ab	61.41 ± 3.41ab	44.33 ± 4.78ab	73.52 ± 2.17c
	0.30	81.00 ± 2.08a	43.33 ± 4.21b	58.58 ± 5.77b	33.67 ± 4.06b	54.5 ± 3.26d
	0.40	84.07 ± 1.53a	33.67 ± 4.76b	52.73 ± 4.06b	15.00 ± 2.65c	24.86 ± 2.81e
	0	81.67 ± 0.89a	69.00 ± 1.53a	73.72 ± 1.49a	49.33 ± 0.88a	100.00 ± 0.00a
	0.10	81.33 ± 2.40a	63.33 ± 2.03ab	71.33 ± 1.94a	47.67 ± 4.10ab	90.52 ± 4.60b
12	0.20	80.00 ± 2.40a	56.33 ± 1.76b	67.49 ± 1.42ab	41.33 ± 4.33b	78.72 ± 4.32c
	0.30	79.00 ± 3.21a	48.67 ± 4.70b	62.00 ± 4.18b	26.67 ± 2.96c	50.75 ± 4.13d
	0.40	76.00 ± 2.73a	26.67 ± 1.45c	45.57 ± 1.73c	12.67 ± 1.45d	23.97 ± 2.37e

注：不同小写字母表示 5% 水平差异显著。

3.1.2.2 EMS 处理对橡胶草种子发芽势和发芽指数的影响

发芽势和发芽指数可体现橡胶草种子的发芽活力。同一 EMS 处理时间下（表 10），橡胶草种子的发芽势和发芽指数随着 EMS 处理浓度增加而降低，且两个参数的变化趋势一致。当 EMS 处理浓度 ≥ 0.30% 时，各处理浓度的种子发芽势和发芽指数与对照相比均达到显著水平（$P<0.05$），其中，0.4% EMS 处理 12 h 的发芽势和发芽指数下降显著程度

达到 $P<0.01$ 水平。当 EMS 处理浓度 ≤ 0.10% 时，各处理与对照相比差异不显著。同一 EMS 处理浓度下（表 11），橡胶草种子的发芽势和发芽指数随着处理时间增加均有不同程度降低，但除 EMS 0.40% 时，8 h、12 h 与 4 h 处理之间的差异达到显著水平（$P<0.05$）外，其余处理间的差异均未达到显著水平。可见，EMS 处理浓度和处理时间均不同程度降低橡胶草种子的发芽势和发芽指数，其中，EMS 处理浓度对其的影响要大于处理时间的影响。

表 11　不同 EMS 处理时间对橡胶草种子发芽和成苗的影响

参数	时间 /h	EMS 浓度 /%				
		0	0.10	0.20	0.30	0.40
发芽率 /%	4	84.33 ± 1.67a	83.33 ± 1.76a	82.33 ± 1.67a	81.67 ± 1.86a	83.33 ± 1.45a
	8	85.33 ± 3.84a	88.67 ± 1.20a	83.33 ± 1.67a	81.00 ± 2.08a	84.07 ± 1.53a
	12	81.67 ± 0.89a	81.33 ± 2.40a	80.00 ± 2.40a	79.00 ± 3.21a	76.00 ± 2.73a
发芽势 /%	4	67.33 ± 1.45a	62.67 ± 0.88a	58.67 ± 0.33a	56.33 ± 0.67a	49.00 ± 4.93a
	8	62.33 ± 1.86a	55.00 ± 2.08a	46.67 ± 4.48a	43.33 ± 4.21a	33.67 ± 4.76b
	12	69.00 ± 1.53a	63.33 ± 2.03a	56.33 ± 1.76a	48.67 ± 4.70a	26.67 ± 1.45b
发芽指数	4	74.86 ± 0.15a	71.92 ± 0.90a	69.75 ± 1.16a	67.64 ± 1.05a	65.28 ± 2.86a
	8	72.20 ± 0.86a	68.89 ± 1.25a	61.41 ± 3.41a	58.58 ± 5.77a	52.73 ± 4.06b
	12	73.72 ± 1.49a	71.33 ± 1.94a	58.58 ± 5.77a	62.00 ± 4.18a	45.57 ± 1.73b
成苗率 /%	4	57.33 ± 2.73a	57.00 ± 2.31a	50.33 ± 2.19a	48.67 ± 2.91a	49.00 ± 3.61a
	8	60.00 ± 4.51a	55.33 ± 4.17a	44.33 ± 4.78a	33.67 ± 4.06b	15.00 ± 2.65b
	12	49.33 ± 0.88a	47.67 ± 4.10a	41.33 ± 4.33a	26.67 ± 2.96b	12.67 ± 1.45b
相对成苗率 /%	4	100.00 ± 0.00a	99.85 ± 1.45a	88.38 ± 4.09a	85.70 ± 4.15a	82.71 ± 4.37a
	8	100.00 ± 0.00a	91.73 ± 2.25a	73.52 ± 2.17b	54.50 ± 3.26b	24.86 ± 2.81b
	12	100.00 ± 0.00a	90.52 ± 4.60a	78.72 ± 4.32b	50.75 ± 4.13b	23.97 ± 2.37b

注：不同小写字母表示 5% 水平差异显著。

3.1.2.3　EMS 处理对橡胶草成苗率和相对成苗率的影响

同一处理时间下（表 10），橡胶草种子的成苗率随着 EMS 处理浓度的增加而呈现不同程度下降。当 EMS 处理浓度 ≥ 0.20%，处理时间 ≥ 8 h 时，各处理的出苗率均显著低于对照（$P<0.05$），当 EMS 处理浓度 ≤ 0.10% 时，各处理的成苗率与对照相比无显著差异。当处理时间为 4 h 时，各处理对橡胶草种子的出苗率影响最小，除 0.40% 的 EMS 时

差异显著外（$P<0.05$），其余浓度处理与对照相比均无显著差异。相对成苗率也表现出相似规律，当 EMS 处理浓度 ≥ 0.10%，处理时间 ≥ 8 h 时，各处理的相对出苗率均显著低于对照（$P<0.05$），当处理时间为 4 h 时，各浓度处理与对照相比均无显著差异。同一处理浓度下（表11），成苗率和相对成苗率随着处理时间增加也均呈现不同的下降趋势。当成苗率和相对成苗率的 EMS 处理浓度分别 ≥ 0.30% 和 ≥ 0.20% 时，8 h、12 h 与 4 h 处理之间的差异才达到显著水平（$P<0.05$），其余处理间的差异均未达到显著水平。可见，EMS 处理浓度和处理时间均不同程度影响橡胶草种子的成苗率和相对成苗率，其中，EMS 处理浓度对其的影响要大于处理时间的影响。当 0.30% EMS 处理 12 h 时，橡胶草的成苗率为 26.67%，相对成苗率为 50.75%，最接近半致死剂量。因此，此组合可确定为橡胶草种子 EMS 诱变的最适宜剂量组合。

3.1.2.4　发芽相关参数与成苗率相关性分析

由表 12 可知，除发芽率与发芽势和发芽指数的相关性不显著外，其余参数间相关性系数均达到显著水平（$P<0.05$）。其中，发芽势与成苗率和相对成苗率的相关性最高，分别为 0.92 和 0.96（$P<0.01$）；发芽指数次之，分别为 0.88 和 0.94（$P<0.01$）；发芽率最低，分别为 0.63 和 0.52（$P<0.05$）。可见，发芽势和发芽指数更能体现 EMS 处理后橡胶草种子的最终成苗情况。

表 12　发芽相关参数与成苗率相关性分析

参数	发芽率	发芽指数	发芽势	成苗率
发芽率	1			
发芽指数	0.40	1		
发芽势	0.50	0.99**	1	
成苗率	0.63*	0.88**	0.92**	1
相对成苗率	0.52*	0.94**	0.96**	0.98**

注：* 表示在 0.05 水平显著相关；** 表示在 0.01 水平显著相关。

3.1.3　结论与讨论

EMS 处理可抑制种子的萌发，大量研究显示，随着 EMS 处理浓度和处理时间的增加，种子的发芽率和发芽势等参数呈下降趋势（刘威等，2017）。本节研究显示，EMS 对橡胶草种子的发芽率具有一定抑制作用，但作用并不显著，各处理发芽率与对照相比没有明显差异。这与西瓜和金花菜种子（王学征等，2015；Liu，2015）等许多研究结果存在差异，进一步印证了不同物种对 EMS 的敏感性和诱变反应是存在差异的。诱变处理浓度和处理时间对橡胶草种子的发芽活力具有抑制作用，其发芽势和发芽指数随着 EMS 处理浓度和时间的增加而逐渐降低，当 EMS 浓度为 0.40%、处理时间为 12 h 时，发芽势和发芽指数与对照相比分别降低了 45.57% 和 37.85%；其中，EMS 处理浓度对橡胶草种子发芽活力抑制效应比处理时间更为明显。EMS 诱变显著影响橡胶草种子的成苗率，EMS 处理浓度和处理时间越高，橡胶草种子的成苗率和相对成苗率越低，且处理浓度对成苗的影响要大于处理时间。其中，0.40% EMS 处理 12 h 的种子成苗率和相对成苗率分别只有 12.67% 和 23.97%。这与前人研究结果（王学征等，2015）一致。

EMS 作为构建突变体育种的重要手段，诱变条件选择最为关键。本节研究显示（表 10），橡胶草种子各处理的发芽率与对照相比无显著差异，而且发芽率和成苗率存在很大差异，此外相关性分析显示（表 12），发芽率与成苗率和相对成苗率的相关性系数是几个参数中数值最低，分别只有 0.63 和 0.52。可见，橡胶草用发芽率来推测 EMS 诱变半致死剂量是不准确的。因此，本节研究依据成苗率和相对成苗率数据，基于橡胶草种子的半致死剂量，筛选最适宜诱变条件。

本节试验采用 4 个 EMS 处理浓度（0.10%、0.20%、0.30% 和 0.40%）和 3 个处理时间（4 h、8 h 和 12 h）组合，通过对橡胶草种子发芽率，发芽势、发芽指数、成苗率和相对成苗率进行综合分析，以确定最适宜 EMS 处理条件。结果显示，0.30% EMS 处理 12 h 的相对成苗率为 50.75%，为最适宜 EMS 诱变条件。最终采用以上最适宜的诱导条件对 5 000 粒橡胶草种子进行 EMS 处理，获得诱变群体 2 000 余株，M0 代表型筛选到了一些突变体，目前从表型来看，M0 代株系大部分表型的突变均为不利表型，需要在 M1、M2 代株系中进一步筛选和鉴定（图 13）。

图 13　橡胶草 EMS 诱变突变体表型

3.2　采用离子束诱变技术创制橡胶草突变体

3.2.1　橡胶草组培苗根段辐射剂量筛选

橡胶草突变体库是优良品系选育种和基因功能研究的重要材料。笔者与中国科学院近代物理研究所周利斌团队合作，采用重离子辐射技术创制橡胶草新种质，为橡胶草种质改良及其产业化提供优质的种植材料。采用不同剂量的伽马射线（0 Gy、10 Gy、15 Gy、20 Gy、30 Gy）对高含胶量橡胶草株系 6212 的组培苗根段进行辐射处理，共辐射根段 6 638 个，根据根段的出芽率，确定橡胶草适宜的辐射剂量。结果表明，随着辐射剂量的增加，根段的出芽率和相对出芽率逐渐减少，其半致死剂量在 10 ~ 15 Gy，其中，10 Gy 最接近半致死剂量，相对出芽率为 68.13%（图 14 和图 15）。

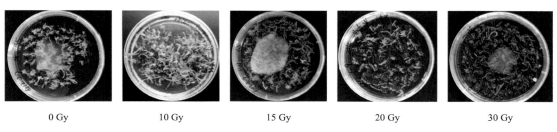

0 Gy 10 Gy 15 Gy 20 Gy 30 Gy

图 14　不同剂量伽马射线处理橡胶草组培苗根段对其分化的影响

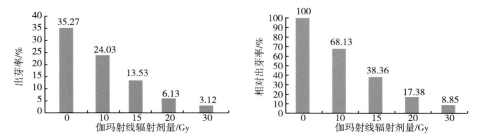

图 15　不同剂量伽马射线辐射橡胶草组培苗根段的出芽率和相对出芽率

3.2.2　橡胶草与短角蒲公英种子辐射剂量筛选

笔者采用不同剂量的伽马射线对橡胶草以及短角蒲公英种子进行辐射处理，橡胶草种子与短角蒲公英种子对伽马射线的响应情况略有差异，橡胶草种子的半致死剂量为 75 Gy 左右，短角蒲公英种子的半致死剂量为 100 Gy 左右，但大于 200 Gy 的辐射剂量处理后种子成苗率非常低，而 300 Gy 几乎没有存活的植株（图 16 和图 17）。为了获得大量有效的突变体，我们采用 80 Gy、100 Gy、120 Gy、140 Gy 的剂量对橡胶草种子进行辐射构建橡胶草突变体库（图 18 和图 19）。通过 M0 代突变群体的叶片长度、叶片数、生物量和含胶量等参数进行调查和统计分析，共筛选到 16 个高生物量突变单株。对其中 3 个高生物量突变体株系的 M1 代 TKM-2、TKM-8、TKM-10 分别在海南儋州以及内蒙古多伦县进行种植，通过性状调查分析以及含胶量检测发现，高生物量突变体与对照相比，平均地下生物量提高了 56%，其含胶量也显著提高（图 20 和表 13）。后期将继续根据突变体的表型、含胶量等农艺性状筛选优良的突变株系，为今后橡胶草的遗传改良提供重要材料。

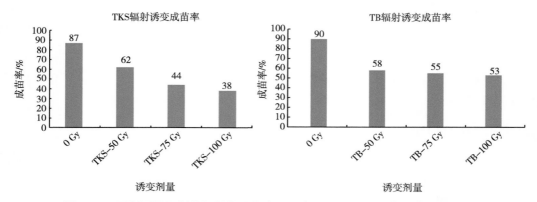

图 16　不同剂量伽马射线辐射橡胶草（TKS）及短角蒲公英（TB）的成苗率

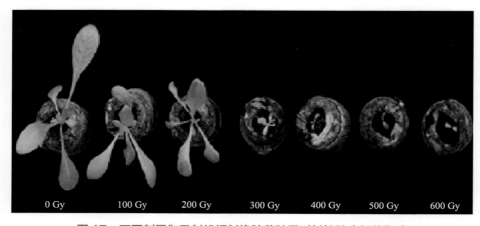

图 17　不同剂量伽马射线辐射橡胶草种子对其植株生长的影响

图 18　采用伽马射线辐射诱变技术构建橡胶草突变体

图 19　橡胶草伽马射线辐射突变体种植及其表型

| TKM-2 | TKM-8 | TKM-10 |

图 20　3 个大生物量突变体的表型

表 13　三个大生物量突变体的鉴定

地点	材料	最大叶长 /cm	最大叶宽 /cm	叶片数	直径 /cm	株型	叶形	是否开花	种子	总生物量 /g	地下生物量 /g	含胶量 /%
海南儋州	CK	16.5	2.2	33	32.5	匍匐	叶缘裂缺	是	有	16.92	9.24	3.00
	TKM-2	20.1	2.3	69	42.1	半直立	叶缘裂缺	是	有	23.71	13.21	4.08
	TKM-8	17.9	3.8	63	36.2	半直立	叶缘裂缺	是	有	30.17	9.77	5.00
	TKM-10	13.1	2.4	52	29.3	匍匐	叶缘圆	是	有	27.64	10.32	3.31
内蒙古多伦	CK	16.7	2.4	47	31.6	匍匐	叶缘裂缺	是	有	91.03	17.76	3.33
	TKM-2	19.7	3.1	92	39.8	半直立	叶缘裂缺	是	有	225.06	55.73	5.02
	TKM-8	19.9	3.3	87	38.5	半直立	叶缘裂缺	是	有	154.2	43.93	3.92
	TKM-10	19.3	3.1	93	36.3	半直立	叶缘圆	是	有	403.81	62.82	4.47

3.3 采用氨磺灵和秋水仙素诱变技术创制四倍体橡胶草

橡胶草为菊科（Asteraceae）蒲公英属（*Taraxacum*）大角蒲公英组（Sect. *Macrocornuta* V. Soest）多年生草本植物（$2n=2X=16$），原产于哈萨克斯坦及中国新疆等地。橡胶草根部可合成天然橡胶，含胶率在 2.89% ~ 27.89%，其天然橡胶的分子结构与巴西三叶橡胶相同，均为顺式 -1,4- 聚异戊二烯，且物理机械性能与三叶橡胶非常相似，可于工业化生产。此外，橡胶草具有生长收获周期短（1 年即可收获，而三叶橡胶树需要 5 ~ 8 年）；种植区域广（在亚热带和温带均可正常生长）；适合机械化种植和采收，具有较强的生长繁殖能力等诸多优点，使其成为最具商业开发前景的产胶替代作物之一。野生橡胶草的含胶量和生物量偏低，且变异大，不能满足橡胶草产业化发展的要求，为此，科学家们在橡胶草种质创新和改良方面做了大量工作，并取得了显著进步。其中，美国俄亥俄州立大学 Cornish 团队利用育种手段将橡胶草的平均含胶量提高到 9%，小规模种植产胶量可达三叶橡胶树水平。但由于橡胶草在大田中的生长活力和竞争力弱，自交不亲和的特性使群体的优良特性无法稳定遗传，使其实际的大田种植产量达不到预期效果，橡胶草的种质改良工作仍然任重道远。

多倍体育种是植物育种的重要手段之一，因多倍体植株常具有花大、抗逆性强、生长健壮和生物量大等特点，被育种家们广泛应用于各种植物育种中。20 世纪 40—50 年代，欧美科学家利用秋水仙素诱导成功获得四倍体橡胶草，并培育出四倍体橡胶草 Navashin 等品种，含胶量和干根产量均明显提高，但由于年代久远，相关研究信息及材料已无法找到。2018 年有研究人员利用秋水仙素诱导橡胶草种子获得四倍体橡胶草植株，表现出一定的天然橡胶产量提高潜力。到目前为止，国内还没有关于橡胶草多倍体育种的报道。

秋水仙素作为一种常用的化学诱变剂，一直广泛地应用于植物多倍体诱导中，但其有效诱导率低，且因与植物蛋白的亲和性低，处理浓度大，对植物材料的毒害比较严重，容易造成诱导植株生长异常，甚至死亡。利用秋水仙素诱导橡胶草四倍体，诱变率最高只有 4.92%，且秋水仙素的毒性导致橡胶草萌发率和成苗达率不到 50%，许多诱导植株生长异常。可见，秋水仙素的毒性对橡胶草生长影响显著，其多倍体诱导效果很不理想。氨磺灵是一种除草剂类诱变剂，因其具有与植物微管蛋白的亲和性高、使用诱变浓度低、且对植物材料伤害较小、价格低廉等特点，在植物染色体加倍中的应用逐渐增多，且研究发现，氨磺灵在大蒜、观赏姜花、西瓜等许多植物上的多倍体诱导效果要好于秋水仙素。

本节研究以橡胶草幼芽为试验材料，采用浸芽法比较氨磺灵和秋水仙素两种诱变剂的诱变效果，分析四倍体橡胶草的形态变化，旨在探寻获得适用于橡胶草的四倍体诱变剂和诱变方案，为橡胶草的种质创新和品种选育提供理论依据和技术支持。

3.3.1 材料与试剂

试验材料为本实验室保存的橡胶草品系 CXCH，为新疆伊犁特克斯县采集的野生种质。氨磺灵（分析标准品）购于上海阿拉丁生化科技股份有限公司；秋水仙素粉末（含量 ≥ 99%）购于上海麦克林生化科技有限公司。

3.3.2 方法与步骤

3.3.2.1 多倍体诱导

采用浸芽法进行诱变处理。设置秋水仙素浓度为 0.05%、0.10%、0.20%；氨磺灵浓度为 0.01 mmol/L（约 0.000 3%）、0.02 mmol/L（约 0.000 7%）、0.04 mmol/L（约 0.001 4%）和 0.08 mmol/L（约 0.002 8%）。对照采用无菌水浸泡 30 min。橡胶草 CXCH 种子用 1% 过氧化氢浸泡杀菌 1 h，之后用水冲洗干净，放入带滤纸的培养皿中萌发，当种子萌发，胚根长至 5 ～ 10 mm 时，进行诱变处理。处理时间分别为 30 min、1 h、2 h、4 h 和 8 h。每组处理 100 个幼芽，3 个重复。处理结束后用无菌水冲洗 3 遍，然后移栽至培养土中正常培育，待植株生长至 5 ～ 7 片叶时，进行倍性筛选。

3.3.2.2 多倍体鉴定

（1）流式细胞仪倍性分析

取待测植株新鲜叶片 0.1 ～ 0.15 g 放入直径 6 cm 的玻璃培养皿中，滴加 500 μL 细胞核提取液（CyStain UV Precise P05-5002，Partec 德国），用锋利刀片一次性快速切碎叶片至糊状，用尼龙网滤膜（30 μm）过滤到 5.0 mL 离心管中，加入 1.6 mL 的 DAPI 染色液（Solarbio 公司），混匀染色 30 s，将样品移至上样管，用流式细胞仪（Sysmex CyFlow Cube8，德国）检测。

（2）细胞学倍性鉴定

采用橡胶草根尖压片法，参照 3.3.2.2（1）中的方法，切取待测植株约 2 mm 长根尖，洗净后用 2 mmol/L 8- 羟基喹啉溶液室温预处理 4 h，卡诺氏固定液（无水乙醇：冰醋酸 =3：1）在 4℃冰箱中固定 24 h，无菌水漂洗 5 次，60℃条件下 1.0 mol/L 盐酸解离 10 min，再用无菌水漂洗 5 次，然后用改良卡宝品红染色 5 min 后压片。在莱卡 DM68 全自动生物光学显微镜（德国）下观察染色体变化情况，拍照记录。

3.3.2.3 诱变相关参数测定

（1）发芽率和成苗率测定

诱变处理后，将各试验组幼芽分别移栽至相应花盆中正常培育，30 d 以后计算成苗率。利用流式细胞仪和根尖染色体压片技术筛选、鉴定四倍体植株，统计、计算诱导率和嵌合体率。成苗率＝总成活苗数／供试幼芽数 ×100%；变异率＝变异株数／检测株数 ×100%；嵌合体率＝嵌合体总株数／变异总株数 ×100%。

3.3.2.4　形态特征比较

（1）气孔特征比较

选取对照和多倍体植株各 6 株，撕取其植株叶片的下表皮，利用莱卡 DM68 全自动生物光学显微镜（德国）对气孔的大小、密度等性状进行观察测定，并计算气孔的长度、宽度，统计气孔密度（每平方毫米中的气孔数目），并拍照记录。

（2）叶形态比较

待处理后植株长出 12 片新叶后，选取对照和多倍体植株各 6 株，测定其叶长、叶宽（叶片中间最宽部位）、叶厚（叶片中间最厚部位）、叶形指数（叶长／叶宽），每指标数据连续测 3 次。

（3）花和种子形态测量

待处理后植株开花结果后，选取对照和多倍体植株各 6 株，测定其花的长度、直径（花基部最宽部位）和花秆的直径（与花的连接处）、种子粒长和粒宽（种子最宽处），每指标数据连续测 3 次。

3.3.2.5　数据分析

本试验数据用使用 IBM SPSS Statistics 19 软件进行数据处理、方差分析及 LSD 多重比较等，所有数据用平均值表示。

3.3.3　结果与分析

3.3.3.1　诱变植株倍性鉴定

利用流式细胞仪对氨磺灵和秋水仙素处理的待测植株进行倍性检测。结果显示，氨磺灵和秋水仙素处理后都能诱导染色体加倍。流式细胞仪倍性鉴定结果显示，对照橡胶草二倍体（$2n=2X=16$）的荧光通道值为 200（图 21A）；变异植株，有的在荧光通道值 400 处出现一个单峰，DNA 含量较对照增加了一倍，为四倍体（图 21B）；有的在荧光通道值 200 和 400 处同时出现峰，为二倍体和四倍体的混倍体，即嵌合体（图 21C）。根尖染色体压片观察结果显示，二倍体植株的根尖细胞内染色体数目为 $2n=2X=16$（图 22A）；诱导后的四倍体植株染色体数目为 $2n=4X=32$（图 22B），与流式细胞仪的倍性鉴定结果一致。具体倍性鉴定统计结果见表 14。

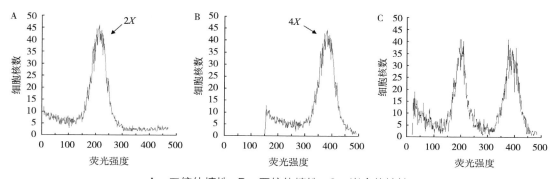

A，二倍体植株；B，四倍体植株；C，嵌合体植株

图 21　采用流式细胞仪分析橡胶草染色体倍性

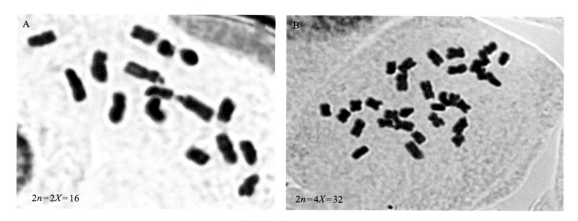

A，二倍体植株；B，四倍体植株

图 22　橡胶草二倍体与多倍体的根尖染色体数目

3.3.3.2　两种诱变剂对橡胶草多倍体诱变效果比较

　　氨磺灵不同浓度及时间诱变处理均能导致一定程度的诱变效果（表 14）。随着处理浓度和处理时间的增加，氨磺灵处理的成苗率呈下降趋势。同一处理浓度下，随着处理时间的增加，变异率逐渐减少，处理浓度为 0.04 mmol/L 时，不同处理时间的变异率均高于相应其他处理浓度的变异率，其中，0.04 mmol/L 处理 30 min 的诱变率最高，为 14.08%。

　　秋水仙素的各处理也能产生一定程度的变异。随着秋水仙素处理浓度和处理时间的增加，其成苗率呈下降趋势，其中，0.2% 处理浓度对橡胶草的成苗率影响最为明显，当处理时间为 30 min 时，成苗率仅为 37%，当处理时间 ≥ 1 h 时，成苗率为 0。在 0.05% 和 0.1% 处理浓度下，随着处理时间的增加，其诱变率逐渐降低，其中，0.10% 秋水仙素处理 30 min 的诱变率最高，为 5.56%。0.20% 处理浓度下的不同处理时间的变异率均为 0。

　　比较两种诱变剂的诱变效果如表 14 所示，氨磺灵的处理浓度范围为 0.01 ～ 0.08 mmol/L，即 0.000 3% ~ 0.002 8%，明显低于秋水仙素 0.05% ~ 0.2% 的诱变处理浓度；氨磺灵处理的成苗率（60% ~ 75%）要明显高于秋水仙素处理的成苗率（0 ~ 59%），而且其最高变异率 14.08% 也高于秋水仙素处理的最高变异率 5.56%；而氨磺灵处理的嵌合体率为 27.27%，明显低于秋水仙素处理的 75.00%。综上可知，相对于秋水仙素处理，氨磺灵处理橡胶草的成苗率和变异率高，嵌合体率低，整体诱变效果更好，其中，0.04 mmol/L 氨磺灵处理 30 min 的成苗率为 71.00%，变异率 14.08%，嵌合体率 25.00%，为最佳诱变条件。

表 14　氨磺灵和秋水仙素对橡胶草多倍体的诱导效果

处理	浓度	时间	处理株数	成苗株数	成苗率 /%	变异株数		诱导率 /%	嵌合体率 /%
						四倍体	嵌合体		
CK		30 min	100	100	100.00	0	0	0	0
秋水仙素	0.05%	30 min	100	59	59.00	1	1	3.39	
		1 h	100	50	50.00	0	1	2.00	
		2 h	100	51	51.00	0	1	1.96	
		4 h	100	46	46.00	0	0	0	
		8 h	100	39	39.00	0	0	0	
	0.10%	30 min	100	36	36.00	0	2	5.56	
		1 h	100	38	38.00	1	0	2.63	
		2 h	100	41	41.00	0	1	2.43	75.00
		4 h	100	28	28.00	0	0	0	
		8 h	100	25	25.00	0	0	0	
	0.20%	30 min	100	37	37.00	0	0	0	
		1 h	100	0	0.00	0	0	0	
		2 h	100	0	0.00	0	0	0	
		4 h	100	0	0.00	0	0	0	
		8 h	100	0	0.00	0	0	0	

（续表）

处理	浓度	时间	处理株数	成苗株数	成苗率/%	变异株数		诱导率/%	嵌合体率/%
						四倍体	嵌合体		
氨磺灵	0.01 mmol/L	30 min	100	75	75.00	2	1	4.00	27.27
		1 h	100	70	70.00	1	1	2.84	
		2 h	100	70	70.00	1	0	1.42	
		4 h	100	69	69.00	1	0	1.45	
		8 h	100	60	60.00	0	0	0	
	0.02 mmol/L	30 min	100	71	71.00	2	1	4.23	
		1 h	100	69	69.00	2	0	2.90	
		2 h	100	63	63.00	1	0	1.59	
		4 h	100	63	63.00	1	0	1.59	
		8 h	100	60	60.00	0	0	0	
	0.04 mmol/L	30 min	100	71	71.00	8	2	14.08	
		1 h	100	71	71.00	3	2	7.04	
		2 h	100	69	69.00	1	2	4.35	
		4 h	100	69	69.00	1	1	2.90	
		8 h	100	68	68.00	2	0	2.94	
	0.08 mmol/L	30 min	100	72	72.00	3	1	5.56	
		1 h	100	71	71.00	2	1	4.23	
		2 h	100	70	70.00	2	1	4.17	
		4 h	100	68	68.00	0	0	0	
		8 h	100	61	61.00	0	0	0	

3.3.3.3 四倍体植株与野生型二倍体形态特征比较

与野生型二倍体相比，四倍体植株叶片肥厚，叶色浓绿，生长较为缓慢，约60 d后，生长速度恢复正常。氨磺灵和秋水仙素处理后的四倍体植株形态特征变化基本一致。

（1）气孔特征

与野生型二倍体植株相比，四倍体植株的气孔密度显著减少（$P<0.01$），气孔显著增大。二倍体植株气孔大小为16.87 μm × 6.77 μm（长 × 宽），四倍体植株气孔为

20.67 μm × 9.07 μm；气孔长和宽分别比二倍体增加 22.53% 和 33.97%（表 15）。

（2）叶片形态

四倍体植株叶片与二倍体相比，叶长、叶宽和叶型指数无显著变化，叶片厚度显著增加（表 15，图 23 A）（$P<0.01$），比二倍体叶片增厚 85.71%。

（3）花和种子特征

与二倍体植株相比，四倍体植株的花苞长度无显著变化，而花苞直径和花秆直径显著增大（$P<0.01$），分别增大了 23.51% 和 36.77%；四倍体植株的种子大小和千粒重均显著大于二倍体植株（$P<0.01$），其中，四倍体的种子千粒重达到了 0.95 g，是二倍体种子千粒重的 2.11 倍（表 15，图 23 B 和图 23 C）。

表 15　二倍体与四倍体橡胶草植株的形态特征比较

部位	参数	二倍体（2×）	四倍体（4×）
气孔	气孔密度 /（个·mm^{-2}）	39	30**
	气孔长 /μm	16.87	20.67**
	气孔宽 /μm	6.77	9.07*
叶片	叶片长度 /cm	14.64	14.39
	叶片宽度 /cm	2.51	2.48
	叶厚度 /mm	0.77	1.43**
	叶型指数	5.89	5.82
花	花苞长度 /cm	1.72	1.75
	花苞直径 /cm	2.68	3.31**
	花柄直径 /mm	1.55	2.12**
种子	粒长 /cm	0.48	0.66**
	粒宽 /cm	0.12	0.17**

注：*，在 0.05 水平显著相关；**，在 0.01 水平显著相关。

3.3.4　结论与讨论

3.3.4.1　诱变剂和诱变条件的选择

氨磺灵是二硝基苯胺类除草剂，也是一种有丝分裂抑制剂，与秋水仙素的诱导作用类似，通过抑制纺锤丝的形成，使染色体加倍。本节研究中，氨磺灵处理的成苗率在 60% ~ 75%，而秋水仙素的成苗率仅在 0 ~ 59%，当处理浓度为 0.20%，处理时间 ≥ 1 h

时，成苗率为 0，可见秋水仙素对橡胶草的
毒害作用要大于氨磺灵，其原因可能因为秋
水仙素与植物微管蛋白的亲和性要比氨磺灵
低，秋水仙素的诱变浓度一般要高于氨磺灵
诱变浓度，且秋水仙素毒性要高于氨磺灵。
诱变率和嵌合体率是判断诱变剂诱变效果的
重要指标。在诱导观赏姜花多倍体的研究结
果显示，氨磺乐灵诱变的效果（最高诱变
率 15%）优于秋水仙素（最高诱变率 13%）
（Sakhanokho et al.，2009）。

在西瓜与大蒜多倍体诱导中，氨磺灵的
诱导率均高于秋水仙素（阎志红等，2008）。
但在安祖花多倍体诱导研究结果显示，秋
水仙素的四倍体诱导率高于氨磺灵，分别
为 45.10% 和 42.22%（储丽红等，2014）。
可见，两种诱变剂对不同植物的诱变效果
存在差异。本研究中，氨磺灵的最高诱变
率在 14.08%，嵌合体率为 27.27%；而秋
水仙素的最高诱变率为 5.56%，嵌合体率
为 75.00%，这与 Luo 等（2018b）获得的
秋水仙素诱导四倍体橡胶草的最高诱变率
（4.92%）一致。综上所述，相对于秋水仙

A，叶片；B，花苞；C，种子

图 23　二倍体与四倍体橡胶草不同组织的比较

素，氨磺灵因具有高成苗率、高变异率和低嵌合体，而更适用于橡胶草多倍体诱变。其
中，氨磺灵处理 0.04 mmol/L 处理 30 min 的诱变率最高，为 14.08%，是橡胶草四倍体诱
变的最佳处理条件。

3.3.4.2　倍性的鉴定

倍性鉴定是倍性育种的重要环节，简单、快速、有效的鉴定倍性能大大减少工作量，
实现早期筛选与应用，加快育种进程。染色体计数法是鉴定倍性最直观、最可靠的方法
之一，但制片难度较大，工作量大，而且嵌合体植株很难检出，故不宜用来进行大批量
的植株倍性快速鉴定，由于橡胶草幼苗根尖细小，取材困难，用染色体计数法确定植株
倍性就更难实施。流式细胞仪分析法根据测定细胞的 DNA 含量比较染色体倍性，是近几
年发展起来的较为快捷、准确鉴定多倍体植株的方法，已在许多植物倍性鉴定中成功应
用，但由于不同植物的细胞结构不同及次级代谢产物的特殊性和复杂性，流式细胞仪鉴定

植株倍性的适用性也不同。本节研究显示，利用流式细胞仪在植株幼苗阶段可快速鉴定出多倍体、嵌合体，且流式细胞仪鉴定结果与传统的染色体数观察鉴定结果一致，证明该方法用于橡胶草植株倍性分析是有效的。此外，学者们在许多植物多倍体诱导研究中表明，四倍体植株常表现出根、茎、叶、花、果实等器官明显增大，叶下表皮气孔增大、密度减少等特点。本节研究显示，橡胶草四倍体植株，较野生型二倍体植株，叶片显著增厚（$P<0.01$），花苞和种子显著增大（$P<0.01$），叶下表皮气孔显著增大、密度显著减少（$P<0.01$）。这与 Luo 等（2018b）获得的四倍体橡胶草形态变化一致，进一步说明这些形态特征可作为橡胶草多倍体初步快速鉴定和育种的有效方法。

　　氨磺灵和秋水仙素两种诱变剂均能诱导出四倍体橡胶草。氨磺灵诱变效果和成苗率均高于秋水仙素，更适合用于橡胶草多倍体诱变，氨磺灵 0.04 mmol/L 处理 30 min 的诱变率最高，为 14.08%，是橡胶草四倍体诱变的最佳处理条件。利用流式细胞仪可在植株幼苗阶段快速鉴定出多倍体、嵌合体，说明该方法可用于橡胶草快速倍性鉴定。对比形态特征显示，橡胶草四倍体植株叶片增厚，花苞和种子增大，叶下表皮气孔增大、密度显著减少，与二倍体植株差异显著，可作为多倍体初步筛选标准。本研究初步探明了 2 种诱变剂对橡胶草染色体加倍的诱导效果，为今后橡胶草多倍体育种提供理论依据和技术支持。

3.4　航天育种技术创制橡胶草新种质

　　航天育种是利用太空中各种高频射线而使细胞中 DNA 的复制出现混乱而产生基因突变的技术，其诱导的有益变异多、变幅大、稳定快，且有高产、优质、早熟、抗病力强等特点，其变异率较普通诱变育种高 3 ~ 4 倍。为了加快橡胶草新品种选育进程，笔者选取来源于新疆的野生橡胶草种质经扩繁后的种子为材料，于 2020 年 5 月 5 日搭乘新一代载人飞船试验舱由长征五号 B 运载火箭送入太空，接受太空辐射后，于 5 月 8 日顺利返航，而后对太空辐射的种子进行催芽育苗和移栽，后续空间诱变育种实验工作正在有序开展。通过此次橡胶草种子太空辐射，希望能够为橡胶草高产、优质的品种培育带来新的突破。

图 24　采用太空辐射创制橡胶草新种质

3.5 橡胶草杂交选育种

目前，橡胶草的天然橡胶产量低，是制约橡胶草产业化发展的重要因素，因此，通过育种手段提高橡胶草产胶能力至关重要。杂交是种质改良的一个重要手段，将橡胶草与普通的蒲公英进行杂交，可以同时提高生物量和产胶量。橡胶草种质改良始于 20 世纪 40 年代，曾培育出干根产量达 10^3 kg/hm^2 的 3 个品种，如四倍体 Navashin、Velikoalekseevskiy 和 No485 品种（Warmke，1945）。药用蒲公英在种植条件适宜的情况下，6 个月的生长期之后每公顷可收获 6 000 ～ 9 000 kg 蒲公英干根，如果和橡胶草杂交，含胶量能达到 20%（van Beilen and Poirier，2007a；2007b）。2007 年在美国组成的 PENRA 联盟，通过杂交育种技术培育的橡胶草，其平均含胶量为 9%，部分橡胶草的含胶量可达到 18.6%。小规模种植培育的橡胶草亩产胶量可达到巴西橡胶树水平，每平方千米可产 1.50×10^5 kg 橡胶草橡胶（赵佳，2015）。目前尚未有通过国家品种审定的橡胶草品种，各研究单位通过培育和筛选获得一些优良的株系，但品种的鉴定与测试标准还有待进一步制定。

3.5.1 橡胶草不同品系间杂交选育种

橡胶草的根重和含胶率是橡胶产量的两个重要因素，目前还没有研究证明这两个因素存在相关性。加拿大学者 Hodgson-Kratky 等利用轮回选择的方法通过 4 次轮回选择建立 4 个半同胞家系群体（C_1 ～ C_4），根据 4 个家系群体的含胶率和干根重，评估了轮回选择法对提高橡胶草群体橡胶产量的有效性；同时，通过对在沙土和壤土分别种植家系群体重复的数据对比，分析了橡胶草对不同类型土壤的适应性（Hodgson-Kratky，2014）。

轮回选择，又称重复选择。作物群体改良中一种提高了的混合选择方法。从原始群体中选择优良单株进行自交和测交，根据测交结果，选出配合力高或表型优良的单株，混合种植，相互交配，形成第一轮选择的改良群体。第一轮改良群体继续选择，可形成第二轮选择的改良群体。通过多轮的选择和重组，可以提高群体中的有利基因频率和优良基因型比例，进而增加群体中的性状平均值，并保持其一定的遗传变异度。加拿大学者 Hodgson-Kratky 等于 2011 年选取 20 个橡胶草品系分别种植 2 个重复，随机区组设计，每个品系种植 100 个单株，根据平均单株橡胶产量从 20 个家系中选出最高的 200 个单株（每个品系至少选择 5 株，以保证群体遗传多样性），其中，100 个单株存活下来，开花、自由授粉并结籽，种子按单株收获构成包含 100 个半同胞家系的 C_0 群体。2012 年，100 个半同胞家系分别在沙土和壤土上种植，并从平均单株橡胶产量最高的 10 个家系中分别随机选取 10 个单株进行随机授粉，单株收种，构成包含 100 个半同胞家系的 C_1- 沙土和 C_1- 壤土群体。以此类推，在 2013—2016 年分别构建出 C_2 ～ C_4 沙土和壤土群体。C_0 群体作为对照，2013—2016 年均进行种植评价，2016 年，5 个家系群体的产量相关参数同时进行的测定和比较分析。研究结果显示，半同胞家系群体的含胶率在壤土种植的重复随着轮回选择循环的增加而不断增加，从 C_0 代家系群体的 4.17% 提高到 C_4 代的 6.40%。经过 4 个轮回循环，单株的产胶量从 0.15 g 增加到 0.22 g。早前学者报道经过 4 个选择周期后，橡胶草的含胶率达到 15%，美国俄亥俄州立大学 Cornish 团队培育的二代橡胶草干根含胶量可达 18.6%。与这里描述的结果的差异很可能是由于报告的是橡胶草群体中最佳单株的表现，而不是群体平均数。在本研究中观察到的个体最高值是 14.6%。种植年份和土壤类型对橡胶草的橡胶产量有明显影响，但橡胶草含胶率比干根重更加稳定。C_0 群体在两种土壤类型上种植 4 年的数据显示，含胶率只有 1.54 倍的变化，而橡胶产量和每株根干重在多年和土壤类型中变化显著，有 4 倍的差异。4 次轮回选择使在壤土上种植的橡胶草家系群体的橡胶产量增加了近 50%，而在沙土种植的家系却没有显著变化，而且壤土种植的平均含胶率、橡胶产量和根系干重分别是沙土种植重复的 1.16 倍、1.80 倍和 1.62 倍。可见，壤土更适合种植橡胶草，也进一步表明培育橡胶草成为具有广泛适应性的经济作物面临挑战。橡胶草的干根重经过 4 轮选择，无论是在沙土还是在壤土均没有显著变化，平均单株干根重 3.70 g。原因可能是高环境误差、低遗传多样性或者兼而有之。由于种群规模的限制，轻微的近亲繁殖衰退可能会抵消根系重量的潜在增加，试验结果显示橡胶草自交不仅会降低植物的活力，而且降低植物种子萌发率，使橡胶草在三代后无法恢复。可见，橡胶草育种过程中减少选择强度或增加育种群体中的遗传多样性是必要的。此项工作对我们的橡胶草育种工作有很多启示，今后的育种在提高橡胶含胶率的同时，也要重点关注提高橡胶草的根部生物量；优化改良橡胶草群体时要注意保持群体的遗传多样性，防止近交衰退现象的出现；根据不同地域的土壤环境特点培育相应的橡胶草种质，对于今后的产业化发展至关重要（Hodgson-Kratky et al.，2017）。

　　笔者对已收集的橡胶草种质进行含胶量检测和筛选，获得两个高含胶量株系 2162 和 20112，其根部烘干后折断处能拉出明显胶丝，进一步采用红外光谱法进行含胶量分析发现，其含胶量分别为 8.62% 和 6.05%，随后以两个株系的叶片作为外植体，采用组培扩繁技术对其进行扩繁，获得了一批组培苗（图 25）。对组培苗进行分批移栽以获得花期一致的植株用于杂交，由于橡胶草为自交不亲和材料，所以杂交过程无须去雄，在花蕾展开前分别套袋以免混入其他株系花粉，杂交时是将盛开的花朵相互接触授粉即可，分别以 20112 为母本♀、2162 为父本♂或者 2162 为母本、20112 为父本进行杂交均获得了 F1 代种子（图 26），无论是 20112♀×2162♂ 还是 2162♀×20112♂ 的 F1 代植株，其叶片表型相似，属于 20112 与 2162 的中间型（图 27）。采用红外光谱法对部分生长在培养箱中 8 个月的 F1 代植株根部进行含胶量分析发现，F1 代植株的含胶量出现了分离，但均低于父母本的含胶量（表 16），F1 代植株含胶量偏低的原因可能与种植条件的差异有关。高含胶量品系的选育应该采用高含胶株系的多代回交或者构建高含胶量的小群体，通过不同株系之间的自然杂交，不断地选择更高含胶量的后代以逐步提高橡胶草的含胶量。

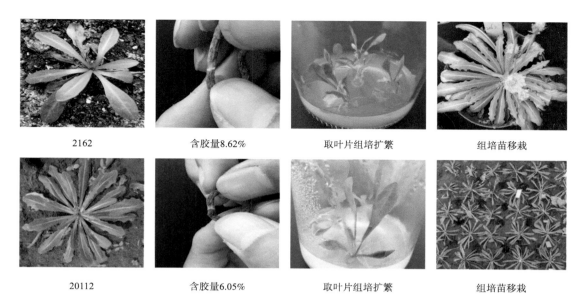

2162 含胶量8.62% 取叶片组培扩繁 组培苗移栽

20112 含胶量6.05% 取叶片组培扩繁 组培苗移栽

图 25　两个高含胶量橡胶草株系的筛选及其组培扩繁

2162 × 20112

F1代种子

图 26　两个高含胶量橡胶草株系间杂交

20112♀×2162♂的F1代植株 2162♀×20112♂的F1代植株

图 27　两个高含胶量株系杂交的 F1 单株

表16　部分F1代植株含胶量检测结果

株系	杂交组合	干根含胶量/%
615	2162♀×20112♂	5.14
627	2162♀×20112♂	2.35
619	2162♀×20112♂	3.16

3.5.2　橡胶草与蒲公英属植物之间的杂交选育种

蒲公英属植物种类多，具有不同的倍性，而且其起源地与繁殖方式具有多样性。不同倍性及不同繁殖方式的遗传多样性及其群体杂合度的比较发现，二倍体与四倍体蒲公英具有自交不亲和型与自交亲和型（即自花授粉），其中自交不亲和型的遗传多样性以及群体杂合度均比较高；自交亲和型的遗传多样性中等到低，群体杂合度也低；三倍体蒲公英多为无融合生殖，无融合生殖类型的蒲公英属植物的遗传多样性较低，但其群体杂合度比较高，类型丰富（表17）。短角蒲公英（*Taraxacum brevicorniculatum*）属于三倍体蒲公英，其染色体数目是24，包含两组橡胶草染色体的同时还有一组未知种系的染色体，其含胶量仅为橡胶草的1/4至1/2，属于无融合生殖，因具备繁殖能力强、生长速度快等特点也常被用于天然橡胶生物合成的研究。与橡胶草相比，其他蒲公英属植物具有繁殖能力强、适应性好、生长速度快、生物量大、抗性好等优良性状，因此，利用蒲公英近缘属物种与橡胶草杂交，将一些优良性状导入橡胶草基因组中对橡胶草的遗传改良具有重要意义。捷克共和国科学院植物研究所的研究表明，橡胶草可以与二倍体、三倍体、四倍体的蒲公英以及经人工染色体加倍后的四倍体橡胶草均能杂交结实（表18），其中与二倍体蒲公英的杂交结实率高于三倍体和四倍体，橡胶草作为母本与二倍体的双角蒲公英（*Taraxacum bicorne*）作为父本进行杂交，其F1的结实率最高为86.6%，但双角蒲公英作为母本进行杂交时F1的结实率降到了37%；橡胶草与染色体加倍后的四倍体橡胶草、三倍体短角蒲公英（*Taraxacum brevicorniculatum*）、四倍体蒲公英（*Taraxacum stenolepium*）进行杂交，其F1的结实率分别为7.0%、6.2%、23.4%。橡胶草与二倍体蒲公英杂交获得的F1株系绝大部分为二倍体，但在以窄苞蒲公英（*Taraxacum bessarabicum*）作为母本的杂交F1株系中获得了三倍体；橡胶草与染色体加倍后的四倍体橡胶草、四倍体蒲公英杂交获得的F1株系均为三倍体，而橡胶草与三倍体短角蒲公英杂交获得的F1株系中同时获得了三倍体和五倍体。随后分别用橡胶草与F1株系回交获得BC1，对BC1的结实率进行分析发现，与双角蒲公英的杂交组合的BC1结实率最高为14.6%～14.8%，其他在杂交组合的BC1结实率均比较低（低于10%）。对橡胶草与三倍体短角蒲公英杂交回交获得的三倍体

BC1 或者 BC2 株系进行表型观察和分析发现，三倍体杂交株系具有短角蒲公英无融合生殖的特性，而且生长速度快，但其含胶量仍然比较低（Flüß et al.，2013）。

表 17　不同类型蒲公英属植物的遗传特性比较

倍性	繁殖方式	遗传多样性	种群杂合度
二倍体	自交不亲和	高	高
二倍体	自交亲和（即自花授粉）	低到中等	低
四倍体	自交不亲和	高	高
四倍体	自交亲和	低到中等	低
三倍体	无融合生殖	低	高

表 18　不同类型蒲公英属植物与橡胶草之间杂交的结实率

种属名	倍性及其染色体数目	F1 杂交结实率	F1 倍性及其染色体数目	BC1 结实率
双角蒲公英 *Taraxacum bicorne*	$2n=2X=16$	86.6%（作为父本）；37%（作为母本）	$2n=2X=16$	14.6%（作为父本）；14.8%（作为母本）
Taraxacum serotinum	$2n=2X=16$	27.3%	$2n=2X=16$	7.2%
Taraxacum haussknechtii	$2n=2X=16$	45.6%	$2n=2X=16$	8.5%
窄苞蒲公英 *Taraxacum bessarabicum*	$2n=2X=16$	27.5%	$2n=2X=16$（作为父本）；$2n=3X=24$（作为母本）	6.6%（作为父本）；4.6%（作为母本）
sect. *Ruderalia*	$2n=2X=16$	66.4%	$2n=2X=16$	6.0%
大角蒲公英组 sect. *Macrocornuta*	$2n=2X=16$	64.3%	$2n=2X=16$	4.1%
短角蒲公英 *Taraxacum brevicorniculatum*	$2n=3X=24$	6.2%	$2n=3X=24$ $2n=5X=40$	4.4%（三倍体）；4.3%（五倍体）
Taraxacum stenolepium	$2n=4X=32$	23.4%	$2n=3X=24$	5.4%
染色体加倍后的橡胶草	$2n=4X=32$	7.0%	$2n=3X=24$	7.5%

编者在野外考察中发现了一个中间类型，其表型在橡胶草与蒲公英之间，与橡胶草非常相似，叶片有肉质感，叶表面没有刺，后期观察发现，该材料抗性好，夏季休眠特性不明显，地上生物量大（是同期种植橡胶草的 2 倍以上），染色体分析发现该株系为四倍体（$2n=32$），自交结实率高，属于自花授粉，干根含胶量在 3% 左右，比三倍体以及二倍体

的蒲公英含胶量高。进一步地利用这个野生的四倍体材料与橡胶草杂交，并获得了三倍体 F1 株系，F1 株系能够正常结实，应该是无融合生殖（图 28 和 29），相关性状还在进一步地鉴定。同时编者也开展了橡胶草与二倍体药用蒲公英 TO（2n=16）、三倍体短角蒲公英（TB）之间的杂交，也获得了部分杂交 F1 种子（图 28 和图 30）。同时，编者还利用人工染色体加倍后的四倍体橡胶草（2n=32）与橡胶草（2n=16）配制杂交组合，获得了 F1 杂交种子，其种子大小比二倍体橡胶草大但比四倍体橡胶草稍小，经染色体数目鉴定发现获得的 F1 株系为三倍体（图 31）。以上获得的杂交 F1 代株系还需进一步与橡胶草进行回交，以获得性状稳定的纯合株系。

TKS（2n=16）　　　　中间类型（2n=32）　　　　　　TB（2n=24）

图 28　橡胶草（2n=16）、中间类型（2n=32）与短角蒲公英（2n=24）的表型

TKS　　　　　　中间类型　　　　　　　F1　　　　　　F1具有无融合生殖特性

（2n=16）　　　（2n=32）　　　　（2n=24）

图 29　橡胶草（2n=16）与四倍体蒲公英（2n=32）杂交及其三倍体 F1 植株

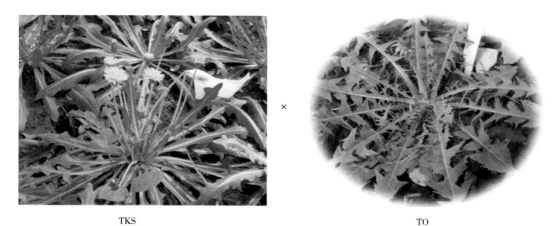

TKS   TO

图 30   橡胶草（2*n*=16）与药用蒲公英（2*n*=16）之间杂交

四倍体   二倍体

四倍体种子   杂交F1种子   二倍体种子
                （三倍体）

图 31   二倍体橡胶草与四倍体橡胶草之间杂交获得 F1 杂交种子（三倍体）

第四章

橡胶草栽培技术

作物栽培学是研究作物生长发育、作物的产量和产品质量形成规律及其与环境条件的关系，探索通过栽培管理、生长调控和优化决策等栽培技术手段，以最终实现目标作物的高产量、高质量、高效率及产业健康可持续发展的理论、方法与技术的科学。橡胶草产胶在结构和功能上与天然橡胶相似，与三叶橡胶外的其他产胶植物相比，橡胶草橡胶相对分子质量较大，品质优良，因而备受关注，是最具有发展潜力的其他产胶植物之一。橡胶草橡胶主要分布在根部，因此橡胶草橡胶的质量与产量根的橡胶含量、生物量和形态直接相关，而这些形状跟橡胶草生长的许多环境因素息息相关，比如水肥管理、栽培密度、收获方式、土壤类型及 pH 值、气候条件、病虫害及自然灾害的防治等因素会影响橡胶草的橡胶含量和产量，除此之外，还有一些橡胶草本身的生长因素会影响其橡胶含量、产量和质量，例如生育期、储藏方式、根的不同部位等。

4.1　橡胶草生长环境要求

4.1.1　气候条件

橡胶草对气候的适应性较强，可以广泛分布在热带、温带和寒带地区，但不同的气候条件对橡胶草的生长，尤其是对含胶量影响较大。长期在热带湿润高温的环境中，橡胶草的生长主要集中于地上部分，含胶量也低，此外，高温容易导致橡胶草休眠或直接损坏植物的组织。在寒带，由于气温较低，橡胶草的生长期短，植株生长缓慢，株型小，含胶量不高，骤变低温还会导致橡胶草死亡。在寒带或者冬季温度低于 3.8℃两天以上的环境下，或是在发育初期时温度低于 6.7℃的环境下，都会超出橡胶草忍受限度。橡胶草之所以能越过冰点以下的冬季，是因为有雪层覆盖和根部的保护。

橡胶草适合生长于平均昼温不太高或者白昼高温时期不太长，以及夜温较低的温带气候环境中。昼夜温差相对较大时，有利于根部橡胶成分的积累。在生长期较高的昼温也有利于橡胶草的生长和橡胶成分的积累。

4.1.2 土壤条件

橡胶草适应性较强，在壤土、沙土、黏土等不同土壤类型中均能良好生长，土壤有机质低至 2% 或者高于 90% 时均能生存，但在 2% ～ 8% 的有机质中生长状态最好（Whaley and Bowen，1947）。不同土壤类型的种植比较发现，橡胶草在黑土中种植的产量最高（Bonner and Galston，1947）。苏联的文献中关于橡胶草对土壤的要求描述较多。指出黑色富含矿物质的土壤和富含有机质的土壤都较适于栽培橡胶草，而且土壤中除有机质外最好还富含氮及磷。1941 年苏联的报告指出栽培橡胶草最适宜的是下列几种地区：已栽培过的泥炭土（peat soil），较大的菜圃，河流冲积地及种过亚麻的田地。1943 年的报告指出，不适宜栽培橡胶草的地区包括结构不良的、有后生裂纹的、地势过低的、贫瘠的或太松不保水的土壤，在酸性的灰质土（podzol）土壤中加入石灰能增加橡胶草根的产量及其含胶量。

1942 年夏，美国农业部做了一个橡胶草对环境的适应及橡胶产量的试验。结果证明，这种植物很能适应美国北部的气候，在有机质土壤（organic soil）及有机质较多的矿质土壤（mineral soil）中，都生长良好。

一般而言，橡胶草种植对土壤有如下要求。

（1）地形

陡度要小于 2%，否则需要用等高线栽培法（strip cropping）来减少流水冲刷的危害。但在陡度较大（大于 5%）的未开垦地也可栽培橡胶草，因为这种地区一般有机质含量较高，土壤的颗粒大，因此水分能很快被吸收，降低冲刷的影响。

（2）土壤结构

只要其他的土壤条件良好，橡胶草能在结构相差很大的土壤中生长。在表面和内部的结构是壤质砂土（loamy sand）到粉砂质黏土（silty clay）的土壤中，均可生长良好。水分较多且容易结块的土壤结构不适宜橡胶草的种植和收获。

（3）酸碱度

通常橡胶草生长最好的土壤 pH 值是从 5.5 ～ 8.5，而且有事实证明 pH 值在 6.5 以上时生长较好。除非有机钙质的含量确实很高，否则一切 pH 值小于 5.5 的土壤，都不能用来栽培橡胶草。

（4）其他

橡胶草种植要求土壤的通透性较好，土壤盐类含量小于 0.1%。

4.2 橡胶草育苗技术

由于橡胶草种子小，丸粒化技术不完善，直播的成活率难以保证，目前大田种植的橡胶草多采用育苗后移栽的方法。育苗以沙土或者沙壤土为宜，育苗地可以起垄便于后期排水（图 32），播种时用草木灰等基质将种子拌匀，以增加种子的分散度，便于撒播均匀，播种后覆盖一层薄薄的基质或者细沙土，厚度 0.1 ~ 0.2 cm 即可，太厚会影响种子萌发率。播种后立即喷水，最好喷雾状水，以免种子被冲刷而裸露在地表面。一般播种后5 ~ 10 d 会陆续出苗，注意每天喷水保持温度，前期的小苗喷水应少量多次，维持较稳定的湿度。当苗长到 3 ~ 4 叶期时，逐渐改为行间灌溉，并在移栽前 10 d 左右进行适当断水以促进根部生长，移栽前 1 ~ 2 d 浇足水，取苗时避免伤根，以获得苗壮的苗提高后期移栽成活率。

图 32　橡胶草大棚育苗

冷、热预处理提高橡胶草种子发芽特性

为确定橡胶草人工育苗合理播种期，进一步促进橡胶草种质资源有效保护和利用，通过发芽试验，分析了不同发芽温度和冷热预处理对橡胶草种子发芽特性的影响。结果表明，温度对橡胶草种子发芽率、发芽势、发芽指数和活力指数影响极显著，25℃是橡胶草种子发芽最适温度，5 ~ 35℃范围内，随温度升高，种子开始发芽所需时间缩短，发芽持续时间为长—短—长，25℃时萌动期为 2 d，发芽周期为 6 d。冷热预处理对橡胶草种子发芽率影响不显著，对发芽指数和活力指数的影响显著，5℃预冷处理 8 d 后，或 35℃热处理 6 d 后的活力指数比 25℃恒温有明显提高。橡胶草种子发芽最适温度为 25℃，5℃预冷处理 8 d 后或 35℃热处理 6 ~ 18 h 能提高种子发芽特性。

4.3　橡胶草移栽种植技术

橡胶草主要收获其根部用于天然橡胶和菊糖的提取，因此合理的种植密度不仅能够提高单位面积的产量，还能控制杂草的生长。以往对橡胶草的研究多集中在形态学、种子萌发、组织培养及分子生物学等方面，而关于橡胶草大田栽培中合理种植密度方面的研究报道甚少。

4.3.1 不同种植密度对橡胶草主要农艺性状及生物量的影响

本节研究通过在大田中设置 8 个不同种植密度、24 个试验小区进行对比试验，分别在现蕾期、结实期调查研究不同种植密度对橡胶草农艺性状及生物量的影响，并筛选出橡胶草最适宜的种植密度，为橡胶草的良种选育、高产栽培技术体系的建立及大面积示范推广提供科学依据。

4.3.1.1 试验材料

2012 年 3 月从新疆伊犁采集橡胶草种子，通过沙床育苗，培育出一批苗壮、健康的橡胶草幼苗。选取大小一致、长势良好的健壮幼苗作为试验材料。

4.3.1.2 试验方法

试验在中国热带农业科学院南亚热带作物研究所试验基地进行。选择疏松、肥沃、湿润、排水良好的田块，整地前每 667 m² 施有机肥 1 000 kg、复合肥 20 kg、毒死蜱 4 kg。试验共设置 8 个密度梯度，行距 × 株距分别为 20 cm × 20 cm、20 cm × 30 cm、20 cm × 40 cm、20 cm × 50 cm、30 cm × 20 cm、30 cm × 30 cm、30 cm × 40 cm、30 cm × 50 cm，随机排列，3 次重复，共 24 个试验小区，小区规格（长 × 宽 × 高）为 6 m × 1.5 m × 30 cm。当橡胶草幼苗真叶长至 4 ~ 5 叶时（两个月左右），按照上述的种植密度梯度，将沙床中的幼苗整齐地移栽到大田的小区中。移栽后进行统一浇水、追肥、除草等田间管理。

4.3.1.3 调查项目

橡胶草在生长至 6 ~ 8 片真叶时，从每个试验小区中选取 20 株大小一致、长势良好的健壮植株并做好标记，分别在现蕾期、结实期从标记的橡胶草中选 10 株，调查叶长、叶宽、株幅、花葶长度、花葶个数及千粒重；将整株小心挖出并洗干净，晾干后调查根长、根直径、根鲜重；再将鲜根在 55 ℃的烘箱中烘 15 ~ 20 h 后称干重。调查数据采用 SPSS 18.0 软件进行统计分析。

4.3.1.4 结果分析

（1）种植密度对橡胶草叶长、株幅和千粒重的影响

由表 19 可知，橡胶草在现蕾期、结实期的叶长、株幅及千粒重随着株距的增加均呈增长趋势，且行距 30 cm 的叶长、株幅和千粒重均比行距 20 cm 的高，其中株距 40 cm 的

叶长、株幅、千粒重与株距 20 cm、30 cm 的差异显著，而与株距 50 cm 的差异不显著。表明种植密度对橡胶草叶长、株幅和千粒重的影响显著。

表 19　不同种植密度下橡胶草的叶长、株幅和千粒重

行距 × 株距 / cm	叶长 /cm		株幅 /cm		千粒重 /g
	现蕾期	结实期	现蕾期	结实期	
20 × 20	15.7 ± 0.4f	17.3 ± 0.1f	21.2 ± 0.3f	24.3 ± 0.5e	0.45 ± 0.015f
20 × 30	16.9 ± 0.2e	20.0 ± 0.5e	23.1 ± 0.5e	26.9 ± 0.6d	0.51 ± 0.015e
20 × 40	19.0 ± 0.5d	21.5 ± 0.3d	25.6 ± 0.5d	29.3 ± 0.3c	0.56 ± 0.012d
20 × 50	18.2 ± 0.2d	22.3 ± 0.2cd	25.5 ± 0.5d	30.4 ± 0.7c	0.59 ± 0.015d
30 × 20	20.4 ± 0.3c	23.5 ± 0.3bc	27.6 ± 0.2c	31.0 ± 1.0c	0.61 ± 0.015cd
30 × 30	21.7 ± 0.2b	24.5 ± 0.1b	28.8 ± 0.3b	34.0 ± 0.9b	0.61 ± 0.003 3bc
30 × 40	22.7 ± 0.2a	26.3 ± 1.1a	29.9 ± 0.7a	37.7 ± 1.4a	0.65 ± 0.008 8a
30 × 50	23.1 ± 0.3a	26.0 ± 0.3a	30.3 ± 0.3a	36.8 ± 0.4a	0.64 ± 0.008 8ab

注：表中同列数据后小写英文字母不同者表示差异显著。

（2）种植密度对橡胶草叶宽的影响

由表 20 可知，橡胶草在现蕾期和结实期的叶宽随着株距的增加均呈增大趋势，但不同种植密度对橡胶草的叶宽有不同程度的影响。当行距为 20 cm 时，现蕾期株距 40 cm 的橡胶草叶宽与株距 20 cm、30 cm 的差异显著，与株距 50 cm 的差异不显著；结实期株距 30 cm、40 cm、50 cm 的橡胶草叶宽差异不显著，但均显著高于株距 20 cm 的。当行距为 30 cm 时，各处理的橡胶草叶宽差异均不显著。

表 20　不同种植密度下橡胶草的叶宽　　　　　　　　　　　　　　单位：cm

行距 × 株距	现蕾期	结实期
20 × 20	3.3 ± 0.1c	4.0 ± 0.1e
20 × 30	3.8 ± 0.1c	4.6 ± 0.2d
20 × 40	3.9 ± 0.2b	4.6 ± 0.1cd
20 × 50	4.1 ± 0.1b	4.9 ± 0.1bcd
30 × 20	4.6 ± 0.1a	5.1 ± 0.06abc
30 × 30	4.8 ± 0.2a	5.2 ± 0.2ab
30 × 40	5.0 ± 0.1a	5.5 ± 0.2a
30 × 50	4.9 ± 0.2a	5.4 ± 0.3a

注：表中同列数据后小写英文字母不同者表示差异显著。

（3）种植密度对橡胶草花葶长度的影响

由表 21 可知，当行距为 20 cm 或 30 cm 时，现蕾期和结实期的橡胶草花葶长度均随着株距的增加呈增大趋势，但不同种植密度对橡胶草的花葶长度有不同程度的影响。当行距为 20 cm 时，现蕾期和结实期的花葶长度在株距为 30 cm、40 cm、50 cm 时差异不显著，但均显著比株距为 20 cm 的高；当行距为 30 cm 时，现蕾期的花葶长度差异不显著，结实期的花葶长度在株距为 30 cm、40 cm、50 cm 时差异不显著，但显著比株距为 20 cm 的高。

表 21　不同种植密度下橡胶草的花葶长度　　　　单位：cm

行距 × 株距	现蕾期	结实期
20 × 20	33.4 ± 0.7c	37.6 ± 1.0c
20 × 30	39.0 ± 0.5b	42.6 ± 0.2b
20 × 40	39.4 ± 0.1b	41.3 ± 0.9b
20 × 50	40.4 ± 0.1ab	42.5 ± 0.4b
30 × 20	41.2 ± 1.4ab	42.9 ± 1.3b
30 × 30	41.3 ± 2.1ab	45.9 ± 0.3a
30 × 40	42.4 ± 1.1ab	47.0 ± 1.3a
30 × 50	43.5 ± 0.6a	47.2 ± 1.4a

注：表中同列数据后小写英文字母不同者表示差异显著。

（4）种植密度对橡胶草花葶数量的影响

由表 22 可知，当行距为 20 cm 或 30 cm 时，橡胶草现蕾期和结实期的花葶数量均随着株距的增加呈增大趋势，但不同种植密度对橡胶草的花葶数量有不同程度的影响。当行距为 20 cm 时，现蕾期的花葶数量在株距为 30 cm、40 cm、50 cm 时差异不显著，但均比株距为 20 cm 的显著要高；结实期株距为 50 cm 的花葶数量与株距为 20 cm、30 cm 的花葶数量差异显著，而与株距为 40 cm 的花葶数量差异不显著；当行距为 30 cm 时，现蕾期花葶数量差异不显著，结实期株距为 40 cm 的花葶数量与株距为 20 cm 和 30 cm 的花葶数量差异显著，而与株距为 50 cm 的花葶数量差异不显著。

表 22　不同种植密度下橡胶草的花葶数量　　　　单位：个

行距 × 株距 /cm	现蕾期	结实期
20 × 20	8.3 ± 0.3d	11.7 ± 0.3e
20 × 30	14.0 ± 0.6c	17.3 ± 0.3d
20 × 40	15.7 ± 0.3c	18.3 ± 0.3dc

（续表）

行距 × 株距 /cm	现蕾期	结实期
20 × 50	17.7 ± 0.3bc	20.3 ± 0.9c
30 × 20	21.3 ± 0.7ab	24.0 ± 0.6b
30 × 30	22.3 ± 0.7a	25.7 ± 0.7b
30 × 40	23.4 ± 1.5a	29.0 ± 0.6a
30 × 50	25.3 ± 3.3a	30.7 ± 0.9a

注：表中同列数据后小写英文字母不同者表示差异显著。

（5）种植密度对橡胶草生物量的影响

不同种植密度对橡胶草的鲜根重和干根重有显著的影响（表 23）。行距为 20 cm 或 30 cm 时，橡胶草现蕾期和结实期的鲜根重和干根重随株距变化的规律与叶长相似，即均随着株距的增加呈增长趋势，株距为 40 cm 的鲜根重和干根重与株距为 20 cm、30 cm 的鲜根重和干根重差异显著，而与株距为 50 cm 的根重和干根重差异不显著；此外，行距为 30 cm 时现蕾期和结实期的鲜根重和干根重均比行距为 20 cm 的要高。因此，不同种植密度对橡胶草鲜根重和干根重的影响显著。

表 23　不同种植密度下橡胶草的根重

行距 × 株距 / cm	鲜重 /g		干重 /g	
	现蕾期	结实期	现蕾期	结实期
20 × 20	17.24 ± 0.65d	22.59 ± 0.28d	3.84 ± 0.51d	4.45 ± 0.48d
20 × 30	17.50 ± 0.17d	23.41 ± 1.04d	4.12 ± 0.20d	4.66 ± 0.23d
20 × 40	25.48 ± 0.68c	29.17 ± 0.92c	5.28 ± 0.14c	6.01 ± 0.22c
20 × 50	24.04 ± 1.04c	28.67 ± 0.55c	5.31 ± 0.23c	6.12 ± 0.37c
30 × 20	25.54 ± 0.46c	32.20 ± 2.67c	5.26 ± 0.27c	5.99 ± 0.45c
30 × 30	37.52 ± 0.84b	44.33 ± 2.30b	7.32 ± 0.30b	8.23 ± 0.20b
30 × 40	51.50 ± 3.05a	59.66 ± 1.06a	11.79 ± 0.40a	12.18 ± 0.16a
30 × 50	51.44 ± 1.41a	56.65 ± 0.99a	10.69 ± 0.54a	11.80 ± 0.36a

注：表中同列数据后小写英文字母不同者表示差异显著。

（6）种植密度对橡胶草根长和根直径的影响

由表 24 可知，当行距为 20 cm 或 30 cm 时，橡胶草现蕾期和结实期的根长随着株距的增加呈增长趋势。当行距为 20 cm 时，在不同株距处理间现蕾期的根长差异不显著，株距为 40 cm 的结实期根长与株距为 20 cm、30 cm 的根长差异显著，而与株距为 50 cm 的根长差异不显著；当行距为 30 cm 时，现蕾期的根长在株距为 30 cm、40 cm、50 cm 间差异不显著，均显著大于株距为 20 cm，株距为 40 cm 的结实期根长与株距为 20 cm、30 cm 的根长差异显著，而与株距为 50 cm 的根长差异不显著。

表 24   不同种植密度下橡胶草的根长和根直径

单位：cm

行距 × 株距	根长		根直径	
	现蕾期	结实期	现蕾期	结实期
20 × 20	19.7 ± 0.7b	21.4 ± 0.1e	3.3 ± 0.3f	3.9 ± 0.1e
20 × 30	20.1 ± 0.3b	24.2 ± 0.3d	3.5 ± 0.2ef	4.0 ± 0.1de
20 × 40	22.7 ± 1.7ab	26.2 ± 0.3c	4.1 ± 0.2cd	4.5 ± 0.01d
20 × 50	23.5 ± 1.6ab	27.4 ± 0.06bc	3.9 ± 0.1de	4.5 ± 0.06d
30 × 20	20.3 ± 0.3b	23.4 ± 0.1d	4.5 ± 0.09c	5.2 ± 0.04c
30 × 30	25.5 ± 1.0a	28.3 ± 0.4b	5.0 ± 0.2b	5.5 ± 0.05b
30 × 40	25.5 ± 2.0a	30.4 ± 0.6a	5.7 ± 0.07a	6.2 ± 0.2a
30 × 50	26.3 ± 0.8a	29.7 ± 1.0a	5.6 ± 0.1a	6.0 ± 0.2a

注：表中同列数据后小写英文字母不同者表示差异显著。

不同种植密度对橡胶草的根直径有显著的影响（表 24）。当行距为 20 cm 或 30 cm 时，现蕾期和结实期的根直径随着株距的增加呈增长趋势，株距为 40 cm 的根直径与株距为 20 cm 和 30 cm 的根直径差异显著，而与株距为 50 cm 的根直径差异不显著；行距为 30 cm 时现蕾期和结实期的根直径均比行距为 20 cm 的高。因此，不同种植密度对橡胶草根直径的影响显著。

4.3.2 移栽种植

用于橡胶草种植的土地，移栽前应进行深耕平整后起垄，垄的大小根据行间距确定，每个垄可以种植两行，起垄后施一定量复合肥作为底肥。橡胶草的大田移栽应该在春季 4—5 月气温在 15 ℃以上进行，确保霜冻期来临前有 5 ~ 6 个月的生长期，才能保证一定的生物量。尽管橡胶草为多年生植物，但橡胶草的种植应当年种当年采收，或者第二年春季开花后夏季前采收。由于多年生橡胶草具有夏季休眠的特性，在植株的第二个生长季的夏天普遍会出现休眠的情况，植株休眠期间有大量的病虫害，同时雨水增多，使大量植株死亡而产量损失严重。笔者对大田种植的橡胶草材料的生长情况进行连续监测发现，在内蒙古多伦县于 5 月移栽种植的材料，到 9 月（移栽后 4 ~ 5 个月）长势良好，大量开花，植株的生物量也比较大（图 33），但大田种植两年的材料，到第二年夏季过后大量的植株死亡，只有零星存活的植株，其存活率不到原来的 30%（图 34）。

图 33　大田移栽种植 4 ~ 5 个月的橡胶草生长情况

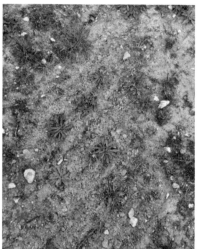

图 34　大田种植两年的橡胶草至第二年夏季过后植株存活情况

4.4　橡胶草水肥管理技术

4.4.1　水分胁迫对 3 个不同地区橡胶草生理特性的影响

我国农业中旱地农业比重很大，旱作农业有很大的增产潜力。广大干旱半干旱地区，如何在其可承受的限度内通过不同途径高效利用有限水资源以及在少雨年份或季节减轻干旱的不利影响，从总体上提高光合生产力，是发掘这一地区增产潜力的基本问题，所以加强旱作农业基础理论研究，特别是抗旱生理研究就显得特别重要，探讨干旱胁迫下作物生理指标的变化对于作物抗旱栽培具有重要意义。

橡胶草原产于哈萨克斯坦及中国新疆等地，常生长在盐碱化草甸、河漫滩草甸及农田水渠边。目前我国对于橡胶草水分胁迫下的理化特性研究鲜见报道，仅有少量研究涉及干旱胁迫（吴嘉雯和王庆亚，2010）、光照强度（赵磊等，2007；赵英明和范文丽，2009）以及盐胁迫（张新果等，2008）对蒲公英属其他近缘植物生理特性的影响。随着天然橡胶需求量的迅猛增加，要求产量以更快的速度提高，而天然橡胶产量的提高将主要依赖于新的产胶植物的发掘以及品种改良和新品种选育，加速改良进程的主要途径就是进一步了解限制产量提高的生理生化特征，从而减小育种的盲目性。因此，深入研究水分胁迫下影响橡胶草抗旱性的重要生理生化因子，阐明这些生理生化特性与橡胶草抗旱性及橡胶产量的关系，进一步探讨橡胶草应对干旱胁迫的调节机制，对于橡胶草新品种的选育及种植产业化发展具有重要意义。

4.4.1.1 试验材料

本节研究所使用的橡胶草种质资源分别采集自新疆维吾尔自治区昭苏县胡松图喀尔逊蒙古族乡74兵团、新疆维吾尔自治区石河子市北湖和甘肃省临夏回族自治州永靖县刘家峡水库。

4.4.1.2 试验设计和方法

选择籽粒饱满、健康的种子，使用10%次氯酸钠消毒，清水冲洗4～5次，33℃催芽露白后，播种于装有营养土的塑料盆中，待幼苗长至5～7叶龄时从塑料盆中移出，尽量不损伤根系。选取长势一致的植株，移入用草炭：珍珠岩：蛭石（体积比2：1：1）的混合土作为基质的悬浮育苗盘中，培养于人工气候箱，温度25℃，湿度70%～80%，每天照光16 h。使用木村营养液进行培养（pH值6.5），7 d后开始使用不同浓度PEG（PEG600）处理T0=0（CK）、T1=5%（轻度干旱）、T2=10%（中度干旱）、T3=20%（严重干旱），处理48 h后开始对供试材料进行各项生理指标检测，实验重复3次，测试叶片一般采用位于整株靠近中心的第2层叶片（上数第4～6片叶）测定。

每个重复随即选择10个单株进行生理指标检测，叶片相对含水量采用烘干称重法（吴嘉雯和王庆亚，2010），叶绿素含量采用丙酮乙醇法（赵英明和范文丽，2009），超氧化物歧化酶（SOD）活性采用NBT（氮蓝四唑）法（李合生，2000），过氧化物酶（POD）活性采用愈创木酚比色法（李合生，2000），过氧化氢酶（CAT）活性采用滴定法（张宪政和谭桂茹，1989），可溶性糖含量采用蒽酮比色法（李合生，2000），脯氨酸（Pro）含量采用茚三酮显色法（李合生，2000），丙二醛（MDA）含量采用硫代巴比妥酸显色法（李合生，2000）。采用Excel 2003和Minitab 15软件进行数据处理与图表制作。

4.4.1.3 结果与分析

（1）PEG模拟干旱对不同地区橡胶草叶片相对含水量的影响

由表25可以看出，随着PEG胁迫浓度的增加，来自3个不同地区的橡胶草叶片相对含水量均表现为不断下降的趋势。当 PEG 胁迫浓度为 T3 时，昭苏橡胶草群体较 T0 下降了 7%，石河子群体与临夏群体分别下降了 16.5% 与 21.3%。差异显著性分析表明，昭苏群体在各个胁迫浓度下均显著高于其他两个群体（石河子、临夏），而石河子群体与临夏群体之间不存在显著差异，说明来自昭苏的橡胶草群体具有更强的叶片保水能力。

表 25　PEG 模拟干旱对不同地区橡胶草群体叶片相对含水量的影响　　单位：%

地区	叶片相对含水量			
	T0	T1	T2	T3
昭苏	84.21 ± 8.75a	82.99 ± 6.32a	80.53 ± 3.12a	78.31 ± 4.35a
石河子	83.83 ± 6.32b	80.22 ± 3.65b	76.33 ± 4.32b	70.01 ± 3.68b
临夏	83.66 ± 7.11c	78.53 ± 7.33b	71.93 ± 5.24b	65.83 ± 3.38b

注：同一列内带有相同字母者表示多重比较差异未达 5% 显著水平。

（2）PEG 模拟干旱对不同地区橡胶草叶片光合特性的影响

叶绿素参与光合作用过程中光能的吸收、传递和转化，是植物生长发育不可或缺的关键物质，叶绿素含量在一定程度上反映了植物光合作用的能力。由表 26 可知，3 个不同地区的橡胶草叶片叶绿素 a（Chl a）、叶绿素 b（Chl b）以及总叶绿素（Chl a+b）含量均随着水分胁迫程度的加深呈不断下降的趋势，但在 T3 胁迫浓度处理下，昭苏群体的下降幅度（53.4%）小于其他两个群体（石河子 58.5%，临夏 59.6%）且在不同胁迫浓度均高于其他两个群体，表现出对干旱胁迫更好的耐受能力。叶绿素 a/b（Chl a/b）亦随着水分胁迫程度的加深而不断下降，表明叶绿素 a 更易受到水分胁迫的影响。

表 26　PEG 模拟干旱对不同地区橡胶草群体叶绿素含量的影响

地区	胁迫处理	叶绿素 a/（mg · g^{-1}）	叶绿素 b/（mg · g^{-1}）	总叶绿素 /（mg · g^{-1}）	叶绿素 a/b/（mg · g^{-1}）
昭苏	T0	2.79 ± 0.08Aa	0.89 ± 0.02Aa	3.68 ± 0.14Aa	3.13 ± 0.12Aa
	T1	2.50 ± 0.12Ab	0.77 ± 0.04Ab	3.27 ± 0.08Ab	3.25 ± 0.17Ab
	T2	2.00 ± 0.07Ac	0.66 ± 0.05Ac	2.66 ± 0.21Ac	3.03 ± 0.07Ac
	T3	1.30 ± 0.11Ad	0.58 ± 0.04Ad	1.88 ± 0.09Ad	2.24 ± 0.04Ad
石河子	T0	2.70 ± 0.21Aa	0.78 ± 0.02Ba	3.48 ± 0.20Ba	3.46 ± 0.08Aa
	T1	2.41 ± 0.13Ab	0.68 ± 0.07Bb	3.09 ± 0.07Bb	3.54 ± 0.03Ab
	T2	1.60 ± 0.18Bc	0.60 ± 0.01Bc	2.20 ± 0.15Bc	2.67 ± 0.01Bc
	T3	1.12 ± 0.17Bd	0.55 ± 0.01Ad	1.67 ± 0.03Bd	2.04 ± 0.14Ad

（续表）

地区	胁迫处理	叶绿素 a/ （mg·g⁻¹）	叶绿素 b/ （mg·g⁻¹）	总叶绿素 / （mg·g⁻¹）	叶绿素 a/b/ （mg·g⁻¹）
临夏	T0	2.60 ± 0.13Aa	0.75 ± 0.04Ba	3.35 ± 0.22Ba	3.47 ± 0.15Aa
	T1	2.30 ± 0.05Bb	0.70 ± 0.05Bb	3.00 ± 0.31Bb	3.29 ± 0.08Bb
	T2	1.30 ± 0.04Cc	0.52 ± 0.01Cc	1.82 ± 0.05Cc	2.50 ± 0.05Cc
	T3	1.05 ± 0.06Cd	0.43 ± 0.01Bc	1.48 ± 0.07Cd	2.44 ± 0.03Cd

注：不同大写字母表示相同胁迫程度不同地区间有显著差异（$P<0.05$）；不同小写字母表示地区内不同胁迫程度有显著差异（$P<0.05$）。

（3）PEG 模拟干旱对不同地区橡胶草抗氧化保护酶的影响

由表 27 可知，随着 PEG 胁迫浓度的增加，昭苏群体的 SOD 活性呈现先缓慢提高后迅速下降的趋势，而其他两个群体（石河子、临夏）则表现为先下降后上升而后又下降的趋势（所有胁迫浓度活性均低于 T0 对照）。3 个群体 POD 活性均表现为先上升后下降的趋势且所有胁迫浓度活性均高于 T0 对照，但不同之处在于昭苏群体的 POD 活性峰值来自 T1 而其他两个群体（石河子、临夏）的 POD 活性峰值来自 T2。CAT 活性表现为昭苏群体先下降后上升而后又下降的趋势，而其他两个群体（石河子、临夏）则表现为随着 PEG 胁迫浓度的增加不断下降的趋势。差异显著性分析表明，不同胁迫浓度下昭苏群体的抗氧化保护酶活性均显著高于其他两个群体（石河子、临夏），而石河子群体的抗氧化保护酶活性高于临夏群体，但并非所有胁迫浓度下都具有显著差异，这表明昭苏群体的橡胶草种质资源在所有 3 个群体中具有较好的抗氧化保护能力，从一个侧面表现出昭苏群体具有较强水分胁迫耐受能力。

表 27　PEG 模拟干旱对不同地区橡胶草群体抗氧化保护酶活性的影响

地区	胁迫处理	SOD 活性 / （U·g⁻¹）	POD 活性 / （U·g⁻¹·min⁻¹）	CAT 活性 / （mg·g⁻¹·min⁻¹）
昭苏	T0	176.32 ± 20.11Aa	116.90 ± 14.31Aa	238.49 ± 24.53Aa
	T1	176.39 ± 17.45Aa	424.19 ± 21.36Ab	220.50 ± 22.35Ab
	T2	178.35 ± 25.21Ab	282.01 ± 24.53Ac	307.05 ± 35.63Ac
	T3	149.24 ± 8.69Ac	182.48 ± 16.35Ad	233.99 ± 19.36Ad
石河子	T0	172.67 ± 17.54Ba	98.360 ± 24.31Ba	230.73 ± 17.56Ba
	T1	142.26 ± 18.63Bb	250.57 ± 15.39Bb	212.68 ± 26.31Bb
	T2	150.32 ± 21.36Bc	259.48 ± 30.26Bc	200.25 ± 17.35Bc
	T3	132.67 ± 15.35Bd	165.57 ± 28.96Bd	182.10 ± 18.31Bd

（续表）

地区	胁迫处理	SOD 活性 / （U · g⁻¹）	POD 活性 / （U · g⁻¹ · min⁻¹）	CAT 活性 / （mg · g⁻¹ · min⁻¹）
临夏	T0	166.36 ± 8.35Ca	81.400 ± 17.45Ca	222.08 ± 21.53Ca
	T1	139.47 ± 12.86Bb	232.22 ± 22.56Bb	193.42 ± 25.98Cb
	T2	147.44 ± 15.78Bc	244.87 ± 17.36Cc	184.24 ± 24.21Bc
	T3	115.81 ± 9.63Cd	147.45 ± 12.56Cd	152.36 ± 15.78Bd

注：不同大写字母表示相同胁迫程度不同地区间有显著差异（$P<0.05$）；不同小写字母表示地区内不同胁迫程度有显著差异（$P<0.05$）。

（4）PEG 模拟干旱对不同地区橡胶草渗透调节物质与丙二醛的影响

由表 28 可知，昭苏群体渗透调节物质（可溶性糖、脯氨酸）含量随胁迫浓度的加深呈现先上升后下降的趋势且峰值出现在 T2 下，T3 时可溶性糖与脯氨酸含量分别较对照 T0 上升 51% 与 75%；石河子群体则呈一直上升的趋势，T3 时可溶性糖与脯氨酸含量分别较对照 T0 上升 48% 与 73%；临夏群体与石河子群体变化趋势一致，T3 时可溶性糖与脯氨酸含量分别较对照 T0 上升 43% 与 39%。差异显著性分析表明，相同胁迫浓度下 3 个群体间渗透调节物质含量均存在显著差异，且表现为昭苏群体 > 石河子群体 > 临夏群体。随胁迫浓度的加深，3 个群体的丙二醛含量均呈不断上升的趋势，相同胁迫浓度下 3 个群体间丙二醛含量均存在显著差异，且表现为昭苏群体 < 石河子群体 < 临夏群体。

表 28　PEG 模拟干旱对不同地区橡胶草群体渗透调节物质与丙二醛含量的影响

地区	胁迫处理	可溶性糖含量 / （mg · g⁻¹）	脯氨酸含量 / （g · g⁻¹）	丙二醛含量 / （μmol · g⁻¹）
昭苏	T0	15.55 ± 1.21Aa	80.11 ± 14.22Aa	0.212 ± 0.004Aa
	T1	18.43 ± 2.20Ab	85.87 ± 8.31Ab	0.390 ± 0.007Ab
	T2	23.82 ± 1.85Ac	160.48 ± 14.21Ac	0.397 ± 0.010Ac
	T3	23.56 ± 2.89Ad	140.32 ± 12.53Ad	0.490 ± 0.021Ad
石河子	T0	14.86 ± 1.31Ba	75.33 ± 7.36Ba	0.202 ± 0.005Ba
	T1	20.83 ± 2.6Bb	84.63 ± 8.21Bb	0.439 ± 0.014Bb
	T2	20.92 ± 3.04Bc	123.98 ± 13.52Bc	0.503 ± 0.025Bc
	T3	22.01 ± 2.26Bd	130.79 ± 11.21Bd	0.555 ± 0.031Bd
临夏	T0	14.14 ± 1.21Ca	82.63 ± 7.63Ca	0.203 ± 0.008Ca
	T1	17.43 ± 1.58Cb	84.52 ± 4.21Cb	0.487 ± 0.017Cb
	T2	18.64 ± 2.14Cc	110.37 ± 10.21Cc	0.475 ± 0.025Cc
	T3	20.26 ± 1.69Cd	115.47 ± 7.53Cd	0.019Cd

注：不同大写字母表示相同胁迫程度不同地区间有显著差异（$P<0.05$）；不同小写字母表示地区内不同胁迫程度有显著差异（$P<0.05$）。

（5）PEG 模拟干旱对不同地区橡胶草群体生长发育的影响

由表 29 可知，水分胁迫下 3 个橡胶草群体的叶片长度、叶片宽度以及最大根长均呈现先升高后降低的趋势，表明低、中浓度的干旱胁迫可以促进橡胶草幼苗的生长发育，而在高浓度胁迫下由于生物膜系统的破坏以及有害自由基的积累等问题，造成橡胶草植株生长发育缓慢。T3 胁迫下昭苏群体的叶片长度、叶片宽度以及最大根长分别较之 T0 下降了 15.4%、29.7% 和 14.7%，在生长速度以及下降幅度上均优于其他两个群体（石河子24.7%、40% 和 21.8%；临夏 28.5%、47.1% 和 25.2%）且相同胁迫浓度下 3 个群体间生长发育指标均存在显著差异，表明昭苏群体的抗旱能力最强，石河子群体次之，临夏群体表现最差，这一结果与之前的生理指标表现一致。

表 29　PEG 模拟干旱对不同地区橡胶草群体生长发育的影响

地区	胁迫浓度	叶片长度 /cm	叶片宽度 /cm	最大根长 /cm
昭苏	T0	15.6 ± 2.1Aa	3.7 ± 0.4Aa	13.6 ± 1.0Aa
	T1	16.8 ± 1.3Ab	3.9 ± 0.2Ab	14.5 ± 0.7Ab
	T2	17.9 ± 1.5Ac	4.3 ± 0.2Ac	13.8 ± 0.4Ac
	T3	13.2 ± 2.1Ad	2.6 ± 0.3Ad	11.6 ± 0.9Ad
石河子	T0	15.4 ± 1.3Ba	3.5 ± 0.4Ba	13.3 ± 0.5Ba
	T1	16.5 ± 2.0Bb	3.7 ± 0.5Bb	13.7 ± 1.1Bb
	T2	16.9 ± 2.1Bc	3.9 ± 0.3Bc	13.5 ± 0.7Bc
	T3	11.6 ± 1.8Bd	2.1 ± 0.3Bd	10.4 ± 0.8Bd
临夏	T0	15.1 ± 1.7Ca	3.4 ± 0.4Ca	13.1 ± 1.2Ca
	T1	16.4 ± 1.8Cb	3.7 ± 0.2Cb	13.4 ± 0.8Cb
	T2	16.7 ± 2.1Cc	3.8 ± 0.3Cc	13.3 ± 1.1Cc
	T3	10.8 ± 1.3Cd	1.8 ± 0.2Cd	9.80 ± 0.5Cd

注：不同大写字母表示相同胁迫程度不同地区间有显著差异（$P<0.05$）；不同小写字母表示地区内不同胁迫程度有显著差异（$P<0.05$）。

4.4.1.4　结论与讨论

综合叶片相对含水量、抗氧化保护酶活性、渗透调节物质、丙二醛含量以及生长发育指标的研究结果表明，3 个供试橡胶草群体抗旱性表现为昭苏群体 > 石河子群体 > 临夏群体。出现这一结果的原因可能与这 3 个群体的原始生境有关，昭苏群体生长在降水较少的半干旱草原上，因而伴随植物与环境的长期互作而形成了较强的抗旱能力，而石河子群体与临夏群体生长在降水相对充沛的水源附近，因水分供给相对充足使得这两个群体的成员极少面对极端干旱环境，使它们的抗旱性表现较差。随着我国经济的不断发展，天然橡胶需求的供需矛盾必将日益突出，橡胶草作为具有发展前景的三叶橡胶树替代植物在我国的发展还相对滞后，本节对于来自 3 个不同地理群体的橡胶草种质资源水分胁迫下的生理特性进行研究，不仅揭示了橡胶草植株内部各生理指标的变化规律，并且确定了各供试群体的抗旱性强弱表现，发掘出抗旱性表现较好的橡胶草种质资源（昭苏群体），能为未来的橡胶草抗旱机制研究以及橡胶草抗旱育种提供相关的研究材料。

4.4.2　橡胶草田间施肥与管理

肥料对橡胶草的生长发育影响较大。苏联的研究表明，化学肥料、堆肥、棉籽饼和泥炭等对橡胶草的生长都有促进作用。根据苏联橡胶植物科学研究所的材料，施肥可以增加橡胶草根的产量，平均可增加达 40% 左右，同时也能增加橡胶的产量（斯契潘诺夫等，1952）。橡胶草种植栽培期间施肥包括基本施肥和追加施肥两种类型。在耕作时就应该施基肥，以便供给橡胶草生长期所需营养。为促进幼苗的茁壮、快速生长，可在播种前施化学肥料。在橡胶草生长期间应至少追施 2 次以上的化肥，尤其是在植株抽出 6 ~ 8 片真叶和花芽形成时期。施肥浓度一定要均匀，以免浓度太高烧死植株。

不同元素的肥料对橡胶草的生长发育影响也不同。在干燥的季节，多施氮肥能延长其生长期，有利于增加橡胶的产量，如同时施氮肥和磷肥（1∶1），则效果更佳。橡胶草生长初期施磷肥能促进其快速生长，磷肥施得离根越近肥效越大。相比之下，磷比氮更能促进橡胶草橡胶分子量的增加，主要是因为磷能促进橡胶草植株的生物学成熟。此外，氮肥能够防止橡胶草提前进入休眠期，而磷肥能快速促进植物进入休眠期。硼和锰两种微量元素对根产量和橡胶含量有较大影响。

从橡胶草中提取出的橡胶含有微量的铜、铁、锰等元素，这些元素对橡胶是不利的，因为它们会影响橡胶的品质。因此，应从土质和施肥种类上进行合理选择，避免橡胶草吸入大量的该类元素。

4.4.3　氮磷钾不同施肥水平对橡胶草生长发育的影响

橡胶草栽培中，由于肥料种类、肥料配比及最佳施肥时期难以把握，往往会造成施肥不当，橡胶草营养失调，严重影响橡胶草的生长发育及其应用价值。鉴于此，本节研究通过设置 8 个不同施肥水平、24 个试验小区进行田间对比试验，分别在生长期、现蕾期、开花期、结实期调查研究不同施肥水平对橡胶草主要农艺性状的影响，并对不同施肥水平下主要农艺性状进行相关性分析，旨在明确橡胶草不同发育时期需要施肥的种类、氮磷钾肥合理的配施方式及最佳的施肥时期，对促进橡胶草生长发育和提高橡胶草的生物量及对 N、P、K 的利用率具有重要意义，对加快橡胶草的良种选育、高产栽培技术体系的建立及大面积示范推广提供理论依据。

4.4.3.1 试验材料

供试材料为从美国农业部引进的种质 W635176，由中国热带农业科学院湛江实验站旱作种质创新利用课题组保存。

4.4.3.2 试验方法

试验于 2015 年 9 月在中国热带农业科学院湛江实验站科研核心基地进行。首先通过沙床培育出一批苗壮、健康的橡胶草幼苗。然后选择疏松、肥沃、排水良好的土壤地段作为试验区，试验区共设置 24 个试验小区，小区的规格（长 × 宽 × 高）为 120 cm × 80 cm × 30 cm。当橡胶草幼苗真叶长至 4 ~ 5 叶时（2 个月左右），选取长势良好、大小均一的健壮幼苗作为实验材料，并将其按行、株距均为 35 cm 的密度移栽到小区上，移栽后进行统一浇水、追肥、除草等田间管理。

试验设 8 个处理：①N（施氮肥）；②P（施磷肥）；③K（施钾肥）；④NP（施用氮肥和磷肥）；⑤NK（施氮肥和钾肥）；⑥PK（施磷肥和钾肥）；⑦NPK（施氮肥、磷肥和钾肥）；⑧CK（不施任何肥料）。每个处理随机排列，重复 3 次。试验以尿素为氮源，过磷酸钙为磷源，硫酸钾为钾源。氮磷钾肥料用量分别为：N，120 kg/hm^2；P$_2$O$_5$，70 kg/hm^2；K$_2$O，90 kg/hm^2。所有肥料都在橡胶草移栽前一次性施入。

橡胶草移栽成活后，从每个试验小区中选取 3 株大小均一、长势良好的健壮植株标记为待调查植株，并分别在生长期（6 ~ 8 个真叶）、现蕾期、开花期、结实期准确测量其叶片长度、叶片宽度、株幅大小，计算其叶形指数；分别在开花期和结实期测量其花葶长度、花序长度和宽度，调查其花葶数量。

$$叶形指数 = 叶片长度 / 叶片宽度$$

4.4.3.3 数据统计与分析方法

利用 SPSS 17.0 软件对供试材料的叶片长度、叶片宽度、叶形指数、株幅大小、花葶长度、花葶数量、花序长度和宽度 8 个农艺性状指标进行差异显著性分析。利用 Excel 和 SPSS 17.0 软件中的双变量对供试材料的农艺性状指标进行相关性分析。

4.4.3.4 结果与分析

（1）不同施肥对橡胶草叶长、叶宽、株幅及叶形指数的影响

除叶形指数外，不同施肥对不同时期橡胶草的叶长、叶宽、株幅均有不同程度的影响（图 35 至图 37），且均显著高于对照（$P<0.05$）。从图 35 可以看出，不同施肥处理对不同时期橡胶草叶长有不同程度的促进作用，生长期时 N 对叶长的影响最为显著，叶长生长速度较快；至开花期时 P 对叶长的影响最为显著，叶片生长速度相对缓慢。可见，施用适量氮肥有利于生长期和现蕾期叶片长度的伸长，施用适量磷肥有利于开花期和结实期时叶片长度的伸长。

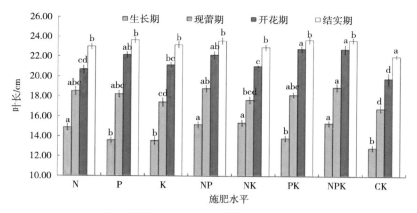

图35   不同施肥对不同时期橡胶草叶长的影响

注：不同小写字母表示在 0.05 水平上差异显著（*P*<0.05）。

从图36可以看出，不同施肥对不同时期橡胶草叶宽影响有差异。生长期时，不同施肥处理的橡胶草叶宽差异不显著；现蕾期及开花期时，配合施用 N 和 P 的橡胶草叶宽显著高于对照，但与其他施肥（见4.4.4）对橡胶草生物量积累与分配变化及相关性分析处理间差异不显著；结实期时，施用磷肥的橡胶草叶宽显著高于对照，但与其他施肥处理间差异不显著。这说明现蕾期和开花期时配合施用氮肥和磷肥、结实期施用磷肥有利于叶片宽度的增加。

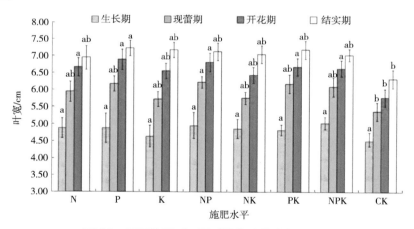

图36   不同施肥对不同时期橡胶草叶宽的影响

注：不同小写字母表示在 0.05 水平上差异显著（*P*<0.05）。

从图37可以看出，不同时期橡胶草的株幅呈逐渐增长趋势，生长期时株幅增长速度较快，N 对株幅的影响最大，与其他处理间差异显著；至开花期时株幅增长速度缓慢，P 对株幅的影响最为显著；结实期时不同施肥处理的橡胶草株幅均显著高于对照。因此，施用适量氮肥有利于生长期和现蕾期时橡胶草株幅的生长，施用适量磷肥有利于开花期和结实期时橡胶草株幅的生长。

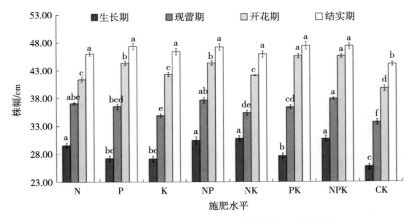

图 37　不同施肥对不同时期橡胶草株幅的影响

注：不同小写字母表示在 0.05 水平上差异显著（$P<0.05$）。

　　不同施肥处理对不同时期橡胶草叶形指数有一定的影响，但各处理间差异均不显著。从图 38 可以看出，开花期和结实期时的叶形指数高于生长期和现蕾期时的叶形指数；生长期和现蕾期时的叶形指数波动幅度相对较大，尤其是生长期时的叶形指数波动幅度最大，最小值为 2.83，最大值为 3.18，相差 0.35；生长期和现蕾期时施氮肥的橡胶草叶形指数略有所增加，植株长势旺盛；施磷肥的叶形指数略有所降低，植株生长健壮。因此，配合施用氮肥和磷肥有利于生长期和现蕾期时橡胶草植株快速、健壮生长。

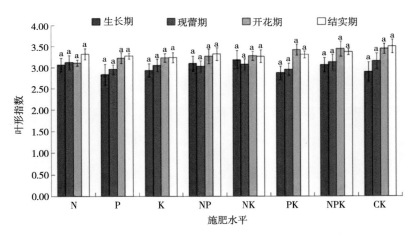

图 38　不同施肥对不同时期橡胶草叶形指数的影响

注：不同小写字母表示在 0.05 水平上差异显著（$P<0.05$）。

　　（2）不同施肥对橡胶草花葶长度和数量的影响

　　从图 39 可以看出，不同施肥对不同时期橡胶草花葶长度有不同程度的促进作用，开花期时的花葶长度波动幅度较大。其中，开花期和结实期时 P 对花葶长度的影响最大，显著高于其他处理。因此，施用适量磷肥有利于开花期和结实期时橡胶草花葶的生长。

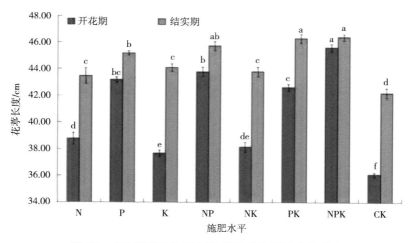

图 39　不同施肥对不同时期橡胶草花葶长度的影响

注：不同小写字母表示在 0.05 水平上差异显著（$P<0.05$）。

　　从图 40 可知，不同施肥处理对不同时期橡胶草花葶数量也同样有不同程度的影响，开花期时 N、P 配合施用的花葶数量略高于其他处理，但差异不显著；结实期时 N、P 配合施用的花葶数量显著高于其他处理，且波动幅度较大。因此，配合施用氮肥和磷肥有利于开花期和结实期时橡胶草花葶数量的增加。

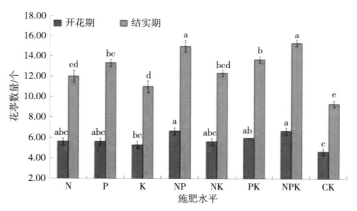

图 40　不同施肥对不同时期橡胶草花葶数量的影响

注：不同小写字母表示在 0.05 水平上差异显著（$P<0.05$）。

　　（3）不同施肥对橡胶草花序长度和宽度的影响

　　图 41 表明，不同施肥对不同时期橡胶草花序长度的影响不大，各处理间差异均不显著。开花期和结实期的花序长度略高于对照，但差异不显著；花序长度受 P 和 K 的影响较大。因此，配合施用磷肥和钾肥有利于开花期和结实期时橡胶草花序增长。从图 42 可知，不同施肥处理对不同时期橡胶草花序宽度有不同程度的影响，开花期和结实期时 P、K 配合施用的花序宽度显著高于其他处理，且波动幅度较大；尤其是 K 对花序宽度的影

响最为显著。因此，配合施用氮肥和磷肥有利于开花期和结实期时橡胶草花序增宽。

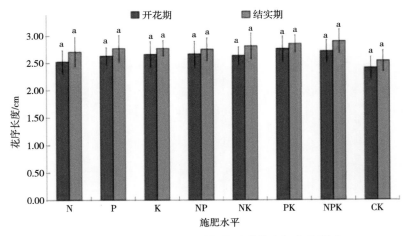

图 41　不同施肥对不同时期橡胶草花序长度的影响

注：不同小写字母表示在 0.05 水平上差异显著（$P<0.05$）。

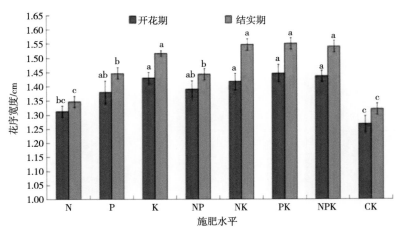

图 42　不同施肥对不同时期橡胶草花序宽度的影响

注：不同小写字母表示在 0.05 水平上差异显著（$P<0.05$）。

（4）主要农艺性状相关性分析

为了解上述农艺性状之间是否有所关联，本节研究对不同时期的橡胶草叶长、叶宽、叶形指数、株幅、花葶长度、花葶数量、花序长度及花序宽度进行了相关性分析（表 30 至表 33）。从表 30 和表 31 可以看出，生长期和现蕾期时的叶长与株幅呈显著的正相关，叶宽与叶形指数呈显著的负相关。另外，生长期时的叶长与叶形指数也呈显著的正相关。同理，从表 32 和表 33 可看出，开花期和结实期的叶长与叶宽、叶形指数、株幅、花葶长度、花葶数量、花序长度及花序宽度均呈显著正相关；叶宽与叶形指数呈显著负相关，与株幅、花葶长度、花葶数量均呈显著正相关；株幅与花葶长度、花葶数量及花序宽度均呈显著的正相关；花葶长度与花葶数量和花序宽度均呈显著正相关。另外，结实期的叶宽与花序宽度、株幅与花序长度均呈显著正相关。

表 30　生长期时橡胶草主要农艺性状相关性分析

性状	叶长	叶宽	叶形指数	株幅
叶长	1.000			
叶宽	0.304	1.000		
叶形指数	0.417[*]	−0.736[**]	1.000	
株幅	0.951[**]	0.306	0.383	1.000

注：** 表示在 0.01 水平显著；* 表示在 0.05 水平显著。

表 31　现蕾期时橡胶草主要农艺性状相关性分析

性状	叶长	叶宽	叶形指数	株幅
叶长	1.000			
叶宽	0.308	1.000		
叶形指数	0.297	−0.813[**]	1.000	
株幅	0.893[**]	0.416[*]	0.123	1.000

注：** 表示在 0.01 水平显著；* 表示在 0.05 水平显著。

表 32　开花期时橡胶草主要农艺性状相关性分析

性状	叶长	叶宽	叶形指数	株幅	花葶长度	花葶数量	花序长度	花序宽度
叶长	1.000							
叶宽	0.520[**]	1.000						
叶形指数	0.180	−0.743[**]	1.000					
株幅	0.980[**]	0.534[**]	0.146	1.000				
花葶长度	0.845[**]	0.439[*]	0.151	0.895[**]	1.000			
花葶数量	0.610[**]	0.412[*]	−0.031	0.661[**]	0.706[**]	1.000		
花序长度	0.425[*]	0.167	0.137	0.374	0.277	0.082	1.000	
花序宽度	0.631[**]	0.316	0.126	0.663[**]	0.485[*]	0.360	0.399	1.000

注：** 表示在 0.01 水平显著；* 表示在 0.05 水平显著。

表33　结实期时橡胶草主要农艺性状相关性分析

性状	叶长	叶宽	叶形指数	株幅	花葶长度	花葶数量	花序长度	花序宽度
叶长	1.000							
叶宽	0.574**	1.000						
叶形指数	−0.178	−0.906**	1.000					
株幅	0.998**	0.567**	−0.171	1.000				
花葶长度	0.722**	0.515*	−0.247	0.732**	1.000			
花葶数量	0.634**	0.279*	−0.027	0.650**	0.767**	1.000		
花序长度	0.472*	0.181	0.025	0.459*	0.240	0.084	1.000	
花序宽度	0.576**	0.547**	−0.369	0.579**	0.642**	0.432*	0.388	1.000

注：** 表示在 0.01 水平显著；* 表示在 0.05 水平显著。

4.4.3.5　结论与讨论

橡胶草是一种重要的产胶植物，其营养指标（如叶长、叶宽、株幅等）及生殖指标（如花葶长度、花葶数量等）是橡胶草产胶生物量和结实的物质基础，这些主要农艺性状指标大小与橡胶生物量及结实量有密切的关系。施肥是影响橡胶草生长发育的重要非遗传因素之一，其中氮磷钾在橡胶草整个生育期起着极其重要的作用，若施用量、施用种类及配比不当会直接影响其生长发育，从而影响其应用价值（斯契潘诺夫等，1952）。

不同施肥处理对橡胶草主要营养指标影响不同，施肥能显著促进不同生育阶段橡胶草叶长、叶宽和株幅的生长，其中 N 对橡胶草生长期时叶长和株幅影响最为显著，至开花期时 P 对叶长和株幅影响最为显著，这一结果与成春彦等（1997）在菊花及陈荣等（2007）在紫锥菊上的研究类似。其原因可能为橡胶草在生长期和现蕾期为需氮高峰期，现蕾期后氮累积速率下降，至开花期时出现吸磷高峰，当然这还需要进一步验证。因此，橡胶草生长发育过程中应有适量的氮肥和磷肥供给，以保证橡胶草植株正常生长发育。

花葶长度、花葶数量、花序长度、花序宽度等是橡胶草结实的物质基础。施肥对不同时期橡胶草的花葶长度、花葶数量及花葶大小均有不同程度的影响，从研究结果可知，花葶长度和花葶数量在开花期和结实期受 P 影响最为显著；而花序大小除了受 P 影响外，还受 K 的影响，而且受 K 的影响最为显著，可能是结实期出现吸钾离高峰，这说明施用适量钾肥有利于橡胶草花序的生长发育。刘大会等（2006）研究结果也表明，施用适当钾肥有利于促进白菊花芽分化，提高花朵花径、花朵数和百朵花鲜重，从而提高了菊花的产量。因此，为了有效地促进花葶和花序的生长发育，应有适量的磷肥和钾肥供给。

通过对不同时期橡胶草主要农艺性状的相关性分析，不难看出，橡胶草叶片越长，叶宽就越大，株幅就越大，花葶就又长又多，花序也越大。叶片越长，叶形指数越大，植株长势越旺盛；而叶片越宽，叶形指数越小，植株生长越健壮。因此，叶长、叶宽和叶形指数可以作为判断橡胶草植株是否生长旺盛健壮的重要指标。当然，由于种植区域气候等因素影响，可能还需要在不同试验点进一步加以验证。

4.4.4 不同施肥处理对橡胶草生物量积累与分配变化及相关性分析

不同施肥处理对植物的生长发育有重要影响，而施肥对橡胶草生物量积累及其分配影响的研究报道甚少。生物量对研究植物的营养物质积累和分配具有重要意义，它是反映植物生长发育的一个重要指标，同时也是衡量其应用价值的重要依据（张宝田等，2006）。在橡胶草栽培选育中，往往由于施肥的种类、配施方式及最佳施肥时期选择不当，致使橡胶草植株营养吸收不均衡，从而影响其生物量的积累和分配，进而影响其应用推广价值（斯契潘诺夫等，1952）。鉴于此，本节研究以橡胶草W635176为试材，通过不同施肥处理对比试验，分别调查研究橡胶草生长期、开花期、结实期时的生物量积累及其分配情况，并分析不同时期橡胶草生物量与根部性状表现间的相关性，意在探明橡胶草发育关键期时合理施肥种类及最佳配施方式，这对促进橡胶草生长发育、生物量积累及对磷、钾、氮的吸收利用具有重要意义，对加快橡胶草的良种选育、高产栽培技术体系的建立及大面积示范推广提供理论依据。

4.4.4.1 试验材料

本研究以美国农业部引进的W635176为试验材料，由中国热带农业科学院湛江实验站热带旱作节水农业研究室保存。

4.4.4.2 试验方法

2015年9月至2016年4月进行试验，共设8个肥料处理，每处理设3个重复，小区的长、宽、高分别为1.2 m、0.8 m、0.3 m。首先通过沙床培育出一批苗壮、健康的橡胶草幼苗，并将长势整齐、健壮的幼苗移栽到小区上，并统一田间管理。

各肥料处理及施肥量具体为：①单施氮肥（N）；②单施磷肥（P）；③单施钾肥（K）；④配施氮肥和磷肥（NP）；⑤配施氮肥和钾肥（NK）；⑥配施磷肥和钾肥（PK）；⑦配施氮肥、磷肥和钾肥（NPK）；⑧不施肥料（CK）。各个处理重复3次，并随机排列。在橡胶草移栽前将所有肥料一次性施入，施肥种类及施用量见高玉尧等的试验（2018）。

试验选择疏松、肥沃、排水良好的土壤地段作为试验区，土壤为典型红壤土，其基本理化性质为：pH值5.44，有机质21.53 mg/kg，碱解氮65.19 mg/kg，有效磷18.29 mg/kg，速效钾79.96 mg/kg。

4.4.4.3 田间调查

从每个施肥处理的试验小区中选取 3 株长势整齐、健壮的植株，准确测量其在生长期、开花期、结实期时的根长和根直径、地下鲜重和干重及地上鲜重和干重，并计算其分配比例。

4.4.4.4 统计分析

橡胶草根长和根直径、地下鲜重和干重、地上鲜重和干重及其分配比例差异是通过 SPSS17.0 软件中的单因素进行分析。橡胶草的根长、根直径及地下鲜重等 8 个指标的相关性是通过 SPSS17.0 软件中的双变量进行分析。

4.4.4.5 结果与分析

（1）不同施肥处理对橡胶草不同时期生物量积累的影响

对橡胶草生物量的观测结果表明，不同施肥处理对不同时期橡胶草的地上、地下生物量和总生物量均有不同程度的影响，且均显著高于对照（$P<0.05$）。生长期时，N、P、K 对橡胶草地上、地下生物量和总生物量积累均有不同程度的促进作用，其中 N 对生物量积累的影响最为显著，而且 NP、NK 及 NPK 配合施用对生物量的积累显著提高（图 43）。因此，生长期时单施适量氮肥有利于橡胶草地上、地下生物量和总生物量的积累，配合施用 NP、NK 及 NPK 更有利于提高橡胶草地上、地下生物量和总生物量的积累，促进植株快速生长。

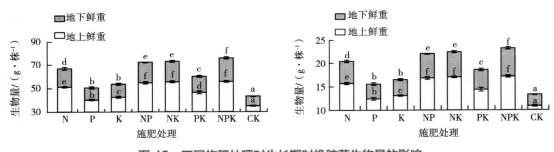

图 43　不同施肥处理对生长期时橡胶草生物量的影响

注：不同小写字母表示在 0.05 水平上差异显著（$P<0.05$）。

开花期时，P 和 K 对橡胶草地上、地下生物量和总生物量积累均有较大的促进作用，尤其是 P 对生物量积累的影响最为显著，而且 NP、PK 及 NPK 配合施用对生物量的积累有显著促进作用。与生长期相比，不同施肥处理的生物量积累幅度较大（图 44）。因此，施用适量磷肥有利于开花期时橡胶草的地上、地下生物量和总生物量的积累，配合施用 NP、PK 及 NPK 更有利于提高橡胶草地上、地下生物量和总生物量的积累。

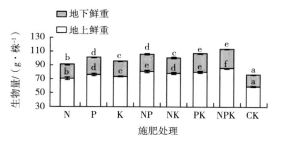
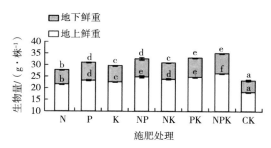

图44 不同施肥处理对开花期时橡胶草生物量的影响

注：不同小写字母表示在 0.05 水平上差异显著（$P<0.05$）。

结实期时，P 和 K 对橡胶草地上、地下生物量和总生物量积累均有较大的促进作用，尤其是 K 对生物量积累的影响最为显著，而且 NK、PK 及 NPK 配合施用对生物量的积累有显著促进作用。与开花期相比，不同施肥处理的生物量积累幅度较大，NK、PK 及 NPK 处理间的生物量差异不显著（图45）。因此，施用适量钾肥有利于结实期时橡胶草的地上、地下生物量和总生物量的积累，配合施用 NK、PK 及 NPK 更有利于提高橡胶草地上、地下生物量和总生物量的积累。

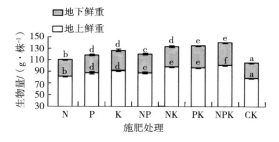
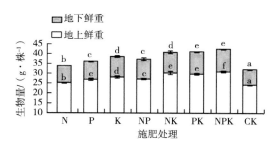

图45 不同施肥处理对结实期时橡胶草生物量的影响

注：不同小写字母表示在 0.05 水平上差异显著（$P<0.05$）。

（2）不同施肥处理对橡胶草不同时期生物量分配的影响

从橡胶草生物量的分配比例来看，不同施肥处理对不同时期橡胶草的地上、地下生物量的分配均有不同程度的影响，且均显著高于对照（$P<0.05$）。生长期时，N、P、K 均能显著提高橡胶草地下生物量的分配比例，其中 N 对地下生物量分配比例的提高最为显著，而且 NP、NK 及 NPK 配合施用对地下生物量分配比例均有显著提高作用（图46）。可见，施用适量氮肥有利于提高橡胶草地下生物量的分配比例，配合施用 NP、NK 及 NPK 更有利于提高橡胶草地下生物量的分配比例，从而增大根冠比，增强橡胶草对逆境的适应能力。

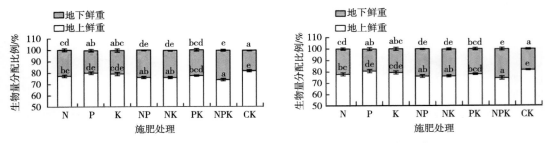

图46　不同施肥处理对生长期时橡胶草生物量分配的影响

注：不同小写字母表示在 0.05 水平上差异显著（$P<0.05$）。

　　开花期时，P 对橡胶草地下生物量的分配比例的提高最为显著，而且 NP、PK 及 NPK 配合施用对地下生物量分配比例均有显著提高作用（图47）。N、K 或 NK 对生物量分配的影响与对照无显著差异。可见，施用适量磷肥有利于提高橡胶草地下生物量的分配比例，配合施用 NP、PK 及 NPK 更有利于提高橡胶草地下生物量的分配比例。结实期时，各个施肥处理均能显著提高橡胶草地下生物量的分配比例（图48）。与生长期和开花期相比，各个施肥处理对橡胶草生物量分配的影响幅度较大，且各个施肥处理间差异不显著。可见，单施适量 N、P、K 或配合施用 NK、NP、PK 及 NPK，均有利于提高结实期时橡胶草地下生物量的分配比例，而且提高幅度较大。

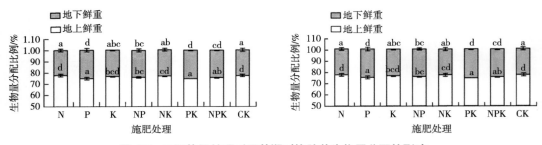

图47　不同施肥处理对开花期时橡胶草生物量分配的影响

注：不同小写字母表示在 0.05 水平上差异显著（$P<0.05$）。

　　（3）不同施肥处理对橡胶草不同时期根部性状的影响

　　不同施肥处理对不同时期橡胶草的根长均有不同程度的促进作用，且均显著高于对照（$P<0.05$）（图49）。生长期时，NPK 对根长的影响显著高于 NP、NK、PK，NP、NK、PK 对根长的影响又显著高于 N、P、K，且 NP、NK、PK 处理间及 N、P、K 处理间差异均不显著。可见，单施适量 N、P、K 肥有利于生长期时橡胶草根的伸长，配合施用 NP、NK、PK 或 NPK 更有利于促进根的伸长。

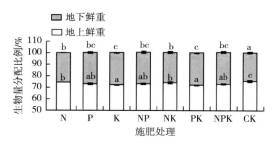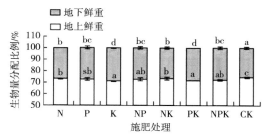

图48 不同施肥处理对结实期时橡胶草生物量分配的影响

注：不同小写字母表示在0.05水平上差异显著（$P<0.05$）。

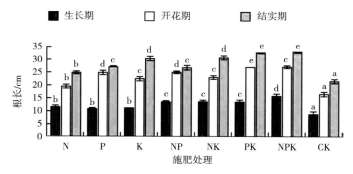

图49 不同施肥处理对不同时期橡胶草根长的影响

注：不同小写字母表示在0.0水平上差异显著（$P<0.05$）。

开花期时，P和K对橡胶草根长均有较大的促进作用，尤其是P对根长的影响最为显著，而且NP、PK及NPK配合施用对根的伸长有显著促进作用。因此，施用适量磷肥有利于开花期时橡胶草根的伸长，配合施用NP、PK及NPK更有利于促进根的伸长。

结实期时，P和K对橡胶草根长均有较大的促进作用，尤其是K对根长的影响最为显著，而且NK、PK及NPK配合施用对根的伸长有显著促进作用。因此，施用适量钾肥有利于结实期时橡胶草根的伸长，配合施用NK、PK及NPK更有利于促进根的伸长。

不同施肥处理对不同时期橡胶草的根直径均有不同程度的促进作用。生长期时，各个施肥处理对根直径的影响均显著高于对照（$P<0.05$），且除了N之外，其他施肥处理间差异均不显著（图50）。因此，适量施肥有利于生长期时橡胶草根直径的增加，但各个施肥处理对根直径的影响差异不大。

开花期和结实期时，P和K对橡胶草根直径均有显著的促进作用，尤其是PK、NPK配合施用对根直径的增加最为显著；N对根直径的影响与对照无显著差异；其他施肥处理间无显著差异。因此，施用适量磷肥和钾肥有利于开花期和结实期时橡胶草根直径的增加，配合施用PK及NPK更有利于促进根直径的增加。

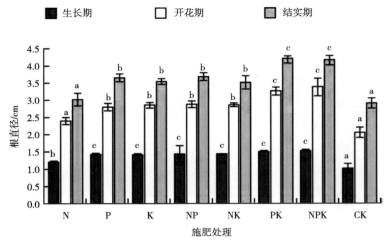

图 50　不同施肥处理对不同时期橡胶草根直径的影响

注：不同小写字母表示在 0.05 水平上差异显著（$P<0.05$）。

（4）相关性分析

本节研究对橡胶草不同发育关键期的根长、根直径、地下生物量、地上生物量及总生物量进行相关性分析。结果显示，生长期时的根长与地下生物量、地上生物量及总生物量之间均呈极显著的正相关，根长与根直径呈显著的正相关（表 34）。同理，开花期和结实期时的根长、根直径均与地下生物量、地上生物量及总生物量之间均呈极显著的正相关（表 35 和表 36）。

表 34　生长期橡胶草根部性状与生物量间的相关性分析

性状	根长	根直径	地下生物量	地上生物量	总生物量
根长	1.000				
根直径	0.813*	1.000			
地下生物量	0.901**	0.552	1.000		
地上生物量	0.864**	0.538	0.984**	1.000	
总生物量	0.880**	0.544	0.993**	0.998**	1.000

注：** 表示 0.01 水平显著；* 表示 0.05 水平显著。

表 35　开花期橡胶草根部性状与生物量间的相关性分析

性状	根长	根直径	地下生物量	地上生物量	总生物量
根长	1.000				
根直径	0.957[**]	1.000			
地下生物量	0.996[**]	0.941[**]	1.000		
地上生物量	0.941[**]	0.941[**]	0.943[**]	1.000	
总生物量	0.970[**]	0.953[**]	0.973[**]	0.995[**]	1.000

注：** 表示 0.01 水平显著。

表 36　结实期橡胶草根部性状与生物量间的相关性分析

性状	根长	根直径	地下生物量	地上生物量	总生物量
根长	1.000				
根直径	0.894[**]	1.000			
地下生物量	0.993[**]	0.920[**]	1.000		
地上生物量	0.957[**]	0.860[**]	0.945[**]	1.000	
总生物量	0.982[**]	0.892[**]	0.976[**]	0.993[**]	1.000

注：** 表示 0.01 水平显著。

4.4.4.6　小结

橡胶草是一种重要的产胶植物，其生物量的积累及分配动态变化是橡胶草品种选育和示范推广的重要参考依据。其中，地下生物量的大小及其分配比例均对橡胶产量有较大的影响。在橡胶草发育关键期时选择合理的施肥种类及最佳的配施方式极其重要，若施肥不当，直接会影响橡胶草生长发育、生物量积累及对磷、钾、氮的吸收利用，进而影响其生产应用价值。

不同施肥条件下，橡胶草地上生物量和地下生物量在各时期均表现为显著增加，且至结实期时最大。生长期时 N 对生物量积累的影响最为显著，开花期时 P 和 K 对橡胶草生物量的积累均有较大的促进作用，尤其是 P 最为显著，结实期时 P 和 K 对橡胶草生物量的积累也均有较大的促进作用，尤其是 K 最为显著，而且合理配合施用 N、P、K 对 3 个时期橡胶草生物量的积累均有显著促进作用。这与前人的研究结果一致（陈荣等，2007；张明锦等，2016）。推测是由于生长期时橡胶草需氮量最大，随着植株不断的生长，需氮量逐渐减少，而开花期时主要表现为需磷量较大，结实期时主要表现为需钾量较大。因此，在橡胶草生长发育的几个关键时期应合理配合使用氮、磷、钾肥，在保证橡胶草植株正常生长发育的同时，也有效促进其生物量的积累。

不同施肥处理对不同时期橡胶草的地上、地下生物量的分配均有不同程度的影响。生长期时 N 对地下生物量分配比例的提高最为显著，开花期时 P 对橡胶草地下生物量的分配比例的提高最为显著，且合理配合施用 N、P、K 更有利于提高这两个时期橡胶草地下生物量的分配比例，从而增大橡胶产量，提高橡胶草的应用价值。结实期时，各个施肥处理均能显著提高橡胶草地下生物量的分配比例，且增加幅度较大，但各个施肥处理间差异不显著。橡胶草地上生物量在生长期—开花期时生物量增加迅速，地下生物量在开花期—结实期时增加迅速。不同施肥处理主要影响橡胶草生长前期地上生物量和生长后期地下生物量的积累。这与梅四卫等（2010）在中牟大白蒜和刘文辉等（2017）在燕麦上的研究结果一致。橡胶草根部性状与生物量间的相关性分析表明，生长期时橡胶草的根长、地下生物量、地上生物量及总生物量相互之间均呈极显著的正相关，根长与根直径呈显著的正相关；开花期和结实期时的根长、根直径、地下生物量、地上生物量及总生物量相互间均呈极显著的正相关。可见，橡胶草地上生物量越大，地下生物量就越大，根就越长，总生物量也越大，橡胶产量就越大。这与李继强等（2016）研究不同密度和施肥水平显著影响春油菜株高、分枝部位高、有效分枝数等表型性状的结果一致，与徐澜等（2017）研究不同施氮量下小麦在不同发育时期的表型性状、生理指标及籽粒产量差异分析结果类似。但地下生物量分配与总生物量相关性与张丽辉等（2017）的研究结果存在差异，这可能与橡胶草通过在生殖构件与营养构件之间保持一定的比率，来增强在种群的生存与竞争力有关。因此，橡胶草植株长势和根部性状均可作为判断植株地下生物量和总生物量的大小及橡胶产量的重要指标。当然，橡胶草生物量与橡胶产量之间的相关性有待于进一步验证。

4.4.5　植物激素赤霉素对橡胶草生理特性及开花的影响

赤霉素（GA_3）作为植物生长调节剂，对植物的生长发育及开花有一定的调节作用（王艳等，2015；郭彩云等，2014；李贵利等，2009），而有关外施 GA_3 对橡胶草生理及开花影响方面鲜有报道。为此，通过对橡胶草叶片喷施不同质量浓度 GA_3，研究其对橡胶草生理特性及开花的影响，以期为橡胶草栽培管理提供理论依据，为生产中对橡胶草进行花期调控提供参考。

4.4.5.1　试验材料

供试材料为 2012 年 3 月于新疆伊犁哈萨克自治州采集的橡胶草种子，2014 年 9 月 8 日播种在育苗盘中，2014 年 10 月 20 日选择生长健壮、植株生长差异不显著、无病虫害的橡胶草苗，移植于直径 13 cm、高度 15 cm 塑料盆中，其栽培土为富含腐殖质的营养土。

4.4.5.2 试验方法

试验在中国热带农业科学院湛江实验站进行。于 2014 年 11 月 23 日（幼苗长至 4 ~ 5 片真叶时）用不同质量浓度 GA_3 对橡胶草进行叶面喷施，采用小型喷雾器均匀喷施至叶片滴液为准，每隔 7 d 喷施 1 次，共喷施 2 次，喷施质量浓度分别为 0 mg/L（CK）、50 mg/L（T1）、100 mg/L（T2）、150 mg/L（T3）、200 mg/L（T4）、300 mg/L（T5）、600 mg/L（T6），以清水为对照，每处理 30 盆，共 210 盆，进行随机区组设计。注意移栽后的管理，保持水肥一致。

（1）生理指标的测定

在第 2 次 GA_3 处理后 10 d 进行第 1 次取样，此后每隔 10 d 取样 1 次，共取样 6 次。取样时间在 8：00—9：00，采完的样品用液氮处理后保存于 −80 ℃超低温冰箱，用于生理指标的测定。超氧化物歧化酶（SOD）活性测定采用氮蓝四唑比色法（NBT），过氧化物酶（POD）活性测定采用愈创木酚法，过氧化氢酶（CAT）活性测定采用紫外吸收法，叶绿体色素含量测定采用直接浸提法（高俊凤，2000）。

（2）花期及开花性状的调查

移植后记录橡胶草的不同生育期时间：现蕾期（50% 植株现蕾）、初花期（第 1 朵花盛开）、盛花期（50% 植株开花）、末花期（75% 植株开花结束）。开花后随机选取 10 株调查花葶长度、花葶粗、花直径及花数。

（3）数据处理

采用 Excel 2007 和 SPSS 19.0 软件进行数据处理、作图和统计分析。

4.4.5.3 结果与分析

（1）不同质量浓度 GA_3 对橡胶草叶片叶绿素含量的影响

由表 37 可以看出，不同质量浓度 GA_3 处理之间叶片叶绿素含量变化趋势相似，即随着时间的推移，各处理叶片叶绿素含量均呈逐渐升高趋势，其中，CK 叶片叶绿素含量较其他处理高；处理后 10 d，CK 与各处理叶片叶绿素含量差异不显著；处理后 20 d，CK 与 T1 差异不显著，与其余处理差异均达到显著水平；处理后 30 d，CK 与 T1、T2、T3 间差异不显著，与 T4、T5、T6 差异显著；处理 40 d 以后，CK 与各处理之间差异不显著。GA_3 处理后橡胶草叶片叶绿素含量有所下降，但变化差异不明显。

（2）不同质量浓度 GA_3 对橡胶草叶片类胡萝卜素含量的影响

由表 38 可以看出，各处理叶片类胡萝卜素含量总体上随着时间的推移均呈逐渐升高趋势，其中，CK 叶片类胡萝卜素含量总体上较其他处理高；处理后 20 d，CK 与各处理之间叶片类胡萝卜素含量差异不显著；处理后 30 d，CK 与 T4、T5 差异显著，与其余处理差异不显著，除 CK 外，其余处理间差异不显著；处理后 40 d，CK 与 T2、T6 差异显著，与其余处理差异均不显著；处理后 50 d，CK 与 T6 差异显著，与其余处理差异不显著；处理后 60 d，各处理之间差异不显著。

表 37　不同质量浓度 GA$_3$ 处理下橡胶草叶片叶绿素含量

处理	处理后时间 /d					
	10	20	30	40	50	60
CK	2.00 ± 0.333a	2.52 ± 0.239a	2.74 ± 0.384a	2.88 ± 0.239a	2.90 ± 0.333a	3.10 ± 0.092a
T1	1.74 ± 0.045a	2.19 ± 0.131ab	2.50 ± 0.193ab	2.75 ± 0.196a	2.67 ± 0.094a	3.09 ± 0.071a
T2	1.74 ± 0.083a	2.15 ± 0.223b	2.59 ± 0.412ab	2.72 ± 0.083a	2.79 ± 0.080a	3.02 ± 0.158a
T3	1.90 ± 0.109a	2.06 ± 0.211b	2.49 ± 0.040ab	2.84 ± 0.087a	2.86 ± 0.059a	2.90 ± 0.050a
T4	1.78 ± 0.044a	2.01 ± 0.102b	2.04 ± 0.324bc	2.78 ± 0.094a	2.93 ± 0.151a	2.94 ± 0.054a
T5	1.94 ± 0.093a	1.85 ± 0.198b	2.07 ± 0.339bc	2.68 ± 0.154a	2.77 ± 0.104a	2.84 ± 0.124a
T6	1.89 ± 0.150a	1.99 ± 0.184b	2.33 ± 0.035c	2.36 ± 0.007a	2.62 ± 0.321a	3.01 ± 0.105a

注：同列数据后不同字母表示差异显著 $P<0.05$。

表 38　不同质量浓度 GA$_3$ 处理下橡胶草叶片类胡萝卜素含量

处理	处理后时间 /d					
	10	20	30	40	50	60
CK	0.22 ± 0.009a	0.26 ± 0.002a	0.32 ± 0.030a	0.33 ± 0.010a	0.38 ± 0.023a	0.37 ± 0.007a
T1	0.19 ± 0.018a	0.24 ± 0.007ab	0.28 ± 0.019ab	0.32 ± 0.014ab	0.34 ± 0.016ab	0.36 ± 0.029a
T2	0.21 ± 0.023a	0.23 ± 0.037ab	0.29 ± 0.039ab	0.30 ± 0.009b	0.35 ± 001 1ab	0.34 ± 0.020a
T3	0.22 ± 0.023a	0.23 ± 0.013ab	0.29 ± 0.015ab	0.34 ± 0.011a	0.35 ± 0.018ab	0.34 ± 0.026a
T4	0.21 ± 0.010a	0.24 ± 0.027ab	0.24 ± 0.044b	0.33 ± 0.027a	0.36 ± 0.008ab	0.35 ± 0.005a
T5	0.21 ± 0.016a	0.23 ± 0.023ab	0.24 ± 0.039b	0.32 ± 0.009ab	0.34 ± 0.031ab	0.36 ± 0.031a
T6	0.21 ± 0.011a	0.22 ± 0.017ab	0.28 ± 0.009ab	0.30 ± 0.050b	0.32 ± 0.011b	0.35 ± 0.016a

注：同列数据后不同字母表示差异显著 $P<0.05$。

（3）不同质量浓度 GA$_3$ 对橡胶草叶片 SOD 活性的影响

由图 51 可知，不同质量浓度 GA$_3$ 叶片喷施处理的 SOD 活性低于 CK，各处理随着时间的延长 SOD 活性大体上呈"下降—上升—下降"的趋势，各处理 SOD 活性的最低峰均出现在处理后的 30 d。不同处理对叶片 SOD 活性影响存在一定的差别，随着 GA$_3$ 质量浓度增加，各处理 SOD 活性变化整体趋势为先降后升，在 0 ~ 150 mg/L、相同处理时间条件下，随着 GA$_3$ 质量浓度增加 SOD 活性下降，当 GA$_3$ 质量浓度达到 150 mg/L 后 SOD 活性反而升高；T3 的叶片 SOD 活性明显低于其他处理，处理后 10 d 与 CK 相差最大，SOD 活性下降 25.39%，活性最低峰时较 CK 下降 11.81%。

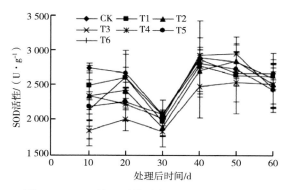

图 51　GA$_3$ 处理对橡胶草 SOD 活性的影响

（4）不同质量浓度 GA$_3$ 对橡胶草叶片 CAT 活性的影响

由图 52 可知，对橡胶草叶片进行不同质量浓度 GA$_3$ 喷施处理后，叶片 CAT 活性低于 CK，各处理随着时间的延长 CAT 活性大体上呈"M"形趋势，CAT 活性的最高峰均出现在处理后 20 d；处理后 50 ~ 60 d，CAT 活性浮动较小。不同处理间叶片 CAT 活性有明显差异，随着 GA$_3$ 质量浓度增加，各处理 CAT 活性变化整体趋势为"V"形，T3（150 mg/L）的叶片 CAT 活性明显低于其他处理；T3 与 CK 在处理后 10 d 相差最大，CAT 活性下降 77.66%，活性最高峰时较 CK 下降 44.00%。

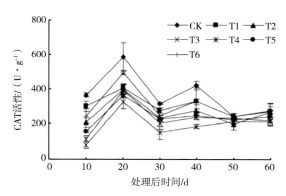

图 52　GA$_3$ 处理对橡胶草 CAT 活性的影响

（5）不同质量浓度 GA₃ 对橡胶草叶片 POD 活性的影响

由图 53 可知，对橡胶草叶片进行不同质量浓度喷施处理后，各处理叶片 POD 活性变幅较小，POD 活性差异不明显，随着时间的延长 POD 活性前期浮动较小，处理 50 d 后整体呈上升的趋势，各处理 POD 活性的最高峰均出现在处理后 60 d。不同质量浓度 GA₃ 处理间对叶片 POD 活性影响较小，T3 叶片 POD 活性较其他处理低，处理后 20 d 与 CK 相差最大，POD 活性下降 75.17%，处理后 60 d 与 CK 相差最小，POD 活性下降 32.13%。

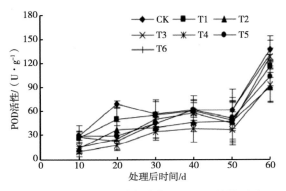

图 53　GA₃ 处理对橡胶草 POD 活性的影响

（6）不同质量浓度 GA₃ 对橡胶草花期及主要开花性状的影响

由表 39 可知，CK 橡胶草现蕾时间、初花时间、盛花时间和开花结束分别为 1 月 13 日、1 月 28 日、1 月 29 日和 3 月 19 日，其现蕾天数（127 d）、初花天数（142 d）和盛花天数（143 d）均最短，从初花到开花结束，整个花期共 50 d。GA₃ 处理后与 CK 相比现蕾和开花推迟，花期缩短；随着 GA₃ 质量浓度的增加，营养生长期时间延长，从种植到开花所需的时间延长，开花越迟，花期越短；GA₃ 质量浓度在 0 ~ 150 mg/L 时，从初花到盛花时间间隔 1 d，随着质量浓度的继续增加，从初花到盛花的时间间隔变长。

从表 40 可以看出，不同质量浓度 GA₃ 处理对橡胶草主要开花性状有一定的影响，各处理花葶高度由高到低依次为 T2>T3>T6>T4>T5>CK>T1，其中 T2 和 T3 间差异不显著，与 CK 差异显著，T1、T4、T5、T6 与 CK 差异不显著；T3 花葶最粗，与其他处理差异显著，T1、T4、T5 与 CK 差异不显著；各处理花直径与 CK 相比均增加，且差异均显著；各处理开花数与 CK 相比均减少，且与 CK 差异显著。表明外施一定质量浓度的 GA₃ 对橡胶草主要开花性状具有一定的影响，且随着 GA₃ 质量浓度的增加，花葶高度和花葶粗均呈现先升高后下降的趋势，开花数随着质量浓度增加呈下降趋势，而花直径随着 GA₃ 质量浓度的增加差异不显著，但与 CK 相比差异显著，说明外施一定质量浓度的 GA₃ 对橡胶草花葶高、花葶粗、花直径均有一定的促进作用，且质量浓度为 150 mg/L 时效果最佳。

表39 不同质量浓度 GA₃ 处理对橡胶草花期的影响

处理	种植时间/（月-日）	现蕾时间/（月-日）	初花时间/（月-日）	盛花时间/（月-日）	开花结束/（月-日）	花期/d	开花延迟/d	营养生长期/d
CK	09-08	01-13	01-28	01-29	03-19	50	0	127
T1	09-08	01-21	02-08	02-09	03-21	41	11	135
T2	09-08	01-29	02-13	02-14	03-23	38	24	143
T3	09-08	01-29	02-14	02-15	03-23	37	25	143
T4	09-08	02-05	02-18	02-24	03-20	30	29	150
T5	09-08	02-13	02-24	03-03	03-24	28	29	158
T6	09-08	02-13	02-24	03-03	03-24	28	35	158

表40 不同质量浓度 GA₃ 处理对橡胶草主要开花性状的影响

处理	花葶高度/cm	花葶粗/cm	花直径/cm	开花数/个
CK	4.09 ± 0.668bc	0.34 ± 0.032c	4.96 ± 0.387d	8.50 ± 1.604a
T1	3.90 ± 0.472c	0.35 ± 0.011bc	5.32 ± 0.286a	6.89 ± 1.069b
T2	4.88 ± 0.626a	0.37 ± 0.030b	5.29 ± 0.229abc	6.13 ± 0.991b
T3	4.81 ± 0.789a	0.39 ± 0.003a	5.36 ± 0.274a	5.83 ± 0.753cd
T4	4.14 ± 0.770bc	0.34 ± 0.016c	5.12 ± 0.489abc	5.40 ± 1.140cd
T5	4.11 ± 0.392bc	0.34 ± 0.017c	5.29 ± 0.251ab	5.25 ± 1.028d
T6	4.46 ± 0.155ab	0.30 ± 0.026d	5.14 ± 0.310abc	4.17 ± 0.714e

注：同列数据后不同字母表示差异显著 $P<0.05$。

4.4.5.4 结论与讨论

本节研究结果表明，在不同质量浓度 GA₃ 对橡胶草叶片喷施处理下，叶片叶绿素含量和类胡萝卜素含量随着时间的推移变化趋势相似，均呈逐渐升高趋势，且 CK 叶片叶绿素含量和类胡萝卜素含量均比其他处理高。吴巧玉等（2014）研究表明，GA₃ 能促进马铃薯植株的生长，使叶片叶绿素含量下降，与本节试验结果相符。樊雨（2019）的研究表明，GA₃ 对高山杜鹃叶片酶活性有明显影响。本节研究结果显示，GA₃ 处理均使叶片 SOD、POD、CAT 活性下降，随着处理后时间的延长，各处理 SOD 活性大体上呈

"下降—上升—下降"的趋势，CAT 活性大体上呈"上升—下降—上升—下降"的趋势，POD 活性变幅较小，POD 性差异不明显。相同处理时间条件下，随着 GA$_3$ 质量浓度的增加，橡胶草叶片 SOD、CAT 活性均呈先下降后升高趋势，对 POD 活性影响不大，T3 酶活性均最低，T3 叶片 SOD 活性在处理后 10 d 与 CK 相差最大，活性下降 25.39%，活性最低峰时较 CK 下降 11.81%；T3 叶片 CAT 活性处理后 10 d 与 CK 相差最大，活性下降 77.66%，活性最高峰时较 CK 下降 44.00%；T3 叶片 POD 活性在处理后 20 d 与 CK 相差最大，活性下降 75.17%，处理后 60 d 与 CK 相差最小，POD 活性下降 32.13%。樊雨（2009）研究表明，GA$_3$ 处理使高山杜鹃叶片 SOD 活性下降；黑麦草中的研究表明，一定质量浓度 GA$_3$ 处理使黑麦草叶片 SOD 活性升高，POD、CAT 活性降低（黄永莲等，2009）。综上，外施 GA$_3$ 对叶片酶活性具有一定的影响，但具体的影响效果可能与植物种类、处理频率和环境因素有关。

GA$_3$ 对植物成花具有重要作用。有学者曾认为 GA$_3$ 是开花素的重要成分（柴拉轩和周荣仁，1959）。本节研究结果表明，橡胶草苗期外施 GA$_3$ 对橡胶草开花起抑制作用，不同质量浓度 GA$_3$ 对橡胶草开花抑制效果有差异。随着 GA$_3$ 质量浓度增加，营养生长期时间延长，现蕾时间推迟，从种植到初花所需的时间延长，开花推迟，从初花到开花结束时间间隔缩短，花期缩短。GA$_3$ 同样也影响橡胶草主要开花性状，不同质量浓度 GA$_3$ 对橡胶草主要开花性状的影响不同。橡胶草花葶高度、花葶粗、花直径均随 GA$_3$ 质量浓度增加呈先增加后降低趋势，但 GA$_3$ 处理后平均单株开花数较 CK 显著降低。说明外施 GA$_3$ 能促进橡胶草花葶和花的生长，并且 GA$_3$ 质量浓度为 150 mg/L 时，对橡胶草花葶高度、花葶粗和花直径的促进效果较其他处理好，而 GA$_3$ 处理不能促使橡胶草开花数量增多。孙会军等研究 GA$_3$ 对君子兰花期的调控，结果表明，50 mg/L GA$_3$ 可以明显促进君子兰花葶的生长（孙会军和雷家军，2008）；马孟莉等（2013）研究外施 GA$_3$ 对仙客来开花的影响，结果表明，外施 GA$_3$ 能够增加花瓣长度，与本节研究结果相符。有学者认为 GA$_3$ 抑制芽分化，如喷施 GA$_3$ 延迟了红富士、首红苹果的花芽分化（曹尚银等，2001）。但有研究结果与之相反，对连翘（郭彩云和许凌霞，2014）、银拖墨兰（王艳等，2015）、仙客来（马孟莉等，2013）、碗莲（孔德政等，2015）、大白菜（赵大芹等，2014）、马铃薯（吴巧玉等，2014）外施 GA$_3$ 都能促使开花提前。以上研究表明，GA$_3$ 对花诱导和花发育既有促进作用，也有抑制作用。因此认为，GA$_3$ 对植物开花具有双向调节。另外，外施 GA$_3$ 对植物的成花效应不但与植物种类、植物的光周期特性和环境温度有关，还与 GA$_3$ 的处理时期及处理的持续时间存在一定关系。

4.5　橡胶草种植园建设及其日常管理

橡胶草的种植园选取应遵循"不与粮争地"的原则。虽然橡胶草的适应性很强，但对所选取的土地还是有一定的要求。土质太松的土地容易被风吹起，容易失水，而且有机物的含量太低，这样的土地不宜选用或需进行土壤改良。坡度太大的地区，雨量较大时种子或者幼苗容易被冲刷，且不利于实现机械化操作；太细的土壤表面容易产生一层硬壳，会阻止幼苗的出土，有时也会变得太硬。雨量太大的地区如果土壤排水不好，会因湿度过高使得种子不能正常发芽，而且过湿的土地也不容易耕作。总之，种植园的选择要综合考虑橡胶草对生长环境的要求，如土壤、水分、地形等。

种植橡胶草的土地要深耕，对于有霜冻的地区，秋耕的效果要比春耕好，因为春耕极易使土壤失水干燥，并且会破坏上层土壤的结构；而秋耕可减少霜冻对土地的影响，增加土壤上层的紧密度以及保持土壤的湿度和增进其毛细作用，并使土壤上层有一薄层细土以防止水分蒸发。耕作时要进行施肥，具体施肥的方法及其影响见 4.1（橡胶草生长环境要求）。

杂草对橡胶草的生长也有较大的影响。中耕有利于去除杂草，在橡胶草行间经常进行中耕可避免杂草和橡胶草在养分和空间上的竞争，并使土壤疏松通气。苏联的研究表明，栽培橡胶草需要 3 ~ 8 次中耕，具体中耕次数要依据土壤的性质、杂草的多少、湿度的分布、每次中耕的时间及效率、土壤的松紧等条件而定。除此之外，要对已经长大的杂草进行人工去除，除草时必须将杂草连根拔起。用化学药剂去除杂草有一定难度，常常会因为除草剂种类选择不当或者除草时机把握不好而对橡胶草生长产生不同程度的影响。

由于选种时难免有其他蒲公英种子混杂，这些蒲公英品种与橡胶草杂交后，不能保证子代橡胶草种子纯度，因此需要对种植园里的橡胶草进行去劣处理。去劣时，先从形态上甄别拔除混杂的蒲公英，再是个体小、抵抗力弱、性状不良的橡胶草都应除去，以便收获到大小均一的种子，才能保证橡胶产量持续稳定。

4.6　橡胶草病虫害及自然灾害的防治

橡胶草易受真菌、细菌及病毒侵染，针对性防治很有必要。在橡胶草种植栽培之前，最好是调查一下当地曾流行过的病害，并做一些橡胶草对这些病原菌的敏感实验。

橡胶草最严重的病害就是猝倒病，研究发现，氧化亚铜和碳酸铜对猝倒病有明显的防治效果，不但会增加已被侵染种子的出苗率，而且也会减少幼苗在出土前受猝倒病的侵害。

根腐病是威胁橡胶草的另一种病害，为了避免该病害的发生，较好的方法是将橡胶草和其他作物进行轮作，减少土壤中侵染橡胶草病原菌的数量。收获后的橡胶草根，也容易受到根腐病病原菌的侵染，因此橡胶草根在收获后应及时进行干燥，这样也方便运输和后续处理。

由于橡胶草是虫媒花，与各种昆虫接触的概率较大，发生虫害概率也较大。浮尘子有时对橡胶草为害很重，喷洒波多尔液（Bord aux mixture）可以进行有效防治；蛴螬有时也为害根部，但不严重；红蚁和黑蚁有时会为害橡胶草的果实。此外，灰色象鼻虫、地狗蚤、野螟蛾、蚱蜢有时也可成灾。因此，在大规模的种植栽培中，必须要充分做好虫害防治工作。

自然灾害中的高温和寒冻对橡胶草危害也较大，高温容易导致橡胶草休眠（夏眠）甚至直接损害橡胶草内部组织，寒冻则会直接损害橡胶草组织，导致植株死亡。因此，要避免选择有极端高温和寒冻的地区来栽培橡胶草。使用温室大棚虽然可以有效减少高温和寒冻对橡胶草的影响，但成本也相对较高。

此外，干旱对橡胶草的影响也不容忽视。尤其是在发芽期和生长前，要保证橡胶草的水分供应，以免干旱导致发芽率过低和植株生长矮小。

4.7 橡胶草机械化播种与采收技术和装备研发

4.7.1 橡胶草种子丸粒化与机械化直播技术

由于劳动力成本的增加，机械化直播技术是橡胶草产业化的一个关键技术。橡胶草的种子非常小，千粒重仅为 0.4 ~ 0.5 g，每千克大约 2 000 000 粒，粒径 1 mm 左右，粒长度大约 4 mm（Kreuzberger et al.，2016），因此直接播种很难播撒均匀。欧洲的研究结果表明，橡胶草种子大田直播的成活率仅为 5% ~ 14%。美国俄亥俄州大学的研究团队通过温室育苗之后移栽大田，其成活率可达到 40% 左右。而后美国的研究团队进一步地对橡胶草种子直播技术开展系统研究，比较了不同种子处理方式（未加工的种子与丸粒化种子）、播种方法（撒播与钻孔播种）、播种日期、大田处理（不同间混作作物和堆肥覆盖）等因素对橡胶草种子直播成活率的影响，结果表明，在土壤温度达到 16℃ 以上（俄亥俄州 5 月中旬之后），以 0.6 cm 的深度钻孔播种丸粒化的种子，并覆盖小于 1.27 cm 的堆肥混合物可以获得最好的效果，播种 27 d 后最高成活率为 31.73%，但 10 月（播种后 140 d）其存活率下降至 21.33%（Keener et al.，2018）。研究表明种子丸粒化以及经过杀菌剂处理的种子能够提高橡胶草种子的萌发率，丸粒化后种子的直径大约 3 mm（45 850 粒 /kg），较未处理的种子直径和重量显著增大，便于播撒操作。以往的研究表明，橡胶草种子播种的深度小于 1.31 cm，也有直接撒播于土层表面，太深不利于种子萌发（Kreuzberger et al.，2016），而且播种后用基质覆盖能够提高出苗率（Krotkov，1945）。笔者研究团队与内蒙古多伦科教局合作在橡胶草种子丸粒化、线绳化方面开展研究（图54），线绳化后可以将橡胶草种子按照设定的株间距包裹并固定在可降解的线绳上，后期可进行机械化播种，但由于橡胶草种子直播发芽率比较低，以及播种后出芽到幼苗期的管理要求较高，初期的试验结果不理想，后期需在种子活力筛选、包裹试剂配方、播种后管理等方面进一步完善橡胶草种子的直播技术，降低种植成本。

图 54　橡胶草种子丸粒化和线绳化技术

4.7.2　橡胶草种子收获装备研发

　　由于蒲公英属植物种子很小而且成熟后不及时收获遇风易吹散，导致种子收获困难且费时费力。因此，需要一种能够快捷方便的采集蒲公英属植物种子的装置。笔者设计了一种新型侧挂式蒲公英属植物种子的采收装置，由发动机、离合器组合、硬轴（内含软轴）、手柄、油门开关、风扇、风扇罩、收种网袋和背带构成。发动机通过离合器组合和硬轴内部的软轴传输动力驱动风扇转动将种子吸入收种网袋中。该发明节省了人力物力，降低生产成本，极大地提高了采种的速度和生产效率。该蒲公英种子采收装置的特征在于：所述发动机通过离合器组合装置与硬轴及内部的软轴连接；手柄和背带置于硬轴之上；油门开关通过导线与发动机连接并置于右侧手柄之上；风扇连接于硬轴另一端，由内部软轴驱动；风扇罩固定于风扇外侧；收种网袋固定于风扇罩的一端以收集吸入的蒲公英种子。

　　与现有的技术相比，该装置的有益效果是：方便携带，节省劳力物力，大大提高了采集的速度，从而给使用者带来了很多的便利。

　　具体结构如图 55 所示，一种新型侧挂式蒲公英种子的采收装置，由发动机（1）、离合器组合（2）、硬轴（内置软轴）（3）、手柄（4）、油门开关（5）、风扇（6）、风扇罩（7）、背带（8）和收种网袋（9）构成。其特征在于：所述发动机（1）通过离合器组合装置（2）与硬轴及内部的软轴（3）连接；手柄（4）和背带（8）固定于硬轴之上；油门开关（5）通过导线与发动机连接并置于右侧手柄之上；风扇（6）连接于硬轴另一端，由内部软轴驱动，风扇旋转产生吸力，将种子吸入种子网袋（9）中；风扇罩（7）固定于风扇外侧；收种网袋固定于风扇罩的一端以收集吸入的蒲公英种子。该装置由发动机（1）通过软轴带动风扇（6），将风扇罩（7）置于待收种蒲公英上方，风扇旋转产生吸力，将成熟种子吸入种子网袋（9）中，通过以上装置，能够轻松地采集蒲公英种子。

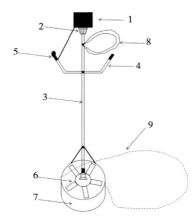

1—发动机；2—离合器组合；3—硬轴（内置软轴）；4—手柄；
5—油门开关；6—风扇；7—风扇罩；8—背带；9—收种网袋

图55　一种新型侧挂式蒲公英种子的采收装置结构

4.7.3　橡胶草根部采收技术

　　橡胶草根部的采收主要采用机械化挖掘，为了节省工序和成本，应在晴朗的天气收获，便于去除根部的泥土和后期晾晒。近来，内蒙古多伦建立了成熟的橡胶草机械化种植和采收技术（图56），大大提高了栽培管理效率，降低人工成本，为橡胶草产业化提供了技术保障。

图56　橡胶草的采收

第五章

橡胶草基因组与转录组

5.1 橡胶草基因组

尽管目前发现能够产生乳汁的植物超过 2 500 种（Bonner，1991），但是能够合成高分子量天然橡胶的只有巴西橡胶树、灰白银胶菊、橡胶草等少数几种（罗士苇，1950；van Beilen and Poirier，2007b）。橡胶草为菊科蒲公英属多年生草本植物，原产于哈萨克斯坦以及中国新疆等地（罗士苇，1950），根部可发育出乳管细胞合成优质的天然橡胶，其含胶量占根部干重约 2.89% ~ 27.89%，所产天然橡胶的分子量比巴西橡胶树的高（Beilen and Poirier，2007）。除此之外，橡胶草的根部还富含菊糖，可用于生产生物乙醇。橡胶草具有适应性强、适应区域广，生长收获期短，可在田间储存，并可轮种或间作，适合机械化种植和采收等优点，使其成为极具发展前景的产胶作物。同时，橡胶草植株小、易于组织培养和遗传转化、生长周期短，为二倍体，染色体 $2n=2X=16$（罗士苇等，1951a），基因组相对较小（大约 1.4 Gb）（Kirschner et al.，2013），是研究天然橡胶合成的理想模式植物。但由于橡胶草为自交不亲和植物，遗传背景高度杂合，这给基因组测序带来了很大的挑战。

2017 年，笔者参与了中国科学院遗传与发育生物学研究所李家洋研究团队发起的橡胶草全基因组测序工作，以新疆野生橡胶草种质 1151 为材料，完成了首个橡胶草基因组的组装和注释。采用 PacBio RS II 平台对橡胶草种质 1151 进行了从头测序和基因组组装，该平台获得了 49.76 Gb 的基因组序列，其覆盖率为 48 倍，采用 Illumina HiSeq 2500 平台获得了 60.48 Gb 的基因组序列，其覆盖率为 58 倍。该研究确认了橡胶草的核型为 $2n=2X=16$ 并基于 19-mer 分析估计其基因组大小在 1.04 Gb 的范围内。最终，组装获得了一个 1.29 Gb 的基因组序列，GC 含量为 37.29%，包含 19 227 个 N50 为 100.21 kb 的 scaffolds 和 31 966 个 N50 为 47.63 kb 的 contigs，估计平均杂合率为每 kb 含有 4.17 个 SNP，预测共有 46 731 个编码基因，基因密度为每 Mb 含有 36.58 个基因，其重复序列为 68.56%，其中 LTR-RT 元件对橡胶草基因组扩大发挥主要作用。通过对产胶植物与非产胶植物的比较分析发现，甲羟戊酸途径（MVA）与橡胶链延伸是天然橡胶生物合成的关键，而且一些关键酶基因主要在胶乳中表达，表明其在天然橡胶生物合成中的关键功能。同时，该研究揭示了两个橡胶延伸的关键酶基因家族 CPT/CPTL 与 REF/SRPP 多样的进化轨迹（Lin et al.，2018）。研究结果为天然橡胶生物合成机制的研究提供了宝贵资源和新思路，并促进新型产胶作物橡胶草的商业化开发和利用。

5.2 橡胶草转录组测序及差异表达基因挖掘

转录组是某个物种或者特定细胞类型产生的所有转录本的集合。转录组研究能够从整体水平研究基因功能以及基因结构，揭示特定生物学过程以及疾病发生过程中的分子机理，已广泛应用于基础研究、临床诊断和药物研发等领域。转录组测序是通过二代测序平台快速全面地获得某一物种特定细胞或组织在某一状态下的几乎所有的转录本及基因序列，可以用于研究基因表达量、基因功能、结构、可变剪接和新转录本预测等。

转录组测序技术能够在单核苷酸水平对任意物种的整体转录活动进行检测，在分析转录本的结构和表达水平的同时，还能发现未知转录本和稀有转录本，精确地识别可变剪切位点以及 cSNP（编码序列单核苷酸多态性），提供最全面的转录组信息。相对于传统的芯片杂交平台，转录组测序无须预先针对已知序列设计探针，即可对任意物种的整体转录活动进行检测，提供更精确的数字化信号，更高的检测通量以及更广泛的检测范围，是目前深入研究转录组复杂性的强大工具。本节将详细介绍橡胶草（TKS）与药用蒲公英（TO）的根和叶部的转录组测序以及差异表达基因挖掘的流程和方法。

5.2.1 实验流程

实验流程按照 Oxford Nanopore Technologies（ONT）公司提供的标准流程执行，包括样品质量检测、文库构建、文库质量检测和文库测序等流程，主要包括如下步骤。

①提取 RNA，利用分子生物学先进设备检测 RNA 样品的纯度、浓度和完整性，以保障使用合格的样品进行转录组测序。

②文库构建：

A. 引物退火，反转录成 cDNA，加上 switch oligo；

B. 合成互补链；

C. DNA 损伤修复和末端修复，磁珠纯化。

③加上测序接头，上机测序。

5.2.2 生物信息学分析

5.2.2.1 生物信息学分析流程概述

转录组研究是理解生命过程必不可少的工具之一，然而基于第二代高通量测序平台的 RNA-Seq2.0 技术往往不能准确得到或组装出完整转录本，无法识别同源异构体（isoform）、同源基因、超家族基因、等位基因表达的转录本，使人们难以理解这些生命活动更深层次的含义。基于 ONT 单分子实时测序技术的全长转录组测序无须打断 RNA 片段，反转录得到全长 cDNA。该平台的超长读取包含了单条完整转录本序列信息，后期分析无须组装，所测即所得。获取全长转录组的分析过程主要包括 3 个阶段：全长序列识别、全长序列 polish 得到一致性序列和一致性序列去冗余。详细步骤如下：

①从原始下机序列中过滤序列中的低质量（长度小于 500 bp，Q score 小于 7）序列和核糖体 RNA 序列，并根据序列两端是否存在引物得到全长序列；

②将上一步得到的全长序列进行 polish 得到一致性序列；

③对得到的一致性序列根据与参考基因组或构建的重叠群（contig）比对结果进行去冗余。

最终得到的转录本序列可直接用于后续的同源异构体、同源基因、基因家族、SSR、可变剪接、lncRNA 等分析。引导人们更深层次的理解位于中心法则中心地位的这一生命活动，另外还可用于对所在基因组的注释升级，完善基因组数据库。转录组生物信息分析流程见图 57。

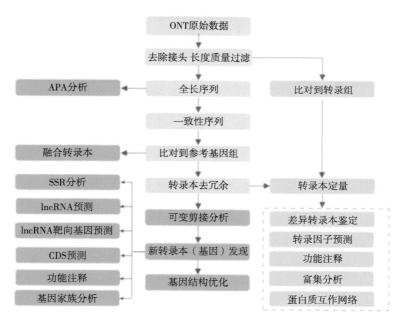

图 57　全长转录组生物信息分析流程图

5.2.2.2　测序数据及其质量控制

（1）测序数据产出统计

Nanopore 测序的下机数据的原始数据格式为包含所有原始测序信号的二代 fast5 格式。单条读长（reads）对应单独 fast5 文件。通过 MinKNOW 2.2 软件包中的 Guppy 软件进行 base calling 后会将 fast5 格式数据转换为 fastq 格式，用于后续质控分析。

原始 fastq 数据进一步过滤短片度和低质量的 reads 后，得到总的 Clean Data，其信息统计如表 41 所示。橡胶草叶片（TKSL）和根部（TKSR）分别获得 2 498 932 条和 3 848 100 条序列，N50 长度分别为 1 250 和 1 355，reads 平均长度分别为 1 102 bp 和 1 155 bp，平均质量值均为 Q10；药用蒲公英叶部（TOL）和根部（TOR）分别获得 2 467 380 条和 2 731 511 条序列，N50 长度分别为 1 114 和 1 421，reads 平均长度分别为 1 029 bp 和 1 235 bp，平均质量值分别为 Q10 和 Q11。

表 41　Clean Data 数据统计

样品名	序列 / 条	总碱基数 / 个	N50 长度	reads 平均长度 /bp	最长 reads 长度 /bp	平均质量值
TKSL	2 498 932	2 755 475 451	1 250	1 102	9 023	Q10
TKSR	3 848 100	4 447 819 781	1 355	1 155	14 001	Q10
TOL	2 467 380	2 540 748 468	1 114	1 029	7 744	Q10
TOR	2 731 511	3 375 046 970	1 421	1 235	11 564	Q11

（2）转录本全长序列统计

根据 cDNA 测序原理，reads 两端识别到引物则判断为全长序列，全长序列信息统计如表 42 所示，TKSL、TKSR、TOL、TOR 全长序列的比例分别为 82.64%、79.43%、81.70%、81.91%，表明转录组测序的数据质量良好，可用于下一步分析。

表 42　全长序列数据统计表

样品名	过滤核糖体 RNA 后 clean reads 序列 / 条	全长序列 / 条	全长序列比例
TKSL	2 490 461	2 058 174	82.64%
TKSR	3 828 907	3 041 222	79.43%
TOL	2 229 773	1 821 773	81.70%
TOR	2 716 223	2 224 876	81.91%

（3）转录本去冗余

全长序列用 minimap2 软件与橡胶草参考基因组进行比对，通过比对信息进行聚类后，使用 pinfish 软件得到一致性序列。为得到质量较高的一致性序列，从全长序列得到一致性序列过程中参数设置较严格，同一转录本的多拷贝序列可能没有集中在同一个一致性序列，产生了冗余序列。同时，全长转录本测序过程中，3′端因存在 polyA 结构，可以确定 3′端比较完整，而 5′端序列可能存在降解，导致同一转录本的不同拷贝分到不同的 cluster 中，5′端差异造成不同转录本，导致冗余序列的产生。

　　合并每个样品的一致性序列，通过 minimap2（Li，2018）与参考基因组进行比对，对比对结果去冗余，过滤 identity 小于 0.9，coverage 小于 0.85 的序列，合并仅 5′端外显子有差异的比对，最终得到 56 515 条非冗余转录本序列。同时对每个样品的一致性序列分别去冗余，用于可变剪接分析。去冗余转录本长度分布情况如图 58 所示，绝大多数转录本长度在 1 ~ 4 kb。

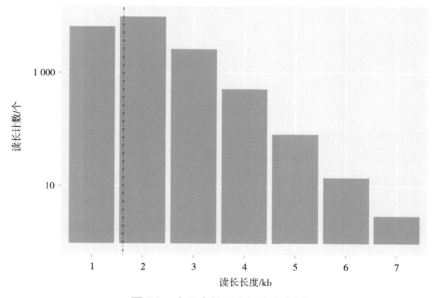

图 58　去冗余转录本长度分布图

注：红色的虚线表示 N50 的长度。

（4）可变剪接分析

　　基因转录生成的前体 mRNA（pre-mRNA），有多种剪接方式，选择不同的外显子，产生不同的成熟 mRNA，从而翻译为不同的蛋白质，构成生物性状的多样性。这种转录后的 mRNA 加工过程称为可变剪接或选择性剪接（alternative splicing）。通过 Astalavista 软件（Sylvain and Michael，2007）获取每个样品存在的可变剪接类型，主要的基因可变剪接类型包括外显子跳跃、可变转录终止位点、可变外显子、可变转录起始位点、内含子保留 5 种（图 59）。

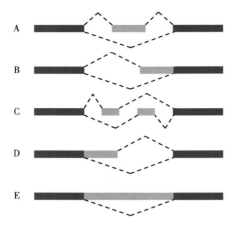

A，外显子跳跃；B，可变转录终止位点；C，可变外显子；D，可变转录起始位点；E，内含子保留

图 59　基因可变剪接类型

（5）可变多聚腺苷酸化

多聚腺苷酸化是指多聚腺苷酸与信使 RNA（mRNA）分子的共价连接。在蛋白质生物合成的过程中，这是产生准备作翻译模板的成熟 mRNA 的方式的一部分。在真核生物中，多聚腺苷酸化是一种机制，令 mRNA 分子于它们的 3′ 端中断。多聚腺苷酸尾（或聚 A 尾）保护 mRNA，免受核酸外切酶攻击，并且对转录终结、将 mRNA 从细胞核输出及进行翻译都十分重要。前体 mRNA 的可变多聚腺苷酸化（alternative polyadenylation，APA）可能贡献于转录组多样性，基因组的编码能力以及基因的调控机制。我们采用 TAPIS pipeline（Abdel-Ghany et al.，2016）来识别 APA。结果如图 60 所示，其中包含 1 个多聚腺苷酸化位点的基因个数最多为 4 146 个，其次是包含 2 个多聚腺苷酸化位点的基因 3047 个，包含 5 个多聚腺苷酸化位点的基因数最少为 977 个。

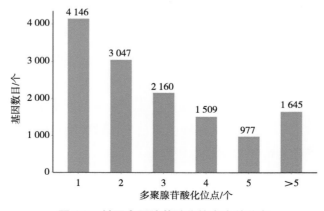

图 60　基因多聚腺苷酸化位点个数分布

（6）SSR 分析

MISA（MIcroSAtellite identification tool）（Thiel et al.，2003）是一款鉴定简单重复序列的软件。它可以通过对转录本序列的分析，鉴定出 7 种类型的 SSR：mono-nucleotide（单碱基）、di-nucleotide（双碱基）、tri-nucleotide（三碱基）、tetra-nucleotide（四碱基）、pentanucleotide（五碱基）、hexa-nucleotide（六碱基）、compound SSR（混合微卫星，两个 SSR 距离小于 100 bp）。基于转录组序列的 SSR 分子标记开发详见第六章 6.4。

（7）新基因编码区序列预测

TransDecoder（v3.0.0）软件基于开放阅读框（open reading frame，ORF）长度、对数似然函数值（Log-likelihood Score）、氨基酸序列与 Pfam 数据库蛋白质结构域序列的比对等信息，能够从转录本序列中识别可靠的潜在编码区序列（coding sequence，CDS），是常用的 CDS 预测软件。对得到的新转录本使用 TransDecoder 软件对其编码区序列及其对应氨基酸序列的预测。

（8）转录因子分析

转录因子（transcription factor）是指能够结合在某基因上游特异核苷酸序列上的蛋白质，这些蛋白质可以调控 RNA 聚合酶与 DNA 模板的结合，从而调控基因的转录。植物转录因子预测使用 iTAK（Yi et al.，2016）软件。不同类型的转录因子个数统计结果见图 61，共预测到 AP2/ERF-ERP、RLK-Pelle_DLSV、RLK-Pelle_CrRLK1L-1、NAC、bHLH、MYB、WRKY、GRAS、bZIP 等转录因子 20 种，其中 AP2/ERF-ERP 类转录因子的数量最多。

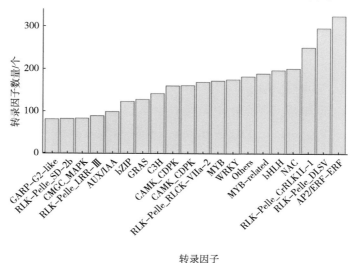

转录因子

图 61　转录因子类型分布

（9）lncRNA 预测

因 lncRNA 不编码蛋白，因此，通过对转录本进行编码潜能筛选，判断其是否具有编码潜能，从而可以判定该转录本是否为 lncRNA。分别应用 CPC（Kong et al.，2007）

分析、CNCI（Sun et al.，2013）分析、CPAT（Liguo et al.，2013）、pfam（Finn，2005）蛋白结构域分析 4 种方法对新发现的转录本进行 lncRNA 的预测。其中 CPC（coding potential calculator）是一种基于序列比对的蛋白质编码潜能计算工具。通过将转录本与已知蛋白数据库比对，CPC 根据转录本各个编码框的生物学序列特征评估其编码潜能 CNCI（coding-non-coding index）分析是一种通过相邻核苷酸三联体特征区分编码 - 非编码转录本的方法。该工具不依赖于已知的注释文件，可以有效对不完整的转录本和反义转录本进行预测。CPAT（coding potential assessment tool）分析是一种通过构建逻辑回归模型，基于 ORF 长度、ORF 覆盖度，计算 Fickett 得分和 examer 得分来判断转录本编码和非编码能力的分析方法。Pfam 数据库是最全面的蛋白结构域注释的分类系统。蛋白质是由一个或多个结构域组成的，而每个特定结构域的蛋白序列具有一定保守性。Pfam 将蛋白质的结构域分为不同的蛋白家族，通过蛋白序列的比对建立了每个家族的氨基酸序列的 HMM 统计模型。

（10）lncRNA 靶基因预测

对预测得到 lncRNA 序列进行靶基因预测。基于 lncRNA 与其靶基因的作用方式，我们采用两种预测方法：第一种，lncRNA 调控其邻近基因的表达，主要根据 lncRNA 与 mRNA 的位置关系预测，定义染色体中每 100 kbp 范围内存在差异表达的 lncRNA 与差异表达的 mRNA；第二种，lncRNA 与 mRNA 由于碱基互补配对而产生作用，主要利用 LncTar（Li et al.，2015）靶基因预测工具对我们的 lncRNA 进行靶基因预测。

（11）新转录本功能注释

将得到的新转录本序列与 NR（Deng et al.，2006）、Swissprot（Rolf et al.，2004）、GO（Ashburner et al.，2000）、COG（Tatusov et al.，2000）、KOG（Koonin et al.，2004）、Pfam（Minoru et al.，2004）、KEGG（Mckenna et al.，2010）数据库比对，获得转录本的注释信息。NR 数据库是 NCBI 中的非冗余蛋白质数据库，包含了 Swissprot、PIR（Protein Information Resource）、PRF（Protein Research Foundation）、PDB（Protein Data Bank）蛋白质数据库及从 GenBank 和 RefSeq 的 CDS 数据翻译过来的蛋白质数据信息。

（12）转录本表达量分析

①与参考转录组序列比对。用全长测序转录组与基因组已知转录本作为参考进行序列比对及后续分析，利用 minimap2 将 clean reads 与参考转录组进行序列比对，获取转录本与参考转录组的对应信息。将比对到参考转录组的 Reads 进行统计，比对统计结果如表 43 所示，TKSL、TKSR、TOL、TOR 比对到参考转录组的 Reads 的比例分别为 96.90%、96.85%、95.10% 和 95.48%。

②转录本表达定量。转录组测序可以模拟成一个随机抽样的过程，为了让片段数目能真实地反映转录本表达水平，需要对样品中的 Mapped Reads 的数目进行归一化。采用 CPM（counts per million）（Li，2018）作为衡量转录本或基因表达水平的指标，CPM

计算公式如下：$$CPM=\{\{reads\ mapped\ to\ transcript \over total\ reads\ aligned\ in\ sample\} \times 1\ 000\ 000\}$$（"reads mapped to transcript" 表示比对到某一转录本上的 reads 数目；"total reads aligned in sample" 表示比对到参考转录组的片段总数）。

表 43　clean reads 与参考转录组比对结果统计表

Sample	Total Reads	Mapped Reads	Mapped Reads%
TKSL	2 490 461	2 413 305	96.90%
TKSR	3 828 907	3 708 265	96.85%
TOL	2 229 773	2 120 572	95.10%
TOR	2 716 223	2 593 397	95.48%

注：Sample 为样品编号；Total Reads 为全长序列数目；Mapped Reads 为比对到参考转录组的 reads 数目；Mapped Read% 为比对到参考转录组的 reads 在全长序列中占的百分比。

5.2.3　橡胶草叶部和根部转录组基因差异表达分析

为了解橡胶草叶和根部在转录水平上的基因表达和调控差异，基于获得的橡胶草叶和根部转录组数据信息，编者对橡胶草（TKS）叶部和根部转录组进行基因差异表达分析。利用 DESeq 软件，以 FDR（错误发现率）<0.01 且 Fold Change ≥ 2 的基因被认定为差异表达基因（下同）。结果共得到 3 907 个差异表达基因（differentially expressed genes，DEGs），其中 1 616 个基因表达上调，2 291 个基因表达下调（图 62）。

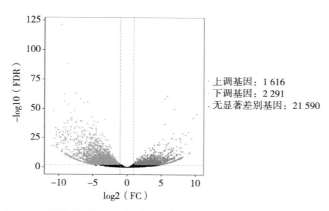

图 62　橡胶草（TKS）叶部和根部之间差异表达基因火山图

注：差异表达火山图中的每一个点表示一个基因，横坐标表示某一个基因在两样品中表达量差异倍数的对数值；纵坐标表示基因表达量变化的统计学显著性的负对数值。横坐标绝对值越大，说明表达量在两样品间的表达量倍数差异越大；纵坐标值越大，表明差异表达越显著，筛选得到的差异表达基因越可靠。图中绿色的点代表下调差异表达基因，红色的点代表上调差异表达基因，黑色的点代表非差异表达基因。

5.2.4　橡胶草叶部和根部间的差异基因 KEGG 分类和通路富集分析

差异基因的 KEGG 分类和通路富集分析显示，橡胶草叶部（TKSL）和根部（TKSR）之间差异基因主要属于代谢（metabolism）类基因，主要存在于光合作用相关通路和次级代谢物代谢相关通路上（图 63 和图 64）。

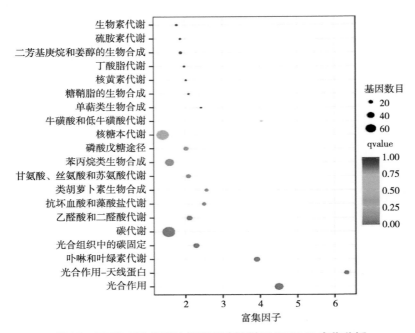

图 63　TKS 叶和根部之间差异表达基因 KEGG 富集分析

注：图中每一个圆表示一个 KEGG 通路，纵坐标表示通路名称，横坐标为富集因子（enrichment factor），表示差异基因中注释到某通路的基因比例与所有基因中注释到该通路的基因比例的比值。富集因子越大，表示差异表达基因在该通路中的富集水平越显著。圆圈的颜色代表 qvalue，qvalue 为多重假设检验校正之后的 Pvalue，qvalue 越小，表示差异表达基因在该通路中的富集显著性越可靠；圆圈的大小表示通路中富集的基因数目，圆圈越大，表示基因越多。

光合作用将光能转化成化合能储存在碳水化合物中，是植物最重要的生物化学通路。在光合通路上 48 个差异基因全部在根中表达下调，这些基因主要存在于光合系统Ⅰ（photosystem Ⅰ），光合系统Ⅱ（photosystem Ⅱ）和光合传递链中（图 65 和图 70）；光合作用－天线蛋白（photosynthesis-antenna proteins）通路上的 22 个差异表达基因同样在橡胶草根部全部下调，这些下调基因全部编码捕光叶绿素蛋白复合物（light-harvesting chlorophyll protein complex I）相关的蛋白（图 66 和图 70）。光合生物组织的碳固定通路上（carbon fixation in photosynthetic organisms），28 个差异表达基因中有 23 个基因表达在根中表达下调（图 67 和图 70）。在卟啉与叶绿素代谢（porphyrin and chlorophyll metabolism）通路中，有 29 个差异表达基因全部在根中表达下调（图 68 和图 70）。类胡萝卜素广泛存在于叶

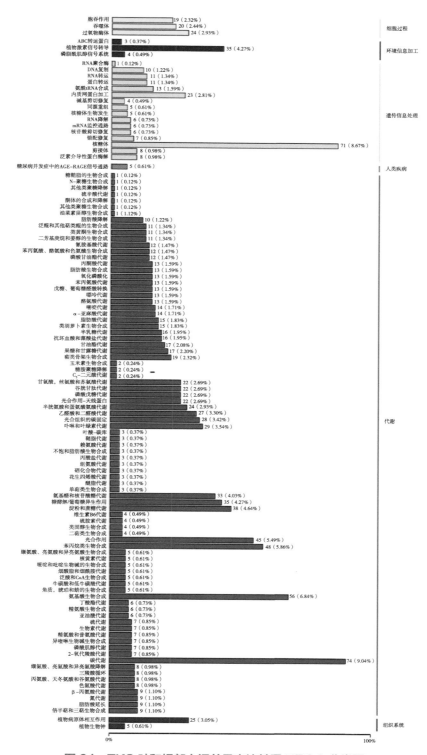

图64 TKS 叶和根部之间差异表达基因 KEGG 分类图

绿体中的光合系统Ⅰ和Ⅱ的蛋白复合体中，其作用是淬灭过剩的光能。在类胡萝卜素合成（carotenoid biosynthesis）通路中，15个差异表达基因中12个在根中表达下调（图69和图70）。综上可知，橡胶草的叶部作为橡胶草光合作用和碳固定的主要部位，其光合作用相关的通路上的基因均呈高表达状态，且与根部相比显著上调，充分体现了橡胶草叶部和根部在组织功能上的差异。

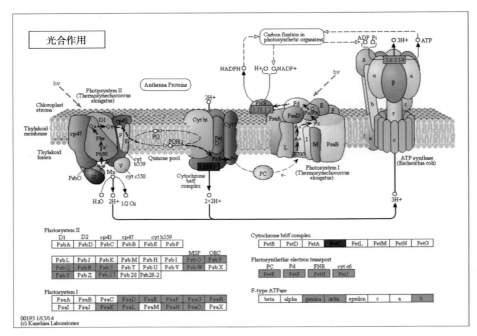

图 65　光合作用通路差异表达基因的 KEGG 注释图

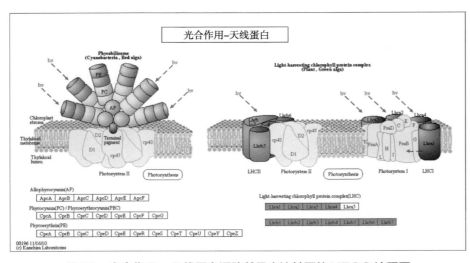

图 66　光合作用－天线蛋白通路差异表达基因的 KEGG 注释图

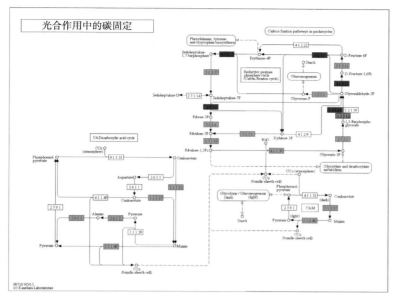

图 67 光合作用生物组织中碳固定通路差异表达基因的 KEGG 注释图

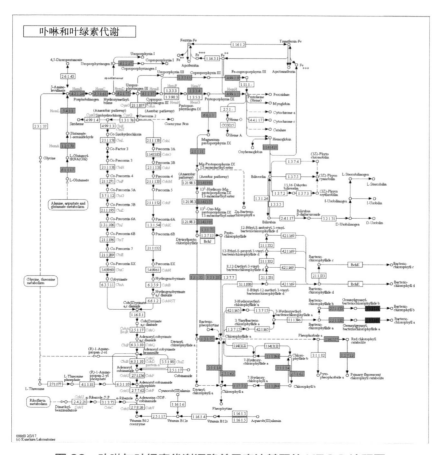

图 68 卟啉与叶绿素代谢通路差异表达基因的 KEGG 注释图

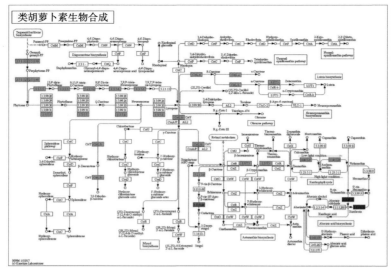

图 69   类胡萝卜素合成通路差异表达基因的 KEGG 注释图

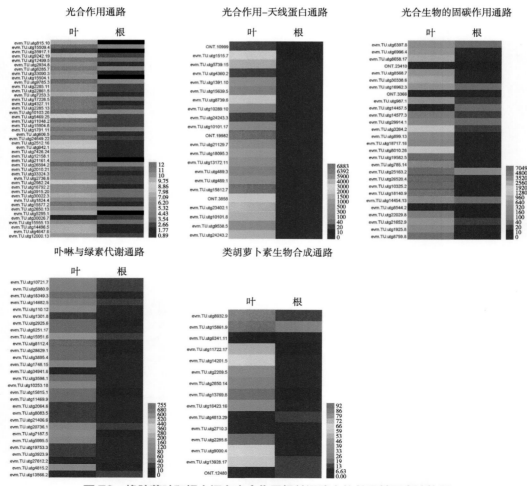

图 70   橡胶草叶和根之间在光合作用相关通路上的差异基因表达热图

苯丙烷类生物合成（phenylpropanoid biosynthesis）路径产生大量的次级代谢产物，如：二苯乙烯类化合物、二芳基庚烷类、姜酚和黄酮类化合物等。该通路上的 48 个差异基因中有 32 个在橡胶草根中表达上调（图 71 和图 75）。萜类主链生物合成（terpenoid backbone biosynthesis）途径为天然橡胶和泛醌等次级代谢物的合成提供主链结构，其决定着橡胶草中天然橡胶的合成。该通路上 19 差异基因中，5 个在根中表达上调，14 个基因表达下调。其中，有 7 个基因存在于 2-c- 甲基 -d- 赤藓糖醇 -4- 磷酸（MEP）通路上，且在根部均表达下调（evm.TU.utg12225.2；evm.TU.utg18780.2；evm.TU.utg210.3；evm.TU.utg24067.1；evm.TU.utg3121.9；evm.TU.utg341.5 和 evm.TU.utg3572.2）；1 个基因位于甲羟戊酸（MVA）通路上，在根中表达上调；3 个基因位于起始物合成通路上，均在根中表达下调；4 个差异基因编码顺式 – 异戊烯基转移酶（CPTs），其中 2 个基因（evm.TU.utg11341.1 和 evm.TU.utg11341.6）在根中表达上调；2 个基因（evm.TU.utg1515.6 和 evm.TU.utg8550.1）在根中表达下调（图 72 和图 75）。泛醌等萜醌生物合成（ubiquinone and other terpenoid-quinone biosynthesis）通路上，11 个差异表达基因在根中均表达下调（图 73 和图 75）。倍半萜和三萜的生物合成（sesquiterpene and triterpenoid biosynthesis）需要异戊烯基焦磷酸（IPP）作为骨架。该通路上有 9 个差异表达基因在根中全部表达上调（图 74 和图 75）。综上可知，橡胶草 TKS 叶部和根部在次级代谢物合成通路上存在明显差异，橡胶草根中倾向于合成更多的苯基丙酸类和萜类次级代谢物，而叶片中合成更多的泛醌等物质，这个情况可能与泛醌参与植物光合作用和呼吸作用有关。此外，MEP 通路上的 7 个差异表达基因在叶片中上调，说明叶片中的 MEP 通路更为活跃，充分体现了橡胶草叶和根部在生物合成和调控在转录水平上的差异。

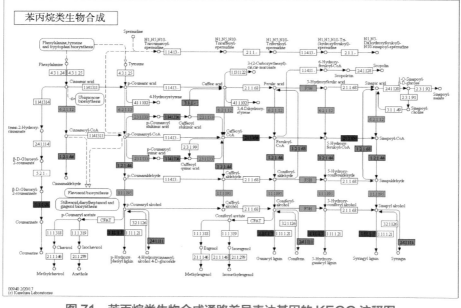

图 71　苯丙烷类生物合成通路差异表达基因的 KEGG 注释图

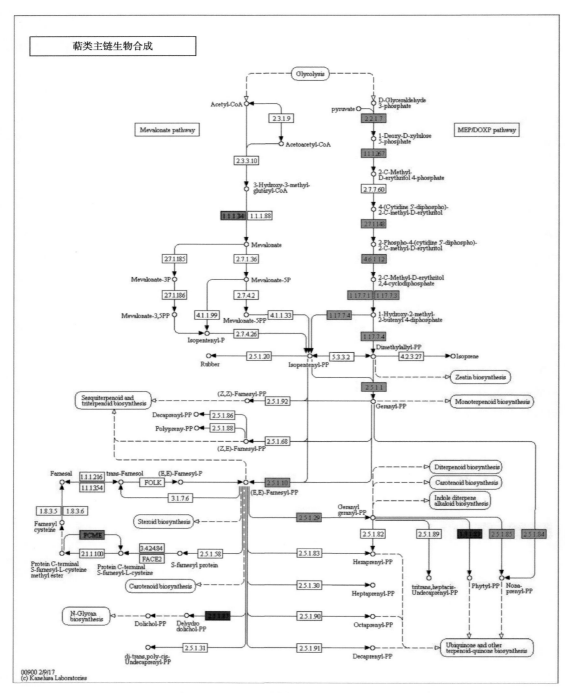

图 72　萜类主链生物合成通路差异表达基因的 KEGG 注释图

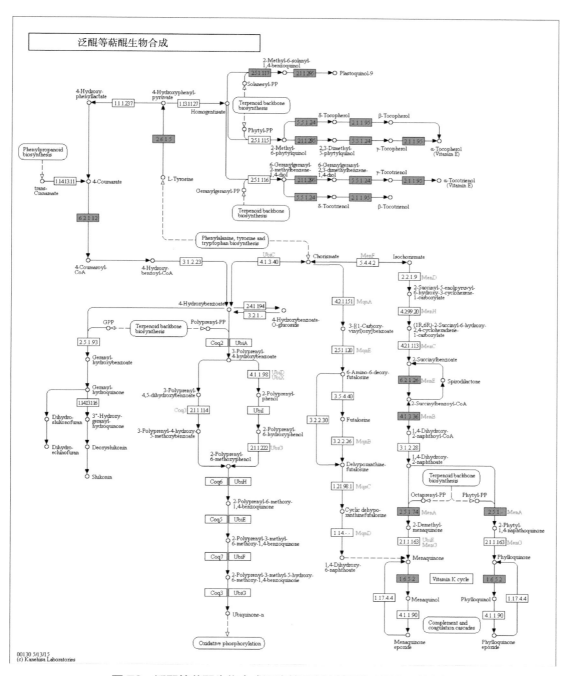

图 73　泛醌等萜醌生物合成通路差异表达基因的 KEGG 注释图

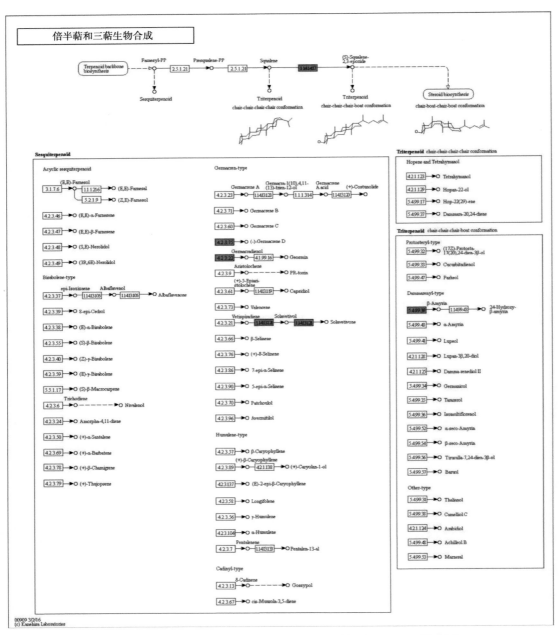

图74 倍半萜和三萜生物合成通路差异表达基因的 KEGG 注释图

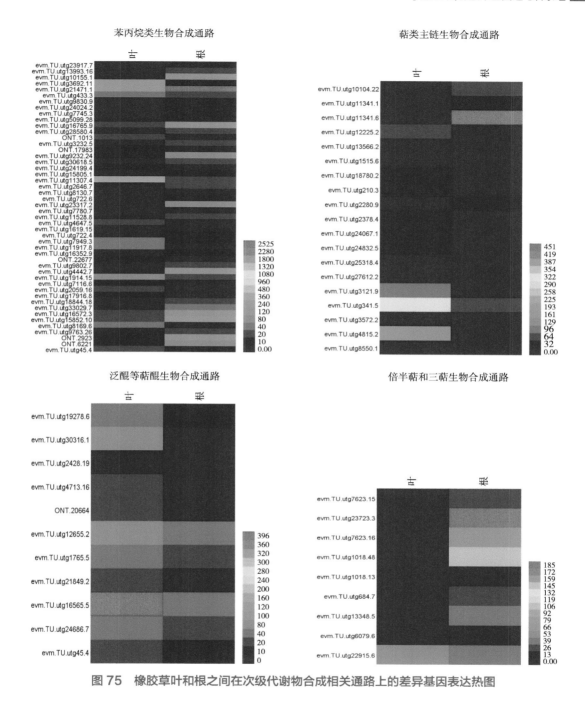

图 75　橡胶草叶和根之间在次级代谢物合成相关通路上的差异基因表达热图

5.2.5　橡胶草的叶和根中天然橡胶合成通路的基因表达对比分析

　　橡胶草可以合成并积累大量的天然橡胶，为弄清橡胶草的叶和根在合成天然橡胶中的作用和在转录水平上的差异，我们对橡胶草的叶和根中天然橡胶合成通路上的基因进行了表达对比分析。

甲羟戊酸（MVA）通路和 *C*- 甲基 -*D*- 赤藓糖醇 -4- 磷酸（MEP）通路为合成天然橡胶提供底物异戊烯基焦磷酸（IPP）。分析结果如图 76 所示，乙酰辅酶 A- 酰基转移酶（acetyl-CoA acetyltransferase，ACAT）是 MVA 通路第一步催化酶，在转录组数据中获得了 8 个 *ACATs* 中，*ACAT1*，*ACAT3* 和 *ACAT8* 在根中的表达量要低于叶中的相应表达量，其余 5 个 *ACATs* 的表达量在根中呈不同程度上调，且根中 *ACATs* 的总表达量要明显高于叶子的 *ACATs* 总表达量。3- 羟基 -3- 甲基戊二酰辅酶 A 还原酶（3-hydroxy-3-methyl-glutaryl-coenzyme A reductase，HMGR）是甲羟戊酸合成的关键限速步骤，12 个 *HMGRs* 在橡胶草根中呈现不同程度上调，其中，*HMGR1*（evm.TU.utg10104.22）表达量达到显著上调。MVA 通路中编码 3- 羟基 -3- 甲基戊二酰辅酶 A 还原酶（3-hydroxy-3-methyl-glutaryl-coenzyme A synthase，HMGS）、甲羟戊酸激酶（mevalonate kinase，MVAK）、磷酸甲羟戊酸激酶（phosphomevalonate kinase，PK）和甲羟戊酸 5- 焦磷酸脱羧酶（mevalonate diphosphate decarboxylase，MVD）的基因与 ACATs 和 HMGRs 相似的表达模式，其在根部的总表达量均要明显高于叶中相应总表达量。MEP 通路上的基因的整体表达量明显低于 MVA 通路，且大部分基因在根部的表达要低于在叶中的表达。除编码 1- 脱氧 -*D*- 木酮糖 -5- 磷酸合成酶（1-deoxy-*D*-xylulose 5-phosphate synthase，DXS）的基因的总表达量在橡胶草叶和根之间没有差异外，编码 1- 脱氧 -*D*- 木酮糖 -5- 磷酸还原异构酶（1-deoxy-*D*-xylulose 5-phosphate reductoisomerase，DXR）、2-*C*- 甲基 -*D*- 赤藓醇 -4- 磷酸胞氨酰转移酶（2-*C*-methyl-*D*-erythritol 4-phosphate cytidylyltransferase，MCS）、4- 胞苷 5/ 二磷酸 -2-*C*- 甲基 -*D*- 赤藓糖醇激酶（4-（cytidine 5/ -diphospho）-2-*C*-methyl-*D*-erythritol kinase，CMK）、2-*C*- 甲基 -*D*- 赤藓醇 2,4- 环二磷酸合酶（2-*C*-methyl-*D*-erythritol 4-phosphate cytidylyltransferase，CMS）、4- 羟基 -3- 甲基 -2- 苯基二磷酸合酶（4-hydroxy-3-methylbut-2-enyl diphosphate synthase，HDS）和 4- 羟基 -3- 甲基 -2- 苯基二磷酸还原酶（4-hydroxy-3-methylbut-2-enyl diphosphate reductase，HDR）的相应基因在根中的总表达量要明显低于叶中相应基因的总表达量。由上可知，橡胶草叶和根中的底物 IPP 均主要来源于 MVP 通路，而 MEP 通路在橡胶草叶中合成 IPP 的活力要高于根部，推测这两个 IPP 合成通路在不同植物组织中存在功能上的差异。

在起始物合成通路中，以 IPP 作为起始物合成聚烯丙基二磷酸酯类化合物，并进一步合成天然橡胶等萜类化合物。在该通路中，编码异戊烯基焦磷酸异构酶（isopentenyl diphosphate isomerase，IPI）、香叶基香叶基焦磷酸合成酶（geranylgeranyl diphosphate synthase，GGPS），香叶基二磷酸合成酶（geranyl diphosphate synthase，GPS）和法尼基焦磷酸合成酶（farnesyl diphosphate synthase，FPS），这四个起始物合成中的关键酶的基因表达量均较低，虽然，GGPS1（evm.TU.utg25318.4）、GGPS3（evm.TU.utg24832.5）和 GPS6（evm.TU.utg2378.4）在叶中的表达量显著上调，但编码这 4 个酶的基因总表达量在橡胶草叶和根之间没有明显差异（图 76）。

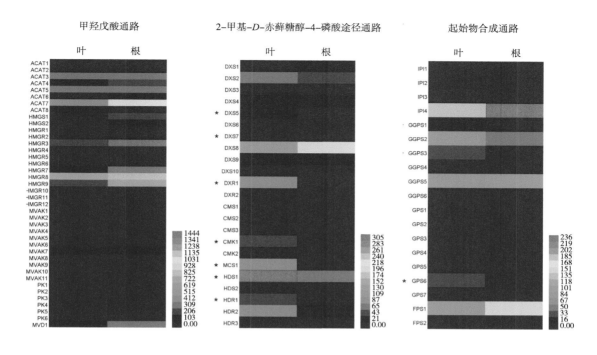

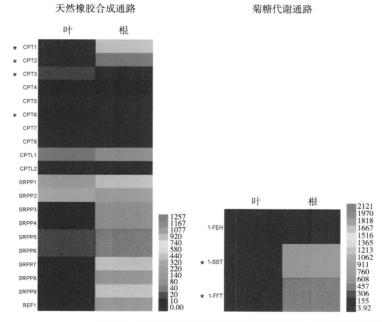

图76　橡胶草叶和根之间在天然橡胶合成通路差异表达基因的表达热图

注：＊表示叶和根之间表达显著差异的基因（FDR<0.01 和 fold change ≥ 2）。

天然橡胶合成和延长通路中的基因包含顺式－异戊烯基转移酶（CPTs），顺式－异戊二烯基转移酶样蛋白（CPTLs），小橡胶颗粒蛋白（SRPPs）和橡胶延长因子（REFs）。*CPTs* 是天然橡胶合成的关键基因。分析结果显示，*CPT1*（evm.TU.utg11341.6）和 *CPT2*（evm.TU.utg11341.1）是 8 个 *CPTs* 中表达量最高的 2 个，其在根中的表达量要显著高于其在叶中的表达量。虽然 *CPT3*（evm.TU.utg8550.1）和 *CPT6*（evm.TU.utg1515.6）在根中的表达量显著下调，但根中 *CPTs* 的总表达量要显著高于其在叶中的表达量。*CPTLs* 是天然橡胶合成中的重要组分，其 *CPTL1* 表达量显著高于 *CPTL2*，且在根中的表达量显著上调，而 *CPTL2* 表达无差异。SRPPs，作为结构蛋白维持着橡胶粒子的稳定性，对于天然橡胶的合成非常重要。9 个 *SRPPs* 的表达量在根中均呈现不同程度的上调，且其整体表达量在天然橡胶合成通路中最高。REFs 也同样作用于橡胶粒子的稳定性，其在根中表达量要明显高于其在叶中的表达。综上可见，决定天然橡胶合成的这 4 个关键酶在橡胶草根中高表达且明显高于其在叶中的表达。

菊糖是橡胶草中合成的一种糖类代谢物，其主要在橡胶草根中合成和积累，约占 TKS 根干重生物量的 50%（Arias et al.，2016），菊糖降解被认为是产生用于 MVA 和 NR 生产的乙酰辅酶 A 的游离糖（如果糖和蔗糖）的主要来源（Arias et al.，2016；恩德等，2000；Post et al.，2012）。菊糖合成由两个酶催化完成：蔗糖 1- 果糖基转移酶（1-SST）和果聚糖 1- 果糖基转移酶（1-FFT）。分析结果显示，编码这两个酶的基因（evm.TU.utg21778.2 和 evm.TU.utg14193.3）在根中均显著上调。而催化菊糖降解的 1- 果聚糖外水解酶（1-FEH）（evm.TU.utg14193.3）在橡胶草叶和根中具有相似的表达量。由此可知，橡胶草根中可合成和积累更多的菊糖，进一步证明橡胶草根部是菊糖合成和积累的主要部位（图 76）。

综上分析，叶片作为橡胶草光合作用和碳固定的主要场所，其相关通路上的基因均在叶中表达显著上调，而根部作为菊糖和天然橡胶等物质的合成和积累的主要场所，其相关通路上基因在根部表达上调。以上工作从转录水平上揭示了橡胶草叶和根在生物学功能和次生代谢方面的差异，为今后的橡胶草重要性状基因的发掘和遗传改良提供理论基础和数据支持。

5.2.6　药用蒲公英与橡胶草叶部转录组基因差异表达分析

药用蒲公英（TO）与橡胶草（TKS）同属于菊科蒲公英属，相对于橡胶草，药用蒲公英具有更好的环境适应，但是其根部几乎不合成和积累天然橡胶。编者为了比较药用蒲公英与橡胶草之间在转录水平上的基因表达和结构差异，探索橡胶草天然橡胶合成相关基因和通路，对获得的药用蒲公英和橡胶草的转录组数据进行差异基因表达分析。笔者对药用蒲公英与橡胶草叶部转录组进行基因差异表达分析，共得到 315 个差异表达基因，其中

108 个基因表达上调，207 个基因表达下调（图 77）。

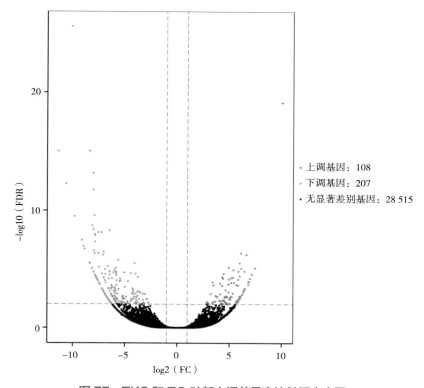

图 77　TKS 和 TO 叶部之间差异表达基因火山图

注：差异表达火山图中的每一个点表示一个基因，横坐标表示某一个基因在两样品中表达量差异倍
数的对数值；纵坐标表示基因表达量变化的统计学显著性的负对数值。横坐标绝对值越大，说明表达量
在两样品间的表达量倍数差异越大；纵坐标值越大，表明差异表达越显著，筛选得到的差异表达基因越
可靠。图中绿色的点代表下调差异表达基因，红色的点代表上调差异表达基因，黑色的点代表非差异表
达基因。

差异基因的 KEGG 分类和通路富集分析显示，TO 和 TKS 之间差异基因主要属于代
谢（metabolism）类基因和遗传信息加工类基因。代谢类差异表达基因主要存在于脂肪酸
代谢通路、糖类及氨基酸合成通路上；遗传信息加工类差异表达基因主要存在于蛋白质的
加工、运输及 RNA 运输通路上（图 78 和图 79）。TO 与 TKS 叶部之间在代谢通路上的差
异很小，在差异基因最为富集的氨基糖和核苷酸糖代谢通路上也只有 5 个差异表达基因，
说明 TO 与 TKS 叶之间在转录水平上的差异很小。

5.2.7　药用蒲公英与橡胶草根部转录组进行基因差异表达分析

对药用蒲公英（TO）与橡胶草（TKS）根部转录组进行基因差异表达分析，共得到
1 376 个差异表达基因，其中 611 个基因表达上调，765 个基因表达下（图 80）。

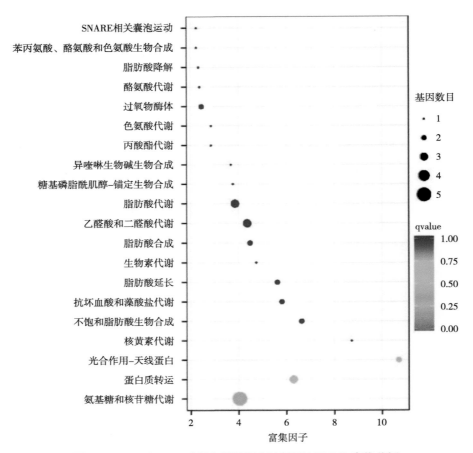

图 78　TKS 和 TO 叶部之间差异表达基因 KEGG 富集分析

注：图中每一个圆表示一个 KEGG 通路，纵坐标表示通路名称，横坐标为富集因子（enrichment factor），表示差异基因中注释到某通路的基因比例与所有基因中注释到该通路的基因比例的比值。富集因子越大，表示差异表达基因在该通路中的富集水平越显著。圆圈的颜色代表 qvalue，qvalue 为多重假设检验校正之后的 Pvalue，qvalue 越小，表示差异表达基因在该通路中的富集显著性越可靠；圆圈的大小表示通路中富集的基因数目，圆圈越大，表示基因越多。

差异基因的 KEGG 分类和通路富集分析显示，TO 根和 TKS 根之间差异基因主要属于代谢（metabolism）类基因和遗传信息加工类基因。代谢类差异表达基因主要存在于脂肪酸、糖类和一些次级代谢物的合成通路上；遗传信息加工类差异表达基因主要存在于蛋白质的加工、运输及核糖体合成通路上（图 81 和图 82）。

脂肪酸代谢（metabolism of fatty acids）通路中 11 个差异基因中 9 个在 TKS 根中表达上调。脂肪酸代谢过程中需要大量乙酰辅酶 A，其同样是甲羟戊酸通路中合成 IPP 的底物（图 83 和图 88）。推测，脂肪酸代谢相关通路与天然橡胶的合成存在联系，需要进一步研究。

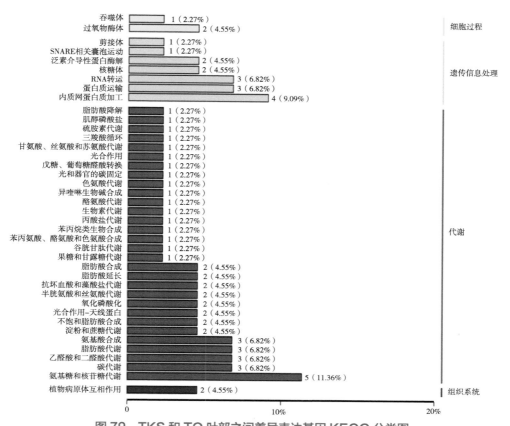

图 79　TKS 和 TO 叶部之间差异表达基因 KEGG 分类图

注：纵坐标为 KEGG 代谢通路的名称，横坐标为注释到该通路下的基因个数及其个数占被注释上的基因总数的比例。

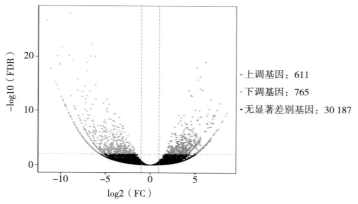

图 80　TKS 和 TO 根部之间差异表达基因火山图

注：差异表达火山图中的每一个点表示一个基因，横坐标表示某一个基因在两样品中表达量差异倍数的对数值；纵坐标表示基因表达量变化的统计学显著性的负对数值。横坐标绝对值越大，说明表达量在两样品间的表达量倍数差异越大；纵坐标值越大，表明差异表达越显著，筛选得到的差异表达基因越可靠。图中绿色的点代表下调差异表达基因，红色的点代表上调差异表达基因，黑色的点代表非差异表达基因。

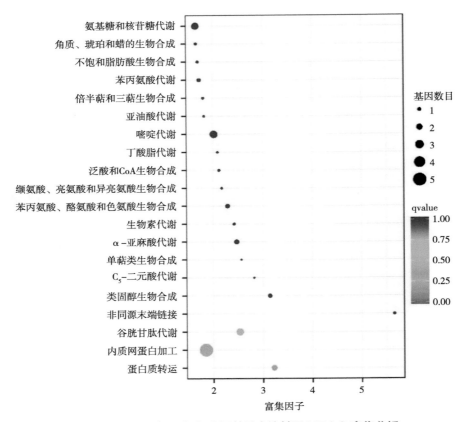

图 81　TKS 和 TO 根部之间差异表达基因 KEGG 富集分析

注：图中每一个圆表示一个 KEGG 通路，纵坐标表示通路名称，横坐标为富集因子（enrichment factor），表示差异基因中注释到某通路的基因比例与所有基因中注释到该通路的基因比例的比值。富集因子越大，表示差异表达基因在该通路中的富集水平越显著。圆圈的颜色代表 qvalue，qvalue 为多重假设检验校正之后的 Pvalue，qvalue 越小，表示差异表达基因在该通路中的富集显著性越可靠；圆圈的大小表示通路中富集的基因数目，圆圈越大，表示基因越多。

苯基丙酸类合成（phenylpropanoid biosynthesis）路径可产生大量的次级代谢产物，如二苯乙烯类化合物、二芳基庚烷类、姜酚和黄酮类化合物等。倍半萜和三萜的生物合成（sesquiterpene and triterpenoid biosynthesis）需要异戊烯基焦磷酸（IPP）作为骨架。这两个通路上共有 16 个差异基因，其中 15 个差异基因在 TKS 根中表达下调，并主要存在于苯基丙酸类合成路径中（图 84、图 85 和图 88）。其中，在苯丙氨酸氨裂解酶（evm.TU.utg21286.8）是苯基丙酸类合成路径第一步的关键酶，在 TKS 的根中下调，推测二芳基庚烷类、姜酚和黄酮类化合物在 TKS 根中合成下降，而这些产物与天然橡胶的合成存在底物（IPP）竞争关系，推测 TKS 根中天然橡胶的大量合成导致这些次级代谢物的合成下调。

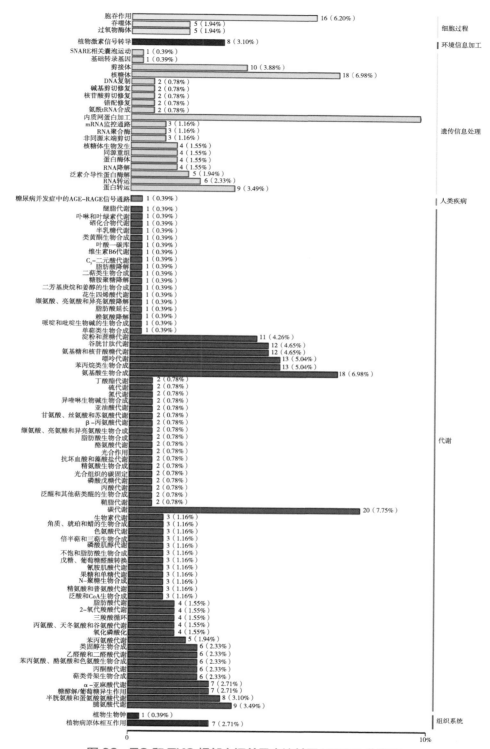

图82 TO 和 TKS 根部之间差异表达基因 KEGG 分类图

注：纵坐标为 KEGG 代谢通路的名称，横坐标为注释到该通路下的基因个数及其个数占被注释上的基因总数的比例。

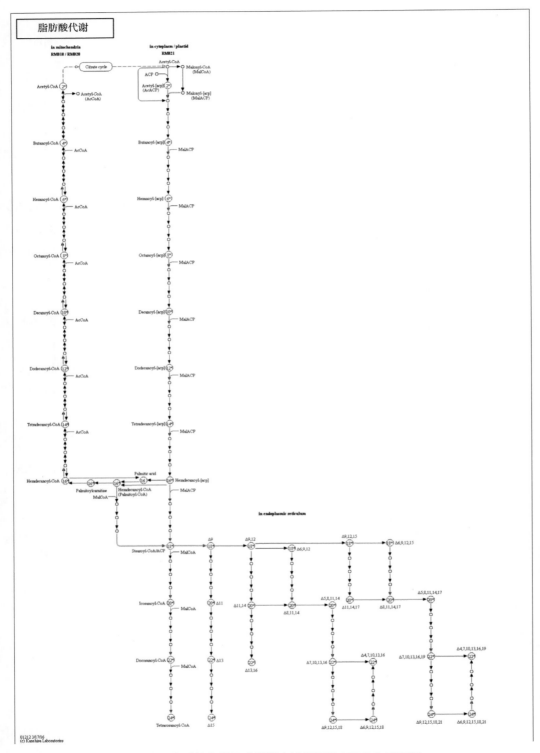

图 83　脂肪酸代谢通路差异表达基因的 KEGG 注释图

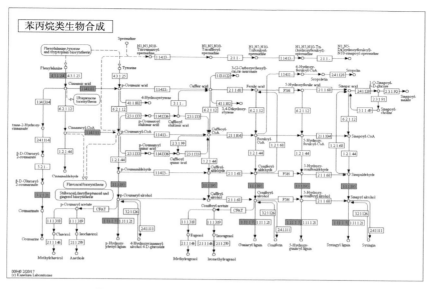

图 84　苯丙烷类生物合成通路差异表达基因的 KEGG 注释图

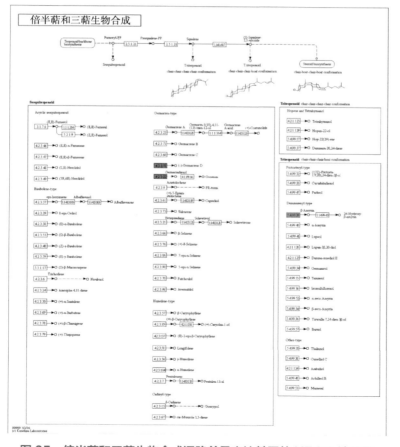

图 85　倍半萜和三萜生物合成通路差异表达基因的 KEGG 注释图

蛋白质加工与转运通路（protein processing and export）上有 30 个差异表达基因，其中 16 个在 TKS 根中表达上调，14 个表达下调（图 86 和图 88）。核糖体合成相关通路上有 22 个差异表达基因，15 个差异基因在 TKS 根中上调，7 个差异基因下调（图 87 和图 88）。这些遗传信息加工类基因的表达差异可能是由于物种的遗传背景差异导致的。

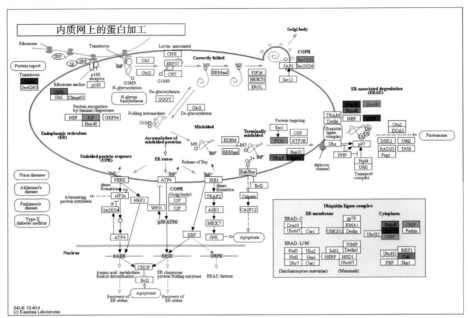

图 86　内质网上蛋白加工通路差异表达基因的 KEGG 注释图

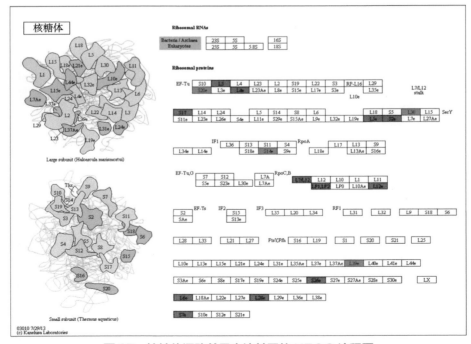

图 87　核糖体通路差异表达基因的 KEGG 注释图

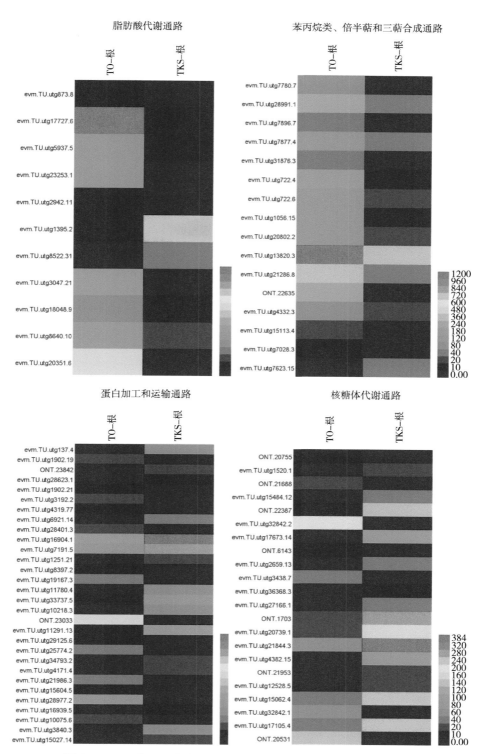

图 88　TKS 与 TO 根部之间在富集通路差异表达基因的表达热图

5.2.8 橡胶草与蒲公英根部天然橡胶合成通路基因的表达比较分析

天然橡胶的合成和积累主要在根部，为进一步分析 TKS 根和 TO 根在天然橡胶合成通路上的基因的表达差异，弄清天然橡胶合成的关键通路和基因，编者对 TKS 和 TO 根中天然橡胶合成通路上的基因进行了差异表达分析。

甲羟戊酸（MVA）通路和 2-C-甲基-D-赤藓糖醇-4-磷酸（MEP）通路是合成天然橡胶的底物 IPP 的主要来源。MVA 通路上的编码 6 个关键酶（ACAT、HMGR、HMGS、MVAK、PK 和 MVD）的 40 个基因在 TKS 和 TO 根中的表达存在不同程度的差异，其中，编码 HMGR7 和 HMGR8 的两个基因在 TKS 根中表达显著下调，但是编码这 6 个酶的相应基因的总表达量在 TKS 和 TO 根中没有明显差异（图 89）。同样，在 MVP 通路中7 个酶（DXS、DXR、MCS、CMK、CMS、HDR 和 HDS）的相应基因的总表达量在两者之间也没有显著差异，且 MEP 通路上的基因整体表达量要明显低于 MVA 上的（图 89）。以上结果进一步说明 MVA 是合成天然橡胶 IPP 的主要来源，IPP 的合成并不是影响天然橡胶合成主要因素。

在起始物合成通路中，以 IPP 作为起始物合成聚烯丙基二磷酸酯类化合物，并进一步合成天然橡胶等萜类化合物。分析结果显示，编码异戊烯基焦磷酸异构酶（isopentenyl diphosphate isomerase，IPI），香叶基香叶基焦磷酸合成酶（geranylgeranyl diphosphate synthase，GGPS），香叶基二磷酸合酶（geranyl diphosphate synthase，GPS）和法尼基焦磷酸合成酶（farnesyl diphosphate synthase，FPS），这 4 个起始物合成中的关键酶的基因表达量整体较低，虽然，GGPS5 和 FPS1 在 TKS 根中的表达量明显下调，但编码这 4 个酶的基因总表达量在橡胶草叶和根之间没有明显差异（图 89）。可见，起始物合成通路也不是影响天然橡胶合成的关键因素。

CPTs 是天然橡胶合成和链延伸的关键基因。分析结果显示（图 89），CPT1（evm. TU.utg11341.6）和 CPT2（evm.TU.utg11341.1）是 CPTs 中表达量最高的 2 个 CPT 基因，其在 TKS 根中的表达量要显著高于其在 TO 根中的表达量。虽然 CPT7 在根中的表达量显著下调，但 TKS 根中 CPT 的总表达量要显著高于其在 TO 根中的表达量。CPTLs 是天然橡胶合成的重要组分，其通过与 CPT 相互作用促进天然橡胶的合成。分析结果显示，CPTL1 表达量显著高于 CPTL2，且在根中的表达量明显上调。SRPPs，作为结构蛋白维持着橡胶粒子的稳定性，对于天然橡胶的合成非常重要。除 SRPP2 外，其余 8 个 SRPPs 的表达量在根中均呈现不同程度的上调，且 SRPPs 在 TKS 根中的总表达量是其在 TO 根中总表达量的 3.3 倍（图 89）。REFs 也同样作用于橡胶粒子的稳定性，其在根中表达量要明显高于其在叶中的表达。以上结果进一步说明这 4 个基因，特别是 CPTs 和 SRPPs，是决定天然橡胶合成的关键基因，也说明天然橡胶的合成在转录水平上高度调控。

　　菊糖是橡胶草中合成的一种糖类代谢物，研究显示其主要在橡胶草根中合成和积累，约占 TKS 根干重生物量的 50%，菊糖降解被认为是产生。菊糖代谢途径由 3 种主要酶组成。菊糖合成由两个酶催化完成：蔗糖 1- 果糖基转移酶（1-SST）和果聚糖 1- 果糖基转移酶（1-FFT）。结果显示，编码 1-SST 的基因（evm.TU.utg21778.2）在 TKS 根中表达下调，而编码 1-FFT 的基因（evm.TU.utg14193.3）在 TKS 根中表达上调（图 89）。催化菊糖降解的 1- 果聚糖外水解酶（1-FEH）（evm.TU.utg14193.3）在 TKS 和 TO 根中表达没有明显差异。由此推测，TKS 根中可合成和积累更多的菊糖，且菊糖的降解可能并不是 MVA 和 NR 合成中乙酰辅酶 A 的游离糖（如果糖和蔗糖）的主要来源。

　　综上分析，橡胶草 TKS 和药用蒲公英 TO 转录水平上的差异主要在遗传信息功能类基因和根部天然橡胶等次级代谢物合成通路上的基因。通过对天然橡胶合成通路中的基因表达分析，从转录水平上解释了 TKS 和 TO 在天然橡胶合成能力上差异的原因，进一步明确了 *CPTs* 和 *SRPPs* 等基因在天然橡胶合成中的关键作用。通过以上工作获得大量数据信息，为今后的橡胶草产胶相关重要基因的发掘和遗传改良提供理论基础和数据支持。

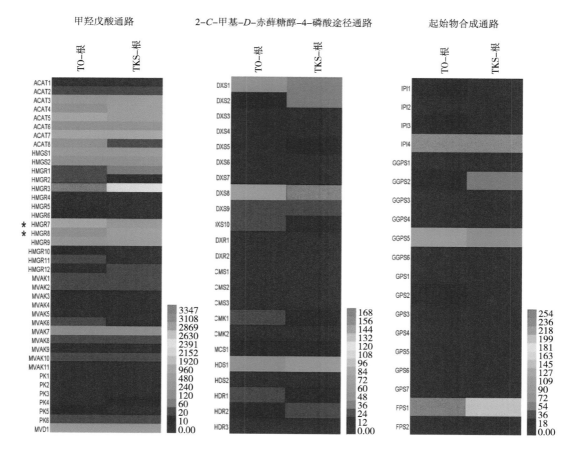

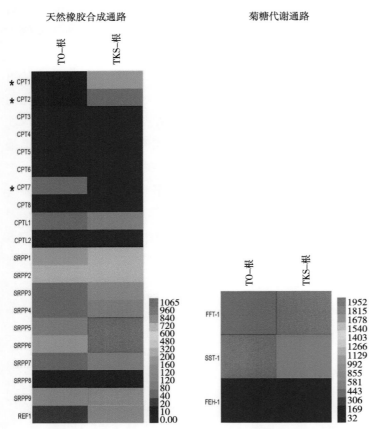

图 89　TKS 与 TO 根部之间天然橡胶合成通路差异表达基因的表达热图

注：* 表示叶和根之间表达显著差异的基因（FDR<0.01 和 fold change ≥ 2）。

第六章

橡胶草分子标记开发及其应用

6.1 DNA 分子标记的类型

自 20 世纪 80 年代以来，分子生物学的发展为遗传标记的开发提供了一种基于 DNA 变异的新技术手段，即分子标记技术。分子标记分广义和狭义两种：广义的分子标记是指可遗传的并可检测的 DNA 序列或蛋白质；狭义的分子标记概念只是指 DNA 标记（黎裕等，1999），通常所说的分子标记是狭义的分子标记。DNA 分子标记是 DNA 水平上遗传多态性的直接反映，表现为基因序列的任何差异。1985 年，DNA 聚合酶链式反应（PCR）技术的诞生，使直接在体外检测 DNA 多态性成为可能。依据 DNA 多态性的检测手段，目前已建立起来的 DNA 分子标记技术可以分为基于 DNA 杂交的分子标记、基于 PCR 技术的分子标记及 PCR 技术和限制性酶切技术相结合的分子标记等。其中，基于 PCR 技术的分子标记以其经济、便捷和多态性高的特点在以上众多标记类型中脱颖而出，成为分子标记辅助选择和基因定位领域颇受研究者注目的对象。

常用的 DNA 分子标记有 RFLP（restriction fragment length polymorphism）、RAPD（randomly amplified polymorphic DNA）、AFLP（amplified fragment length polymorphism）、SSR（simple sequence repeats）、STS（sequence tagged sites） 以 及 基 于 EST 序 列（expressed sequence tags）的分子标记。

RFLP 标记是最早被利用的一种基于 Southern 杂交的 DNA 分子标记，可用于检测 DNA 分子内由于碱基替换、插入 / 缺失、重复、倒位及易位等变异所造成的限制性酶切位点的改变和 / 或两酶切位点间长度的变化，一般为共显性。但 RFLP 标记只代表了基因组中非常有限的单拷贝序列部分，大量的中度和高度重复序列尚未涉及；且 Southern 杂交程序烦琐、费时，需用放射性同位素或非放射性物质标记探针，难于进行高通量检测等缺点也限制了 RFLP 的普及应用。

RAPD 标记是以短的随机寡核苷酸为引物进行 PCR 扩增来揭示 DNA 水平上的多态性，由于引物的核苷酸组成和排列是随机的，同时还可以进行两个不同的引物混合扩增，因此可用于扩增的引物数量特别巨大；RAPD 操作简便，易于自动化，因此应用也较广泛。但 RAPD 标记反应过程对环境条件敏感，稳定性较差。

AFLP 技术是 1993 年由 Zabean 和 Vos 发明的一项 RFLP 和 PCR 相结合的 DNA 指纹技术（Arias et al.，2016a），其原理是选择性扩增基因组的限制性酶切片段，首先用两种限制性内切酶双酶切基因组 DNA，用双链人工接头与基因组酶切片段相连作为 PCR 扩增的模板，用单选择碱基的引物进行预扩增反应，产物稀释后作为选择性扩增（一般为 3 个选择碱基）的模板，扩增片段通过变性聚丙烯酰胺凝胶分离检测。AFLP 的优点是由于限制性内切酶及选择碱基的种类、数量有很多，理论上产生的标记数目是无限的，加上每次反应可检测的谱带在 50 ~ 100 条，提供的信息量大，随着技术的进一步改进，其稳定性能好，因而被广泛应用于系统发育、遗传图谱的构建及目的基因定位等研究中。

SSR（简单序列重复）是指 1 ~ 6 个碱基长度的核酸单位以多次重复串联排列在基因组上的一段序列（李丽等，2009）。核心序列重复数的差异是形成多态性的基础，一般认为 SSR 产生的机制是 DNA 复制和修复过程中的碱基滑动、错配或减数分裂中姊妹染色单体的不均等交换。SSR 标记具有诸多优点：首先，SSR 多且在基因组中均匀分布，为在整个基因组中定位更多的基因提供了极大方便。据估计，在基因组中平均 30 ~ 50 kb 就存在一个 SSR；其次，SSR 标记具有通用性。此外 SSR 标记检测容易、重复性好、省时，特别适合于自动化分析。SSR 分子标记因其具有共显性、高度重复性、高度丰富的多态性等优点，成为研究群体遗传、种质资源分析、系谱分析和品种指纹图谱绘制的理想工具（Akkaya et al.，1995；袁力行等，2000；Danin-Poleg et al.，2000；周岚和陈殿元，2005），现已在豆类、水稻、燕麦、玉米和高粱等作物中广泛应用（Yu et al.，1999；Scott et al.，Kantety et al.，2002；Blair et al.，2003；Thiel et al.，2003）。

STS 标记最早是由 Olson 提出的（Olson et al.，1989）。它是根据单拷贝的 DNA 片段两端的序列，设计一对特异引物，扩增基因组 DNA 产生一段长度为几百 bp 的特异序列。此序列在基因组中往往只出现一次，因而能够作为一种界标去界定基因组的特定位点。STS 标记的获得主要来自 RFLP 探针、表达基因序列和表达序列标签等。STS 标记可作为比较遗传图谱和物理图谱的共同位标，在基因组作图和图谱整合时具有非常重要的作用。

EST 序列是将 mRNA 反转录成 cDNA 并克隆到载体构建成 cDNA 文库后，大规模随机挑选 cDNA 克隆，对其 3′或 5′端进行一步法测序所获得的短的 cDNA 部分序列，一般长度为 300 ~ 500 bp，代表一个完整基因的一部分。这种序列在大多数情况下已足够用于确认对应的基因。近年来，基于 EST 的各类分子标记得到了快速发展并广泛应用于小麦的遗传图谱构建、QTL 分析、基因定位、新基因的发现以及比较基因组学等研究中。

EST 标记可分为两大类：第一类是以分子杂交为基础的 EST 标记，它是以表达序列标签本身作为探针，与经过不同限制性内切酶消化后的基因组 DNA 杂交而产生的，如很多 RFLP 标记就是利用 cDNA 为探针而建立的；第二类则是以 PCR 为基础的 EST 标记，它是指根据 EST 序列设计引物，对基因组特定区域进行特异性扩增后而产生的，如 EST-

STS、EST-SSR、COS（conserved ortholog set）和保守标记（conserved primers）等。EST 标记除具有一般分子标记的特点外，还有其特殊优势。一是信息量大。如果发现一个 EST 标记与某一性状连锁，那么该 EST 就可能与控制此性状的基因相关（Bozhko et al.，2003）。二是通用性好。由于 EST 来自转录区，其保守性较高，在家族和种属间的通用性比来源于非表达序列的标记更高。因此，EST 标记特别适用于远缘物种间比较基因组研究和 QTL 扫描。三是开发简单、快捷、费用低，尤其是以 PCR 为基础的 EST 标记。

COS 标记是根据不同物种之间的保守序列而开发出来的一种分子标记。Fulton 等（2002）首次通过对拟南芥基因组与番茄 EST 序列进行比对，共鉴别出大约 130 000 个长度大于 1 000 bp 的 EST 序列，占番茄整个 EST 数据库的 1/2 左右，从中鉴别出 1 025 个 COS 标记，并对其功能进行了注释（Fulton et al.，2002）。这 1 025 个基因代表的是保守的基因即 COS 标记基因，它们在序列上是相当保守，在功能上集中表现与植物细胞的新陈代谢相关。通过计算机的扫描发现，这些 COS 标记基因在其他种属中也表现出了高度的保守性，可有效地应用于比较基因组学和系统发育学研究。Quraishi 等（2009）利用水稻和小麦基因组的共线性关系，通过对物理定位的小麦 EST 与水稻基因组之间的比较分析，开发了 695 个 COS 标记，利用其中 31 个进行戊聚糖黏性特征相关 QTL 定位，将该 QTL 定位在小麦的 7A 染色体上（Quraishi et al.，2009）。这些定位在不同染色体上的 COS 标记将有助于小麦及其近缘物种的基因定位和 QTL 分析。

保守标记设计的原理与 COS 标记相似，首先用未知基因组序列的物种的 EST 序列与已经测序的模式物种的基因组序列进行比较分析，识别出保守的外显子区域，在跨越一定内含子的保守外显子区域上设计引物，这样设计的引物结合位点在保守的外显子区域上，但扩增的区域包含了不保守的外显子区域，而同一种属内的不同品种间的多态性主要位于内含子区，因此可以提高标记在种内的多态性，这类标记被称为跨越内含子的标记（intron-flanking primers）或者是保守标记（conserved primers）。

6.2 DNA 分子标记在橡胶草种质资源遗传多样性以及连锁图谱构建中的研究进展

2012 年，李若霖等利用 RAPD 技术对 62 份新疆橡胶草进行分析，发现它们之间存在明显的遗传多态性，可将橡胶草种质资源分为 3 大类群（相似系数为 0.519）（李若霖，2012）。李喜凤等（2012）采用 ISSR 分子标记对蒲公英的遗传多样性的分析表明蒲公英具有丰富的多态性，呈现一定的地域性分布规律。Arias 于 2012 年报道称 Neiker 与 KeyGene 公司合作，采用 3 种分子标记（包括 AFLP、COS 与 SSR 标记）构建了高密度橡胶草遗传连锁图谱，并定位了 16 个 QTLs，但这些 QTLs 的信息以及与橡胶草的哪些性状相关联（Arias et al.，2016a）。2005 年美国内华达大学构建了橡胶草根的 EST 文库，共获得 4 702 个 ESTs 和 3 363 个非重复序列。2010 年，Shintani 等（2010）比较橡胶草前 3 个月根部表达的 EST，获得 11 700 个 ESTs 和 7 931 个非重复序列。McAssey 等（2016）从 16 441 条 EST 序列中鉴定了 1 510 个 SSR 位点，开发了 192 对 SSR 引物，并采用其中 17 个可靠的引物对美国农业部保存的 17 份橡胶草种质的 176 个株系进行群体遗传多态性分析，结果表明平均每个基因座有 4.8 个等位基因，群体水平的预期杂合度在 0.28 ~ 0.50；遗传分化指数（Fst）为 0.11，表明群体间存在中等程度的遗传分化，尽管这种分化没有明确的地理模式，但达到了统计学差异显著的水平（McAssey et al.，2016）。近年来快速发展的新一代测序技术，使得大量的橡胶草转录组序列被公布；2017 年，由中国科学院遗传与发育生物学研究所李家洋研究团队完成了橡胶草全基因组的测序工作，并首次公布了橡胶草基因组序列（Lin et al.，2018）；以上研究为 SSR 标记的开发提供了丰富的序列信息（仇键等，2015）。但至今为止，国内外关于分子标记的开发以及橡胶草种质资源遗传多样性研究仍非常有限。

6.3　橡胶草 EST-SSR 分子标记开发及其在橡胶草种质资源遗传多样性分析中的应用

本节以 EST-SSR 分子标记为例，介绍橡胶草 EST-SSR 分子标记开发、引物扩增筛选以及种质遗传多态性分析方法，为橡胶草 SSR 分子标记开发提供借鉴。笔者利用已知橡胶草 EST 序列开发 SSR 标记，分析从美国、俄罗斯和新疆搜集的橡胶草种质资源的遗传多样性和亲缘关系，了解不同地域间橡胶草的遗传多样性和遗传基础，促进种质资源的有效开发和利用，为以后的种质资源搜集和橡胶草选育种工作提供理论基础和依据，同时开发的 SSR 分子标记也可用于今后橡胶草连锁图谱构建、基因遗传定位等研究。

6.3.1　实验材料与方法

（1）实验材料

实验室保存的 96 份橡胶草材料，其中 2 份为俄罗斯引进材料，11 份为美国引进材料（来自美国农业部），83 份为中国新疆 7 个地区采集的野生橡胶草材料（表 44）。

表 44　用于遗传多样性分析的橡胶草材料

来源地	数量	材料名称
俄罗斯	2	445，479
美国	11	35179，35181，35183，2011，2012，2017，2203，2205，2207，2182，2183

（续表）

来源地	数量	材料名称
新疆大泉沟水库	18	1002，1005，1006，1131，1133，1134，1039，1040，1041，1042，1043，1044，1046，1047，1048，1050，1051，1052
新疆夏特草场	7	1007，1008，1009，1010，1012，1013，1014
新疆夏特检查站	11	1027，1028，1029，1030，1031，1032，1034，1082，1086，1087，1088
新疆木扎尔特河	3	1036，1037，1038
新疆二连观察哨	12	1067，1068，1070，1071，1072，1074，1075，1077，1078，1079，1080，1081
新疆天山乡	20	1015，1016，1017，1018，1019，1020，1021，1022，1023，1026，1053，1054，1055，1056，1058，1060，1061，1062，1063，1064
新疆钟槐哨所	12	1090，1095，1096，1098，1099，1100，1102，1104，1105，1106，1107，1108

（2）叶片基因组 DNA 的提取

取各供试材料生育中期的幼嫩叶片，利用多糖多酚植物基因组 DNA 提取试剂盒［天根生化科技（北京）有限公司］提取基因组 DNA，经微量分光光度计检测其浓度，并将样品稀释到 20 ng/μL，置于 −20 ℃冰箱保存。

（3）分子标记扩增与电泳检测

PCR 反应体系为 20 μL。含有 6 μL ddH$_2$O，2 μL 模板（20 ng 左右），10 μL 2 × EasyTaq PCR SuperMix for PAGE（+dye）缓冲液（包含 Taq 酶和 dNTPs）（全式金公司），1 μL 的正向引物（10 μmol/L）和反向引物（10 μmol/L）。PCR 反应程序为：94℃预变性 5 min，94℃变性 45 s，58℃退火 40 s，72℃延伸 1 min，30 个循环，72℃孵育 10 min，迅速冷却至 4℃保存，扩增产物用 6% 非变性聚丙烯酰胺凝胶电泳，银染检测。

（4）引物设计与筛选

根据橡胶草已公布的 EST 序列利用 SSRIT（simple sequence repeat identification tool）软件查找 SSR 位点，然后采用 Primer 5.0 软件设计 SSR 引物。于英潍捷基（上海）贸易有限公司合成 SSR 引物 51 对。选择 4 个不同地理来源的材料 35179（美国）、445（俄罗斯）、1050（新疆）和 1026（新疆）对 51 对 SSR 引物进行筛选，最终筛选出 23 对多态性好、易于区分的引物用于遗传多样性分析（表45），图 90 为部分 SSR 引物的多态性鉴定结果。

表 45　用于遗传多样性分析的引物序列信息

引物名称	引物序列（5′-3′）	
	上游引物 F	下游引物 R
TKS 01	CTGACTTTGACTGGGGCACT	CCTCGGTTTCTGGGGTATCT
TKS 02	AAAGCCAAACCTATACTTCTCCG	CTAACATACGCTGATTGGCTACC
TKS 03	GATGGGCTCCTTCAACTAAC	TCCACGCTGATGTATGCTAC
TKS 04	GCATCCAGAGGAGGAGCAGT	GCCGTCAAAGGAACCAACAT
TKS 05	TCTGTCTCTCACACTCTATTTCTTTCA	AATGCGATCTTCAAAGTCTTCAA
TKS 06	TTGAGTGATATGGATAAGGGGTG	TTTCATCTTGACTCAAACCGTCT
TKS 07	AGAAGAAGGAAACTTTGCTCGAT	TGTTTCGTGATCTTCTCCTTGAT
TKS 08	GATGCTGAAGAAGATGATGATGA	AAGTAACACACAGCCAAAAGAGC
TKS 09	CTCAAACCCGTCACCCAAAC	GCGTCATCATCGTCTCCACC
TKS 10	CGCCTCAGATCTCTGAACTTATC	AACATATTGTGTTGCAGCGATTT
TKS 11	AACCACCACCTCCTTCTTCT	TCCGTACATCCTCACTTTCC
TKS 12	TTTCCCTTTTCATCTTCTCG	GTAAACCTGACCTTCCTTGC
TKS 13	CAAATTGACATTGCTGCTCAAC	CAAAAATCCACAACACAAAACCT
TKS 14	CTTACATCAAATCCCCTGTCCTA	CACAGAATTGGTCCCAAGAATAG
TKS 15	AGCTTGATCTTCAATCGAGTTCT	AGTTTTGAGCTCCCCATATTGAC
TKS 16	TATCACCCATTCAGAACCTC	ATCCTCCTCTAAATCATACTCG
TKS 17	TATCACTGGGCTTAGAAATGGTG	TGCATCATCACTCACTTCACTTC
TKS18	TTCCGGTAAACAAAATTGATACG	TGATTTTACAAGACAACAGAGCG
TKS 19	AACATTCTAAAAACTGGCACGAA	GTCTTCAAACAGAAAGCCAAAAA
TKS 20	TCGAATCGCTGGTTAATTTATTG	GTTTGGAAGAGTTTTCTTGGAGA
TKS 21	TTTGATGCGGAGGAGTAAGA	CGAGCGAAGAAAACAGAAGA
TKS 22	TGTACTCCTGTACTCCCACCAAT	CATATACACTCGAAGGCGGATAC
TKS 23	TGGAGGTAGGGAGTATTGCG	TGGGCTCTTCTGATGGTTGA

（5）数据统计与分析

用筛选到的 23 对 SSR 引物对 96 份供试材料的基因组 DNA 进行 PCR 扩增。根据 PCR 扩增结果，每条多态性条带记为一个等位基因，采用 AA、BB 或 CC（纯合型）和 AB 或 BC（杂合型）的方法统计条带，建立数据库。利用 PopGene 32 软件（Yeh and Boyle，1997）统计分析等位基因数（observed number of alleles，Na）、有效等位基因数（effective number of alleles，Ne）、香农指数（Shannon-Wiener index，I）、观察杂合度（observed heterozygosity，Ho）和 Nei 基因多样性指数（Nei's genetic diversity index，H）。利用 NTSYS 2.1（James，2001）软件计算遗传相似系数（Genetic similarity coefficient，GS），利用非加权类平均法（UPGMA）进行聚类分析，构建树状聚类图。

6.3.2 EST-SSR 标记多态性分析结果

23 对 SSR 引物在 96 份橡胶草种质中均有多态性扩增（表 46），共检测到 71 个等位基因变异，平均每个位点 3.09 个，等位基因变异范围 2～6 个，变异系数为 37.72%。其中，等位基因数为 2 个的引物最多，有 9 对；等位基因数介于 3～6 个的引物有 14 对；等位基因数 TKS 14 最多，有 6 个。平均有效等位基因数为 2.36 个，变异范围为 1.05～4.31 个，变异系数为 34.36%。其中，引物 TKS 15 的平均有效等位基因最少，约 1.05 个，引物 TKS 14 最多，约 4.31 个。部分 SSR 引物在不同种质中扩增的多态性结果如图 90 所示。

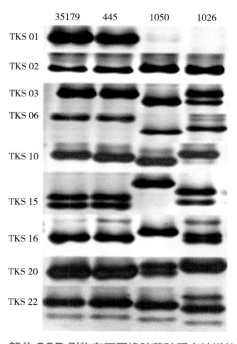

图 90　部分 SSR 引物在不同橡胶草种质中扩增的多态性

表46 23对SSR引物在93份橡胶草种质中的多态性检测结果

引物	等位基因数 Na	有效等位基因数 Ne	香农指数 I	观察杂合度 Ho	Nei's 多样性指数 H
TKS 01	2.00	1.44	0.48	0.00	0.30
TKS 02	4.00	1.93	0.86	0.20	0.48
TKS 03	2.00	1.31	0.40	0.08	0.23
TKS 04	2.00	1.78	0.63	0.29	0.44
TKS 05	2.00	1.80	0.64	0.00	0.44
TKS 06	4.00	2.58	1.07	0.10	0.61
TKS 07	3.00	2.95	1.09	0.29	0.66
TKS 08	2.00	1.98	0.69	0.27	0.49
TKS 09	2.00	2.00	0.69	0.21	0.50
TKS 10	3.00	2.96	1.09	0.09	0.66
TKS 11	3.00	2.07	0.78	0.14	0.52
TKS 12	3.00	2.35	0.94	0.20	0.57
TKS 13	2.00	2.00	0.69	0.01	0.50
TKS 14	6.00	4.31	1.57	0.39	0.77
TKS 15	3.00	1.05	0.14	0.01	0.05
TKS 16	4.00	3.59	1.33	0.44	0.72
TKS 17	3.00	2.79	1.06	0.28	0.64
TKS 18	5.00	3.21	1.33	0.04	0.69
TKS 19	2.00	1.31	0.40	0.00	0.23
TKS 20	5.00	3.21	1.36	0.20	0.69
TKS 21	4.00	3.03	1.18	0.19	0.67
TKS 22	3.00	2.70	1.05	0.21	0.63
TKS 23	2.00	1.99	0.69	0.21	0.49
平均值	3.09	2.36	0.88	0.17	0.52
变异系数 /%	37.72	34.36	40.95	75.49	34.26

在遗传多样性研究中，常用香农指数（I）、观察杂合度（Ho）和Nei's多样性指数（H）衡量群体遗传多样性大小。香农指数（I）、观察杂合度（Ho）和Nei's多样性指数（H）计算结果（表46）显示，不同SSR引物的多态性信息存在差异。平均香农指数为0.88，分布范围0.14～1.57，变异系数为40.95%；平均观察杂合度为0.17，分布范围

0.00 ~ 0.44，变异系数为 75.49%；平均 Nei's 多样性指数为 0.52，分布范围 0.05 ~ 0.77，变异系为 34.26%。

对 5 个多态性指标进行相关性分析（表 47）可知，有效等位基因数（Ne）与香农指数间的相关系数值最大，为 0.98，其次为香农指数与 Nei's 多样性指数之间的相关系数，为 0.96；等位基因数（Na）与观测杂合度之间相关性最差，仅 0.36，差异不显著（$P<0.05$）。除等位基因数与观察杂合度之间的相关性系数（0.36）外，其余指标之间的相关性系数均达到了显著性水平（$P<0.01$），说明 5 个评价遗传多样性水平的指标具较大程度的一致性。有效等位基因数与香农指数、观测杂合度和 Nei's 多样性指数间的相关系数值（分别为 0.98、0.62 和 0.92）要明显大于等位基因数与香农指数、观测杂合度和 Nei's 多样性指数间相关系数值（分别为 0.81、0.36 和 0.62），说明有效等位基因数更能反映种质资遗传多样性的真实情况。

表 47　多态性指标间的相关性系数

指标	等位基因数 Na	有效等位基因数 Ne	香农指数 I	观察杂合度 Ho
有效等位基因数 Ne	0.80**			
香农指数 I	0.81**	0.98**		
观察杂合度 Ho	0.36	0.62**	0.58**	
Nei's 遗传多样性指数 H	0.62**	0.92**	0.96**	0.60**

注：** 表示 $P<0.01$。

6.3.3　基于 EST-SSR 分子标记多态性的橡胶草种质聚类分析结果

按照 UPGMA 进行聚类分析，得到 96 份橡胶草材料的 SSR 标记的聚类图（图 91）。根据聚类分析图可将 96 份材料分为 2 大类群 Ⅰ 和 Ⅱ，7 个亚群 A、B、C、D、E、F 和 G；类群 Ⅰ 分为 A 和 B 2 个亚群，类群 Ⅱ 分为 C、D、E、F、G 5 个亚群。亚群 A 包含全部的俄罗斯和美国材料，共 13 份，遗传相似度范围为 0.74 ~ 1.00，平均遗传相似度为 0.88，变异系数 6.50%，其中，俄罗斯材料 445 与美国材料 2011 遗传相似度达到 1.00。亚群 B 包含 5 份材料，2 份来自天山乡（1019 和 1022）、2 份来自夏特检查站（1028 和 1034）和 1 份来自二连观察哨（1080）。遗传相似度范围为 0.78 ~ 0.96，平均遗传相似度为 0.90，变异系数 5.70%。亚群 C 包含的材料最少，只有来自大全沟水库的 4 份材料，遗传相似度范围 0.70 ~ 0.91，平均遗传相似度 0.80，变异系数 8.88%。亚群 D 中包含来自夏特草场的 5 份材料、来自夏特检查站的 3 份和钟槐哨所的 1 份材料。遗传相似度范围为 0.70 ~ 1.00，平均遗传相似度 0.84，变异系数 9.08%。亚群 E 包含 20 份材料，14 份来自大泉沟水库、3 份来自夏特检查站、2 份来自木扎尔特河、1 份来自钟槐哨所。遗传相似度范围 0.61 ~ 1.00，平均值 0.83，变异系数 10.28%。亚群 F 包含 10 份种槐哨所的材料、2 份夏特检查站的材料和 1 份木扎尔特河的材料，遗传相似度范围 0.70 ~ 0.96，平均值 0.83，变异系数 7.48%。亚群 G 包含材料数最多，有 32 份，其中，有天山乡材料 18 份、二连观察哨材料 11 份、夏特草场材料 2 份和夏特检查站材料 1 份，变异系数范围最小，为 0.87 ~ 1.00，平均值最高 0.97，变异系数最小，为 3.28%。

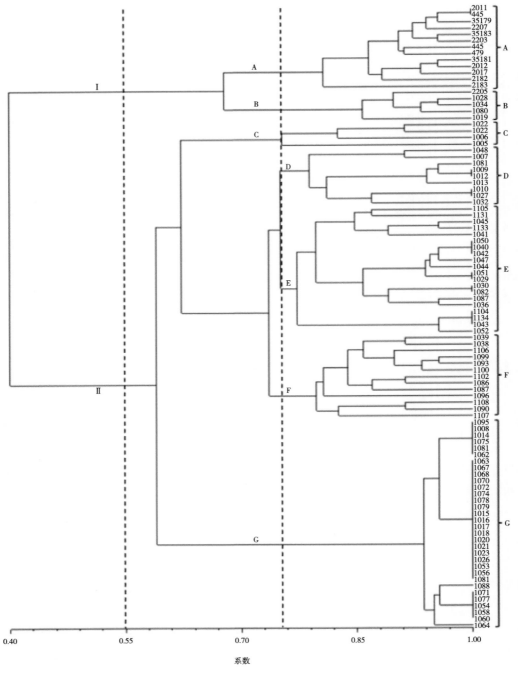

图 91　96 份橡胶草材料的亲缘关系及遗传多样性聚类图

6.3.4 结论与讨论

本研究利用 23 个 EST-SSR 标记对 96 份橡胶草材料进行遗传多样性分析。23 对 SSR 引物中 14 对引物的等位基因数为 3 ~ 6 个，平均观测杂合度 0.88，平均 Nei's 多样性指数 0.52。可见，这些 SSR 引物存在丰富的多态性。标记多态性指标相关性分析显示，SSR 标记的有效等位基因数值与其他多态性指标相关性更为显著，能够很好地体现种质资源的遗传多样性，这与欧阳磊等（2014）的研究结果一致。23 对 SSR 引物将 96 份材料分成两大类群 I 和 II。类群 I 主要包含俄罗斯和美国材料；类群 II 主要包含新疆 7 个居群的野生材料，类群分类将俄罗斯和美国材料与新疆材料分开，说明俄罗斯和美国材料与新疆材料之间存在明显遗传差异，拥有不同的遗传背景，它们之间的亲缘关系较远。13 份俄罗斯和美国材料同属于类群 I 中的亚群 A，平均遗传相似度为 0.88，变异系数 6.50%，其中，俄罗斯材料 445 与美国材料 2011 遗传相似度达到 1.00，说明俄罗斯和美国材料之间存在紧密的亲缘关系。新疆材料中只有 5 份材料属于类群 I，与俄罗斯和美国材料的亲缘关系很近，这也暗示新疆地区可能存在与俄罗斯和美国材料亲缘关系紧密的野生材料。类群 II 包含了 5 个类群，亚群 C 为大泉沟水库的 4 个材料；亚群 D 主要由夏特草场和夏特检查站的材料组成，说明这 2 个居群的材料之间亲缘关系很近，这可能是由于两者物理距离较近，相互间存在基因交流；亚群 E 主要由大泉沟水库材料组成；亚群 F 主要由钟槐哨所材料组成；亚群 G 主要由二连观察哨和天山乡材料组成，说明这 2 个居群的材料之间也存在紧密的亲缘关系。木扎尔特河的材料只有 3 份，分别存在于亚群 E 和 F 中。C ~ G 亚群分类清晰地显示出了新疆的 7 个居群之间的遗传和亲缘关系，说明新疆的野生材料存在非常丰富的遗传多样性，进一步证实了李若琳等（2011）的研究结果。同时，新疆的 7 个居群在 5 个亚群中存在相互交叉的现象，推测这 7 个居群之间存在遗传交流，原因可能是它们之间的物理距离较近，而且橡胶草自交不亲和，存在广泛杂交现象（仇键等，2015），其种子为风媒传播容易导致相互间的基因交流。综上所述，SSR 引物的分析结果能够将 96 份材料的进行归纳分类，揭示 96 份材料及 9 个居群之间遗传多样性和亲缘关系，证明 SSR 标记能够有效地用于橡胶草的遗传多样性研究。遗传多样性分析结果显示，俄罗斯和美国材料与新疆材料存在明显的遗传差异，说明它们之间拥有不同的遗传背景。可见引进国外橡胶草资源将有助于丰富国内橡胶草种质资源，拓宽中国橡胶草遗传育种的物质基础。

6.3.5 橡胶草分子标记开发与分子标记育种研究进展

作为一种重要的产胶替代作物，橡胶草得到欧美国家的广泛重视，分别于 2007 年和 2008 年开启了 PENRA（美国）和 EU-PEARLS（欧洲）计划加强对橡胶草的研究（焉妮等，2011），在橡胶草种质改良、分子生物学及橡胶提取工艺等领域都取得了进展。他们通过育种手段提高了橡胶草的含胶量（仇键等，2015）；克隆和鉴定了橡胶合成相关的重要基因（Schmidt et al.，2010；van Deenen et al.，2012；Epping et al.，2015；Laibach et al.，2015）；改良了橡胶草的橡胶提取工艺（Buranov and Elmuradov，2010）等。国内对橡胶草的研究起步较晚且重视程度不够，近年来意识到橡胶草的重要性，加强了对橡胶草的研究并取得了一些进展（林伯煌和魏小弟，2009；李若霖等，2011；王启超等，2012），为今后国内橡胶草的研究工作奠定了基础。但是至今为止，国内外关于橡胶草分子标记的开发及橡胶草种质资源遗传多样性的研究还很少，虽然报道称 Neiker 与KeyGene 公司合作于 2012 年利用 AFLP、COS 与 SSR 3 种分子标记构建了高密度橡胶草遗传连锁图谱（Arias et al.，2016a），并定位了 16 个 QTLs，但这些重要标记的具体信息至今还没有公布，因此也没能在橡胶草的相关研究中得到广泛应用。现今，橡胶草的搜集和育种工作仍主要依靠表型鉴定和含胶量测定，效率低下且费时费力。本节研究结果显示橡胶草材料存在丰富的遗传多样性，并证明 SSR 标记能够用于橡胶草的分类和遗传多样性分析，但由于本节研究所用种质材料还不够丰富，筛选到的 SSR 引物较少，因此，试验结果还缺乏全面性和代表性。今后将进一步丰富橡胶草种质资源，加强有效 SSR 引物发掘和筛选，以便更加准确地分析和评价橡胶草种质资源的遗传多样性和遗传基础，为今后橡胶草品种选育和种质资源收集提供理论依据。

6.4 基于橡胶草转录组序列的 SSR 分子标记开发及其应用

笔者基于获得的橡胶草转录主数据，通过 SSR 分析，共获得 16 354 个 SSRs 和12 866 个包含 SSR 的序列。其中，mono-nucleoti de（单碱基）、di-nucleotide（双碱基）、tri-nucleotide（三碱基）、tetra-nucleo tide（四碱基）、pentanucleotide（五碱基）、hexa-nucleotide（六碱基）、compound SSR（混合微卫星）SSR 的数量分别为 5 522 4 258，6 139 个、176 个、44 个、215 个、1 101 个（图 92）。并从中筛选得到 3 个可以用于蒲公英属植物种间鉴定的 SSR 标记，分别为 ONT21、ONT876 和 ONT15498。扩增结果显示，TKS 材料只在标记 ONT876 中有扩增；短角蒲公英（TB）在 3 个标记中均有目标条带扩增，其余蒲公英材料在标记 ONT21 和 ONT5498 中有扩增，在 ONT876 中没有扩增（图93）。对 3 个标记扩增条带分别进行回收、测序和序列比对分析。结果显示，3 个标记扩增条带的均为目标序列，不同种属之间在引物区的序列差异导致扩增结果的差异（图 94至图 96），进一步证明了 3 个标记扩增的特异性和稳定性。

利用 3 个 SSR 标记 ONT21、ONT876 和 ONT15498，可以准确地将橡胶草从其同属不同种的各种蒲公英中鉴别和区分开，有效防止种间混杂和杂交，在橡胶草的选育和遗传保护方面具有重大意义。

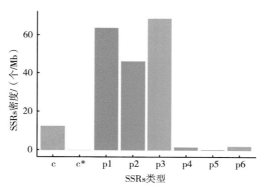

图 92　SSR 类型分布图

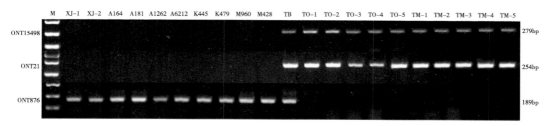

图 93　SSR 标记 ONT21、ONT876 和 ONT15498 的 PCR 扩增结果

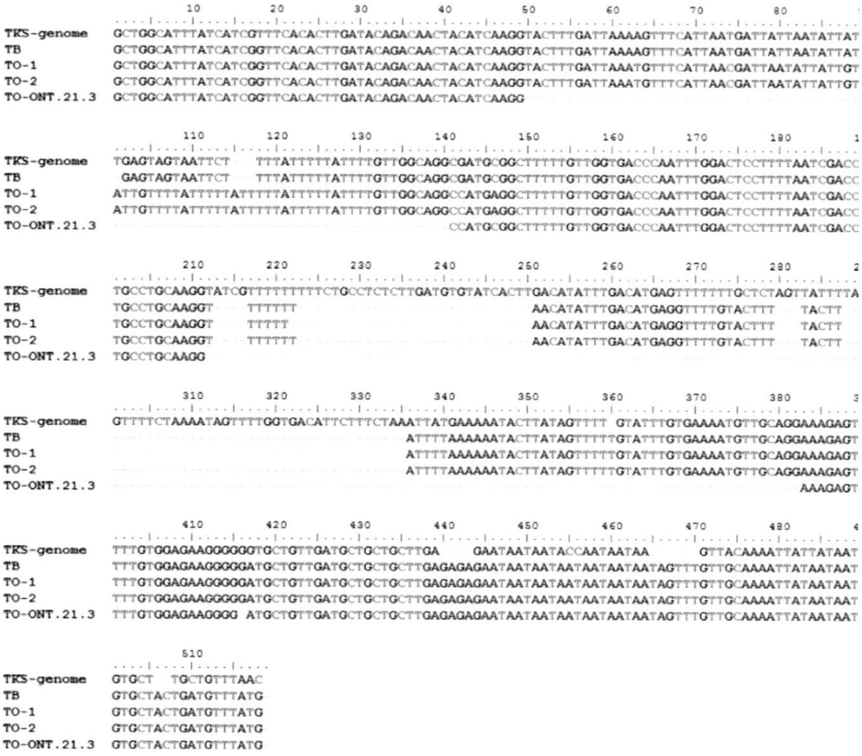

图 94　TKS、TB 和 TO 的 ONT21 标记核苷酸序列比对分析

```
TKS-genome   CTGACTTTGACTGGGGCACTGGTGAAACCCCAAGAAGGTCTTCAAGAATCAGTGAGAAGGTCAAAGAAAGTCCACCTGTA
TKS-XJ-1     CTGACTTTGACTGGGGCACTGGTGAAACCCCAAGAAGGTCTTCAAGAATCAGTGAGAAGGTCAAAGAAAGTCCACCTGTA
TKS-A164     CTGACTTTGACTGGGGCACTGGTGAAACCCCAAGAAGGTCTTCAAGAATCAGTGAGAAGGTCAAAGAAAGTCCACCTGTA
TKS-A181     CTGACTTTGACTGGGGCACTGGTGAAACCCCAAGAAGGTCTTCAAGAATCAGTGAGAAGGTCAAAGAAAGTCCACCTGTA
TB           CTGACTTTGACTGGGGCACTGGTGAAACCCCAAGAAGGTCTTCAAGAATCAGTGAGAAGGTCAAAGAAAGTCCACCTGTA
TO-ONT.876.2 CTGACTTTGACTGGGGCACTGGTGAAACCCCAAGAAGGTCTTCAAGAATCAGTGAGAAGGTCAAAGAAAGTCCACCACTA

TKS-genome   ACCGAGCCTTCCCCCAAAAAGCCCAAAACATCTTCTGCTTCAAAAACCAAGAATGCCCCTCAATCTGAACAACAACAACA
TKS-XJ-1     ACCGAGCCTTCCCCCAAAAAGCCCAAAACATCTTCTGCTTCAAAAACCAAGAATGCCCCTCAATCTGAACAACAACAACA
TKS-A164     ACCGAGCCTTCCCCCAAAAAGCCCAAAACATCTTCTGCTTCAAAAACCAAGAATGCCCCTCAATCTGAACAACAACAACA
TKS-A181     ACCGAGCCTTCCCCCAAAAAGCCCAAAACATCTTCTGCTTCAAAAACCAAGAATGCCCCTCAATCTGAACAACAACAACA
TB           ACCGAGCCTTCCCCCAAAAAGCCCAAAACATCTTCTGCTTCAAAAACCAAGAATGCCCCTCAATCTGAACAACAACAAC-
TO-ONT.876.2 ACCGAGCCTTCCCCCAAAAAGCCCAAAGATCTTCTGCTTCAAAAACCAAGAATGCCCCTCAATCTGAAGAACAACAACA

TKS-genome   ACAAGAAAAAGAT---ACCCCAGAAACCGAGG
TKS-XJ-1     ACAAGAAAAAGAT---ACCCCAGAAACCGAGG
TKS-A164     ACAAGAAAAAGAT---ACCCCAGAAACCGAGG
TKS-A181     ACAAGAAAAAGAT---ACCCCAGAAACCGAGG
TB           ---AAGAAAAGAT---ACCCCAGAAACCGAGG
TO-ONT.876.2 AGAAAAAGATGTTGAAATGCAGGAGCCCGAGG
```

图 95　TKS、TB 和 TO 的 ONT876 标记核苷酸序列比对分析

```
                 10        20        30        40        50        60        70        80
             ....|....|....|....|....|....|....|....|....|....|....|....|....|....|....|....|
TKS-genome   TAGGTTCCAGACCAGAGCA--TCGAGAGAGAGGAGCACTGAGAGAGGGAGGCGAGAGAAGGAGAGAGAGAGGAGATTGTGAGATTA
TB           TGGGGGTGAAAGTGTATCAATTCTAGAGAGAGAGAGACTGAGAGAGGGAGAGGGGAGAGGGG GAGAGAGAG--ATTGTGAGATTA
TO-1         TGGGGGTGAAAGTGTATCAATTCTAGAGAGAGAGAGACTGAGAGAGGGAGAGGGGAGAGGGG GAGAGAGAG--ATTGTGAGATTA
TO-2         TGGGGGTGAAAGTGTATCAATTCTAGAGAGAGAGAGACTGAGAGAGGGAGAGGGGAGAGGGG GAGAGAGAG--ATTGTGAGATTA
TO-ONT.15498.2 TGGGGGTGAAAGTGTATCAATTCTAGAGAGAGAGAGACTGAGAGAGGGAGAGGGGAGAGGGGGAGAGAGAG---ATTGTGAGATTA

                 110       120       130       140       150       160       170       180
             ....|....|....|....|....|....|....|....|....|....|....|....|....|....|....|....|
TKS-genome   TAGCATCATGGGGTGTTTTATTTCATGCAAACGATCAAAGAAAGAGATTAATCTTCAAAAGACCATAAGAGTGGTGCACATGGATG
TB           TAGCATCATGGGGTGTTGTGTTTCATGCAAACGATCAAAGAAAGAGGTTAATCTTCAAAAGACCATAAGAGTGGTGCACATGGATG
TO-1         TAGCATCATGGGGTGTTGTGTTTCATGCAAACGATCAAAGAAAGAGGTTAATCTTCAAAAGACCATAAGAGTGGTGCACATGGATG
TO-2         TAGCATCATGGGGTGTTGTGTTTCATGCAAACGATCAAAGAAAGAGGTTAATCTTCAAAAGACCATAAGAGTGGTGCACATGGATG
TO-ONT.15498.2 TAGCATCATGGGGTGTTGTGTTTCATGCAAACGATCAAAGAAAGAGGTTAATCTTCAAAAGACCATAAGAGTGGTGCACATGGATG

                 210       220       230       240       250       260       270       280
             ....|....|....|....|....|....|....|....|....|....|....|....|....|....|....|....|
TKS-genome   TACGAAGATCCAGCAACAGTCGAACAGGTGATCACTAACTTCCCCAAACACTTTTTATGCACACCCATCCAAATTCTCCAAGA-
TB           TACGAAGATCCAGCAACAGTCGAACAGGTGATCACTAACTTCCCCAAACACTTTTTATGCACACCCATCCAAATTCTCCAAGA-
TO-1         TACGAAGATCCAGCAACAGTCGAAGAGGTGATCACTAACTTCCCCAAACACTTTTTATGCACACCCATCCAAATTCTCCAAGA-
TO-2         TACGAAGATCCAGCAACAGTCGAAGAGGTGATCACTAACTTCCCCAAACCCTTTTTATGCACACCCATCCAAATTCTCCAAGA-
TO-ONT.15498.2 TACGAAGATCCAGCAACAGTCGAAGAGGTGATCACTAACTTCCCCAAACACTTTT-ATGCACACCCATCCAAATTCTCCAAGA-
```

图 96　TKS、TB 和 TO 的 ONT15498 标记核苷酸序列比对分析

第七章

橡胶草天然橡胶与菊糖合成途径及其关键基因鉴定与克隆

橡胶草根部的主要代谢产物为天然橡胶与菊糖，其中天然橡胶含量占根部干重 2.98% ~ 27.89% 不等，菊糖专一性地在橡胶草根部积累，其含量可达到干根重量的 10% ~ 50%。

7.1 橡胶草根部天然橡胶合成途径

天然橡胶生物合成是在橡胶树（Liu et al.，2020）和橡胶草（*Taraxacum kok-saghyz* Rodin，TKS）（Niephaus et al.，2019）等产胶植物的乳管细胞中经类异戊二烯路径合成。其前体均是由光合作用产物蔗糖转化而成的异戊烯基二磷酸（IPP），经甲羟戊酸（MVA）路径或 2-*C*-甲基-*D*-赤藓糖醇-4-磷酸（2-*C*-methyl-*D*-erythritol-4-phosphate，MEP）路径合成，可分为 3 个阶段（图 97）。第一个阶段是前体 IPP 的合成：细胞质中 MVA 途径利用糖酵解产物乙酰-CoA（Acetl-CoA）经乙酰-CoA 乙酰基转移酶（acetyl-coenzyme A acetyltransferase，ACAT）催化形成乙酰乙酰-CoA（acetoacetyl coenzyme A），随后经 3-羟基-3-甲基戊二酸单酰辅酶 A 合成酶（3-hydroxy-3-methyl- glutaryl-coenzyme A synthase，HMGS）和 HMG-CoA 还原酶（HMG-CoA reductase，HMGR）催化作用产生甲羟戊酸（mevalonate，MVA）。甲羟戊酸在甲羟戊酸激酶（mevalonate kinase，MVK）、甲羟戊酸-5-磷酸激酶（phosphomevalonate kinase，PMVK）、甲羟戊酸-5-焦磷酸脱羧酶（mevalonate-5-pyrophosphate decarboxylase，MVD）的作用下依次形成二甲烯丙基二磷酸（dimethalallyl diphosphate，DMAPP）、异戊二烯基二磷酸（isopentenyl diphosphate，IPP）。质体中的 IPP 由 MEP 途径合成，该途径利用丙酮酸和 3-磷酸甘油醛作为底物，由 8 个酶催化反应合成 IPP 和 DMAPP。首先是脱氧木酮糖-5-磷酸合成酶（DXS）催化丙酮酸和 3-磷酸甘油醛生成 1-脱氧木酮糖-5-磷酸（DXP）。该步骤是植物萜类物质合成的第一个限速步骤，其过量表达可以促进下游相关类萜化合物的积累。脱氧木酮糖磷酸还原异构酶（DXR）是 MEP 途径中的第二个限速酶，也是细胞质体内类异戊二烯化合物代谢的重要调控位点，催化 DXP 形成 2-*C*-甲基-*D*-赤藓醇-4-磷酸（MEP）。然后合成的

MEP 由 2 -*C*- 甲基 -*D*- 赤藓醇 -4- 磷酸胞苷酰转移酶（CMS）、4-（5′- 焦磷酸胞苷）-2-*C*-甲基 - 赤藓醇激酶（CMK）、2-*C*- 甲基 - 赤藓醇 -2,4- 环焦磷酸合成酶（MCS）、（*E*）-4-羟基 -3- 甲丁 -2- 烯基二磷酸合成酶（HDS）共同催化生成（*E*）-4- 羟基 -3- 甲丁 -2- 烯基二磷酸（HMBD），接着由（*E*）-4- 羟基 -3- 甲丁 -2- 烯基二磷酸还原酶（HDR）催化 HMBD 生成 IPP 和 DMAPP。IPP 与 DMAPP 互为异构体，二者可在 IPP 异构酶（IPI）作用下互相转化。第二阶段是 DMAPP 与 1 ~ 3 个 IPP 分子通过反式 - 异戊二烯转移酶（trans-prenyltransferase，tPT）催化聚合合成全（*E*）- 型低聚异戊二烯二磷酸酯、GPP（C10）、FPP（C15）、GGPP（C20）。第三个阶段是全（*E*）- 短链异戊二烯二磷酸酯然后用作底物，分别通过 tPT 或顺式 - 异戊二烯转移酶（cis-prenyltransferase，cPT）以反式或顺式构型与 IPP 进行缩合。一般来说，异戊二烯转移酶严格识别烯丙基二磷酸底物的异戊二烯链长，并严格调节聚合异戊二烯单元中的双键几何结构，以及产物的链长。因此，天然橡胶的碳骨架生物合成的关键酶——橡胶转移酶（RTase）（EC 2.5.1.20）是一种特定的 cPT 酶决定产物的链长。

橡胶分子聚合由起始、延伸和终止 3 步组成，起始过程需要分子反式构型的烯丙基焦磷酸（如 DMAPP、GPP、FPP 或者 GGPP）作为起始物。然后由 tPT 催化 DMAPP 与 IPP 合成，烯丙基焦磷酸的二磷酸基团很容易解离，其解离产物作为亲电试剂作用于 IPP 的亚甲基，重新产生 1 分子烯丙基焦磷酸末端基团，从而启动橡胶分子的生物合成。延伸阶段其实是 IPP 在顺式 - 异戊烯基转移酶的催化下不断掺入到聚异戊烯基焦磷酸长链上的过程。延伸过程需要二价金属阳离子 Mg^{2+} 或 Mn^{2+} 的参与。合成终止是聚异戊二烯链从橡胶合成复合体上解离下来的过程，具体细节还不清楚。有人认为聚异戊二烯链的终止可能包含一个由焦磷酸酶催化的焦磷酸基团解离而形成羟基的过程；也有人认为由于胶粒上合成橡胶分子达到一定程度时，橡胶转移酶（rubber transferase，RuT）会因为几何空间上的阻碍而终止橡胶的合成，也许这两种或其他情况同时存在。橡胶粒子（RPs）是合成天然橡胶的特殊细胞器，橡胶分子在橡胶粒子表面合成。橡胶延伸因子（REF）、小橡胶粒子蛋白（SRPP）和 cPT/cPTL 就位于橡胶粒子上是橡胶链延伸的关键蛋白（Wadeesirisak et al.，2017；Niephaus et al.，2019；Tong et al.，2017）。其中，REF 在胶乳中是一种与橡胶粒子紧密结合的蛋白，是天然橡胶生物合成途径中异戊二烯基转移酶催化异戊二烯单体添加到橡胶分子中不可缺少的成分（Dennis and Light，1989）。SRPP 是橡胶小粒子中含量最为丰富的膜蛋白之一，紧密结合在小橡胶粒子膜上，起着橡胶聚合的作用或类似于 REF 的作用（Sando et al.，2008）。天然橡胶生物合成还需脂类参与，SRPP 结合磷脂（PL）、糖脂（GL）和中性脂（NL）（Laibach et al.，2018），而 REF 只结合中性脂（Wadeesirisak et al.，2017）。

除了合成天然橡胶之外，植物中还以 IPP 和 DMAPP 为前体可合成甾醇、倍半萜和三萜等次生代谢产物，其产物十分复杂繁多。根据异戊二烯单元中双键的构型，自然界中的聚异戊二烯可分为全（E）或（Z, E）–混合类型，（Z, E）–混合型聚异戊二烯与天然橡胶均由 cPT 催化合成，表明二者具有共同的生物合成机制，全（E）–型聚异戊二烯由 tPT 催化合成（图 97）。对天然橡胶和聚异戊二烯（polyisoprenoids）的精细结构进行解析发现，在含低分子量（$0.3 \times 10^4 \sim 3.0 \times 10^4$）天然橡胶的植物如向日葵（*Helianthus annuus*）、一枝黄花（*Solidago altissima*）等植物中发现其橡胶分子在顺式 1,4- 聚异戊二烯的 ω- 末端具有 2 个或 3 个反式异戊二烯单元，而且这种结构特性在来自巴西橡胶树的高分子量天然橡胶中也能检测到（Tanaka et al.，1995，Eng et al.，1994）。这种在顺式 1,4- 聚异戊二烯的 ω- 末端具有几个反式异戊二烯单元的结构与（Z, E）–混合型聚异戊二烯、聚异戊二烯醇（polyprenols）和多萜醇（dolichols）的结构相似，但（Z, E）–混合型聚异戊二烯、聚异戊二烯醇（polyprenols）和多萜醇（dolichols）的链长远小于天然橡胶而且普遍存在于所有生物体中。大多数全（E）–型聚异戊二烯链长在 $C_{30} \sim C_{50}$ 不等，作为醌类化合物的疏水性侧链在细胞维持中起着不可或缺的作用。（Z, E）–混合型聚异戊二烯作为糖基载体脂质也是所有生物体必需的化合物。高等植物中具有很丰富的（Z, E）–混合型聚异戊二烯醇，其链长在 $C_{30} \sim C_{300}$ 不等，以及长萜类（Du et al.，2001；Zhu et al.，2018）。植物的聚异戊二烯醇的功能是响应非生物或生物胁迫和调节膜动力学（Lombard，2016，Waechter et al.，1973）。

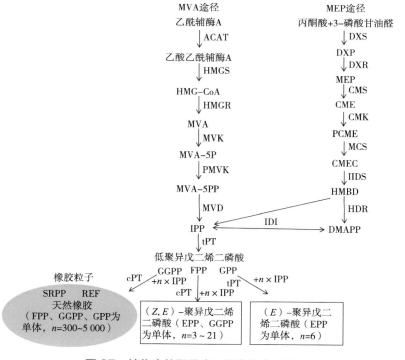

图 97　植物中的聚异戊二烯生物合成途径

7.2 橡胶草根部天然橡胶合成途径关键基因鉴定

产胶植物的橡胶合成机制与橡胶树的橡胶生物合成机制相似，但不同物种在组织定位、天然橡胶合成调控以及产生的天然橡胶分子量和结构等方面存在差异（Cornish，2001）。到目前为止，国内外的研究人员针对橡胶草天然橡胶合成途径相关的酶类及其基因、分子机制的研究取得了一定的进展。橡胶草基因组组装分析结果显示有 102 个候选橡胶生物合成相关基因，其中 MVA 途径基因 40 个，其中 ACAT 基因 8 个（*ACAT1* ~ *ACAT8*），HMGS 基因 2 个（*HMGS1* 和 *HMGS2*），HMGR 基因 12 个（*HMGR1* ~ *HMGR12*），MVAK 基因 11 个（*MVAK1* ~ *MVAK11*），PK 基因 6 个（*PK1* ~ *PK6*），MVD 基因 1 个；23 个 MEP 途径，包含 DXS 基因 10 个（*DXS1* ~ *DXS10*），DXR 基因 2 个（*DXR1* 和 *DXR2*），CMS 基因 3 个（*CMS1* ~ *CMS3*），CMK 基因 2 个（*CMK1* 和 *CMK2*），MCS 基因 1 个，HDS 基因 2 个（*HDS1* 和 *HDS2*），HDR 基因 3 个（*HDR1* ~ *HDR3*）；橡胶合成起始相关基因 19 个，包含 IPI 基因 4 个（*IPI1* ~ *IPI4*）、GGPS 基因 6 个（*GGPS1* ~ *GGPS6*）、GPS 基因 7 个（*GPS1* ~ *GPS7*）、FPS 基因 2 个（*FPS1* 和 *FPS2*）；20 个橡胶颗粒延伸基因，其中 CPT 基因 8 个（*CPT1* ~ *CPT8*）、CPTL 基因 2 个（*CPTL1* 和 *CPTL2*）、SRPP 基因 9 个（*SRPP1* ~ *SRPP9*）、REF 基因 1 个。而且通过产橡胶植物和非产橡胶植物的基因组比较研究发现，MVA 途径相关酶和橡胶延伸酶可能是橡胶生物合成的关键，并且已经分离到几个主要在乳胶中表达的基因，研究了它们在橡胶生物合成中的功能，并揭示了 CPT/CPTL 和 REF/SRPP 这两个重要的橡胶粒子伸长相关基因不同的进化轨迹（Lin et al.，2018）。乙酰辅酶 A 由 ATP 柠檬酸裂解酶（ACL）产生，参与天然橡胶合成。Xing Shufan 等（2014）的研究表明在蒲公英中过表达 *ACL* 会导致橡胶含量和三萜含量分别增加 4 倍和 2 倍。Schmidt 等（2010）克隆了 3 个 CPT 基因（*TkCPT1* ~ *TkCPT3*）和 5 个（小橡胶粒子）SRPP 基因（*TkSRPP1* ~ *TkCPT5*），*TkSRPPs* 和 *TkCPT* 的氨基酸序列与橡胶树的 CPTs 序列具有同源性。他们还建立了一种从橡胶草胶乳中纯化橡胶颗粒的方法，进一步证明 TkCPTs 是橡胶草中主要的橡胶延伸酶（Schmidt et al.，2010）。王秀珍等（2015）也从橡胶草中克隆到 CPT 基因，构建了能在大肠杆菌中表达的原核表达载体来研究其功能。Collins-Silva 等（2012）的研究表明 TkSRPP 蛋白影响橡胶草根部的橡胶含量，*TkSRPP3* 基因的表达促进了橡胶草中天然橡胶的积累。赵李婧（2016）和王启超等（2012）都克隆了橡胶草 3- 羟基 -3 甲基戊二酸单酰辅酶 A 还原酶（HMGR）基因，并分析了其在橡胶草中的功能，发现过表达 *TkHMGR* 会使三萜含量显著增加，但不影响天然橡胶含量。van Deenen 等（2012）在与橡胶草同源的短角蒲公英中发现了 *TbHMGR1* 主要在橡胶生物合成前体中发挥作用。赵丽娟（2015）等从橡胶树胶乳中克隆到 *REF* 基因，构建过表达载体后转化橡胶草，获得阳性突变体，突变体中天然橡胶含量增加。橡胶草法尼基焦磷酸合酶（farnesyl diphosphate synthase，FPS）基因可提高转基因橡胶草的含胶量（曹新文等，2016）。以上天然橡胶合成途径的关键基因的研究结果表明这些基因在天然橡胶合成方面具有重要的调控作用。

美国俄亥俄州立大学 Katria Cornish 研究团队构建了包含 6 个 MVA 途径关键酶基因的过表达载体（MEV6），采用 CaMV 35S 启动子驱动 *PMVK*（Song et al.，2017）、*MVK*、*MVD*、*AACT*、*HMGS*、*HMGRt*（N′端缺失的 HMGR 基因）基因进行过表达，并采用发根农杆菌（含有 Ri 基因）将其转入橡胶草中，转基因 T0 代 MEV6 株系与野生型 TK 杂交获得 T1 代，T1 与 T1 株系间杂交或者 T1 与高含胶量 TK 株系杂交获得 T2 代 MEV6 植株，并对 T2 代植株进行根部生物量、橡胶含量及其产量进行分析。他们的研究发现，在无表达载体的转化植株中农杆菌的 Ri 基因抑制了橡胶草植株生长，干根重量与橡胶产量显著下降，但其橡胶含量有所提高；而 MEV6 株系（同时含有 Ri 基因）中 6 个 MVA 途径关键酶基因的过表达能够缓解 Ri 基因对植株的负面影响，使其干根重量恢复到野生型的水平，但同时过表达 6 个 MVA 途径关键酶基因并没有显著提高植株的含胶量和橡胶产量。该研究团队继续用 T2 代 MEV6 植株与高含胶量 TK 株系进行回交，检测其 T3、T4 代株系中是否提高 IPP 以及 NR 的产量（Wang et al.，2016）。发根农杆菌因含有 Ri 基因转化后植株会形成大量发状根，改变了原有材料的根型，不利于大田种植与收获，但在水培种植以及生物反应器中有其利用价值。该研究结果给橡胶草转基因育种提供了很好的启示，提高 MVA 合成途径关键酶基因的表达并不能显著地提高含胶量和橡胶产量，橡胶草根部含胶量和橡胶产量的提高还应从改良橡胶链延伸、橡胶草株型、生物量、能量供应等多方面进行综合考虑。

7.3 菊糖的功能及其在植物抗逆反应中的作用

菊糖是一种天然低聚果糖，是自然界中天然存在的可溶性纤维之一，可延长人体内碳水化合物的供能时间而又不显著提高血糖水平，且代谢不需要胰岛素。菊糖有助于减少糖尿病人对胰岛素的依赖性和需要，控制血糖水平。菊糖长效释放能量，不仅可以预防糖尿病人的低血糖，而且可以提高运动员的运动耐力，并对肠道双歧杆菌的生长具有明显的促进作用，从而抑制病原菌如大肠杆菌、梭状芽孢杆菌和沙门氏菌的生长。菊糖具有多种优良的功能，如菊糖能显著改善无脂或低脂食品的口感和质构。近年来，菊糖的开发利用受到国际食品界的高度重视，在欧洲的许多国家，菊糖作为天然的食物配料被广泛地应用，并成功应用于冰淇淋、酸奶及咖啡伴侣等产品中。

植物果聚糖是一类重要的储能物质，根据连接的糖苷键不同可被分为 5 种类型，菊糖型果聚糖（inulin）就是其中一种果聚糖，仅由 β-（2，1）糖苷键线性连接而成，一般在菊科植物中合成。不同物种、发育阶段和环境条件都会影响果聚糖的聚合度平均值（Krivorotova and Sereikaite，2014）。果聚糖聚合度的改变会影响细胞的渗透压，植物通过渗透调节作用保护自己抵抗干旱和寒冷（Leach and Sobolik，2010），这表明果聚糖与植物的抗逆性密切相关，植物可以通过改变聚合度来提高抗逆性。比如在燕麦的抗寒性研究中，低聚合度（DP<6）的果聚糖比高聚合度（DP>6）的果聚糖增加的积累量更多（Livingston et al.，1994）。植物细胞还通过改变果聚糖的积累量，单糖与多糖之间相互转换来保护质膜，提高膜的通透性，维持膜脂结构稳定来保护植物免受逆境胁迫。在小麦中，果聚糖的积累量与品种耐寒性成正比（任红旭等，2000）；在菊芋中，干旱胁迫可使果聚糖含量显著提高，提高植株的抗旱性（钟启文等，2012）。PEG 胁迫和 NaCl 胁迫会抑制菊芋芽和根的生长，影响块茎中果聚糖的积累和聚合度，果聚糖代谢相关酶基因的表达水平也受到影响，表达水平变化与果聚糖聚合度的差异有关，与果聚糖含量无关（Luo et al.，2018a）。Turner 等（2008）认为提高果聚糖含量本身并不能提高植株的抗旱性，而是细胞内碳水化合物之间复杂的分配和代谢影响了植株的抗旱性。Hincha 等（2007）使用脂质体作为模型系统，从燕麦和黑麦中分离出果聚糖，研究果聚糖在胁迫下对脂质体的影响，发现果聚糖能维持脂质体相态的改变，具有稳定膜的能力。转化果聚糖合成酶基因的烟草在冷害处理后膜脂结构无明显变化，而野生型烟草的膜脂结构受到严重破坏，表明果聚糖可以稳定膜脂结构，从而提高植株的抗寒性（Parvanova et al.，2004）。逆境胁迫会影响植物中果聚糖代谢相关酶的表达水平，从而改变果聚糖或者其他碳水化合物的含量，来提高抗逆性。冬小麦叶组织中果聚糖合成相关的 *wft2* 基因和 *wft1* 基因表达水平高，增加了果聚糖的积累量，从而提高了小麦的抗寒性，使这个品种的小麦比其他品种更耐寒（Kawakami and Yoshida，2002）。寒冷和干旱胁迫会诱导大麦中 *1-SST* 基因的表达，引起果聚糖的积累来提高大麦的抗寒性和抗旱性（Nagaraj et al.，2001）。综上所述，果聚糖代谢在植物逆境响应中具有重要调控作用，但其作用机制比较复杂，与果聚糖聚合度、积累量、代谢酶基因表达以及酶活性相关，通过渗透调节，保护质膜稳定性等途径来提高植物的抗逆性。

7.4 橡胶草根部菊糖合成途径

菊糖普遍存在于蒲公英属植物中。橡胶草的根部除了富含天然橡胶外，还合成大量的碳水化合物——菊糖，菊糖的含量远高于天然橡胶。菊糖是一种聚合度（DP）为 2 ~ 60 的果聚糖，果糖基以 β-（2，1）糖苷键连接而成，是一种在液泡中合成并储存的水溶性储备糖类（Hendry，1987）。菊糖的代谢路径主要由 3 种酶完成（Henrissat，1991；Stolze et al.，2017；Verhaest et al.，2005），首先是蔗糖 -1- 果糖基转移酶（1-SST，EC2.4.1.99）将一个蔗糖分子上的果糖残基转移给另一个蔗糖分子形成蔗果三糖（GFF），然后果糖链的延伸由果聚糖 1- 果糖基转移酶（1-FFT，EC2.4.1.100）催化合成菊糖（Suarez-Gonzalez et al.，2014，Luscher et al.，1996）；合成的菊糖又可被果聚糖 1- 外切水解酶（1-FEH，EC 3.2.1.80）最终降解成单个的蔗糖（Stolze et al.，2017）。

橡胶草根部菊糖和天然橡胶代谢路径为：质外体中现成的蔗糖或者在根部薄壁细胞质中由葡萄糖和果糖合成的蔗糖转至液泡中作为底物用于菊糖合成，而合成的菊糖又可以被 1-FEH 降解成游离的蔗糖和果糖。蔗糖又可从细胞质和质外体中转运至乳管细胞中，经过 MVA 途径合成天然橡胶（顺式 -1,4- 聚异戊二烯）。橡胶草中关于菊糖代谢关键酶的研究非常有限，已有的研究发现，蒲公英的菊糖晶体聚集在根部与韧皮部乳管相邻的薄壁细胞的液泡中，冷诱导可以提高橡胶草根部天然橡胶的含量但其菊糖含量下降（Arias et al.）。通过连续监测发现，冬季植株的菊糖含量持续下降，而此时橡胶的含量显著提高；二年生橡胶草在开花时含胶量最高，但糖含量最低（李有则，1955）。在橡胶草和蒲公英中过表达菊糖水解酶基因 *Tk1-FEH* 能促进菊糖的降解，增加蔗糖的含量，促进根部天然橡胶的合成，最终使转基因植株的根部含胶量提高一倍，这是首次研究表明菊糖提供的能量可以促进蒲公英中天然橡胶的合成（Stolze et al.，2017）。Iaffaldano 等（2016）采用 CRISPR/Cas9 技术对橡胶草的菊糖合成酶基因 *1-FFT* 进行编辑，检测到发生基因突变的毛状根，但无法检测菊糖和天然橡胶含量。前人已经在同为菊科的植物中对这 3 个菊糖代谢关键酶基因的调控作用做了一些研究。高碳低氮可诱导菊苣（*Cichorium intybus*）幼苗中 1-SST 活性，从而提高果聚糖含量（de Roovera et al.，1999），还会抑制大多数 FEHs 的酶活性（Verhaest et al.，2005）。高碳低氮还可诱导菊苣毛状根中 *1-SST* 和 *1-FFT* 的表达，使菊糖含量增加，这个过程与 Ca^{2+} 信号传导、蛋白激酶和磷酸酶有关（Kusch et al.，2009）。van den Ende 等（van den Ende et al.，2006）从硬叶蓝刺头（*Echinops ritro*）中克隆到 *1-FFT* 基因，发现该基因与高聚合度果聚糖合成相关。低温（5℃）会降低夜香牛（*Vernonia herbacea*）1-SST 和 1-FFT 的酶活性，而提高 1-FEH 的酶活性（Portes et al.，2008）。综上所述，这 3 个菊糖代谢关键酶在同种植物的不同生长时期，不同环境下的酶活性存在差异，从而影响果聚糖的含量和聚合度。由此可见，橡胶草中菊糖和天然橡胶合成的共同底物是蔗糖，二者的积累存在竞争性，竞争相同的底物——蔗糖，抑制菊糖合成可能是提高橡胶草根部含胶量的有效途径。

7.4.1 橡胶草菊糖合成关键基因 *Tk1-SST* 的克隆与鉴定

（1）实验材料与处理

笔者以中国热带农业科学院橡胶研究所保存的橡胶草品系 1151 的组培苗为材料，组培苗种植于基质或者水培瓶中，用人工气候箱进行培养，采集盛花期时的植株材料（根、叶、花、花梗）提取总 RNA 和 DNA。

（2）引物与模板

根据 Genbank 上公布的橡胶草菊糖代谢关键酶基因序列，采用 Premer 3.0 软件设计基因克隆引物和荧光定量引物（表48），以橡胶草 1151 品系的 cDNA 为模板扩增橡胶草

菊糖合成关键基因 *1-SST* 的 cDNA 序列。

表 48　菊糖代谢酶基因克隆引物

引物名称	序列 5′－3′
SST-CDS-F	ATGGCTTCCTCAACCACCA
SST-CDS-R	TTAAGAACTCCACCCAGAAAG
FFT-CDS-F	ATGAAAACCATCGAACCCTTTAGCGAC
FFT-CDS-R	TTAAAAAGGGTAAGCCTGAATTGACG
FEH-CDS-F	ATGAGCAAGCCTCTTTCCTCC
FEH-CDS-R	TTAAACTGTGCTTTTTACAGT

（3）基因克隆与测序

采用 2×Taq Master Mix（Vazyme）进行 PCR 扩增。反应体系如下：cDNA 1 μL（约 30 ng）作为模板，2×Taq Master Mix 10 μL，引物 F 0.5 μL，引物 R 0.5 μL，用 ddH₂O 补足 20 μL。PCR 反应程序：94℃预变性 3 min；94℃变性 30 s，55℃退火 30 s，72℃延伸 2 min，33 个循环；72℃延伸 10 min。扩增产物经 1.0% 琼脂糖凝胶电泳检测并切胶回收目标片段，然后将片段与 pMD-T18 载体连接转入大肠杆菌菌株 DH5α 进行克隆，经测序确定目标基因序列。

（4）*Tk1-SST* 基因的克隆及生物信息学分析

以橡胶草品系 1151 叶片 cDNA 为模板克隆获得橡胶草 *Tk1-SST* 基因全长序列。将目的片段切胶回收之后连接 pDM-18T 载体，进行测序验证，保存正确的甘油菌和提取质粒，命名为 pDM18-Tk1-SST。最终获得 *Tk1-SST* 基因 ORF 全长为 1 908 bp，编码 635 个氨基酸（图 98），其推导的氨基酸分子量是 71.05 kDa，等电点 5.09，保守结构域 313-1740（图 99A），属于糖基水解酶 32 家族。通过在线软件 TMHMM 分析发现 Tk1-SST 蛋白无跨膜结构（图 99B），SOPMA 在线分析显示该蛋白有 16.22% 的 α- 螺旋、5.51% 的 β- 转角、53.39% 的无规卷曲和 24.88% 的延长链，三级结构如图 99C 所示，多卷曲盘旋。亚细胞定位预测显示 Tk1-SST 可能位于高尔基体中。通过与已公布的橡胶草基因组序列比对分析，发现该基因包含 7 个外显子、6 个内含子。

```
1      ATGGCTTCCTCAACCACCACCACCACCACCACCACCCCTCTCATCCTCCATAATGACACTCCCCGCCGGCGA
1      M  A  S  S  T  T  T  T  T  T  T  T  P  L  I  L  H  N  D  T  P  R  R  R
76     CTATCCCTGGCCAAACTCCTCTCCGGGATCCCGGTCGTTGTCATTTTTGCTCTGGTTACCGTCATCCAC
26     L  S  L  A  K  L  L  S  G  I  P  V  A  V  L  V  I  F  A  L  V  T  V  I  H
151    AACCAGTCTCAGCATACGTCGGCAACAGGTAACAGGTTCTGATAAAGTTGGAATCCAATGCTGGGGTTGAGTGGGAA
51     N  Q  S  Q  H  T  S  A  T  G  N  N  D  F  H  G  G  D  K  P  S  S  D  P  T
226    TTCACAGAGACGGTGGCTGAAGAACTTAAGCAGGTTCTGATAAAGTTGGAATCCAATGCTGGGGTTGAGTGGGAA
76     F  T  E  T  V  A  E  E  L  K  Q  V  L  I  K  L  E  S  N  A  G  V  E  W  E
301    CGATCAGCTTACCATTTTCAGCCTGACAAGAATTTCATCAGCGATCCTGATGGCCCAATGTATCACATGGGATGG
101    R  S  A  Y  H  F  Q  P  D  K  N  F  I  S  D  P  D  G  P  M  Y  H  M  G  W
376    TACCATCTTTTCTATCAATACAACCGGAATCTGCCATCTGGGGTAACATCACATGGGGCCATTCCATATCAAGG
126    Y  H  L  F  Y  Q  Y  N  P  E  S  A  I  W  G  N  I  T  W  G  H  S  I  S  R
451    GACATGATCAATTGGTTCCATCTACCCTTCGCTATGGTTCCAGATCACTGGTACGATATCGAAGGTGTCATGACT
151    D  M  I  N  W  F  H  L  P  F  A  M  V  P  D  H  W  Y  D  I  E  G  V  M  T
526    GGGTCCGCTACCATGCTCCCAGACGGTCAAATCATTATGCTTTATACCGGTAACGCTACGATCTGGCTCAGTTG
176    G  S  A  T  M  L  P  D  G  Q  I  I  M  L  Y  T  G  N  A  Y  D  L  A  Q  L
601    CAGTGTTTAGCATACGCTGTTAACTCATCAGATCCGCTTCTTTTGGAATGGAAAAAATACGAGGGAAATCCAATA
201    Q  C  L  A  Y  A  V  N  S  S  D  P  L  L  L  E  W  K  K  Y  E  G  N  P  I
676    TTGTTCCCTCCACCTGGAGTGGGGTACAAGGATTTCCGGGACCCATCTACGCCATGGAGGGGTCCAGATGGGGAC
226    L  F  P  P  P  G  V  G  Y  K  D  F  R  D  P  S  T  P  W  R  G  P  D  G  D
751    TGGAGAATGATCATGGGGTCTAAACATAACGAGACTATTGGTTGTGCACTGGTTTATCGTACTTCTAATTTTACG
251    W  R  M  I  M  G  S  K  H  N  E  T  I  G  C  A  L  V  Y  R  T  S  N  F  T
826    CATTTTGAGCTGAGCGAGGAGCCACTTCATGCTGTTCCCCATACTGGAATGTGGGAATGTGTGGATCGTACCCT
276    H  F  E  L  S  E  E  P  L  H  A  V  P  H  T  G  M  W  E  C  V  D  L  Y  P
901    GTTTCTACCACGCACACGAATGGATTGGATATGAAGGATAATGGGCCGAATGTTAAATATATTTTGAAACAAAGT
301    V  S  T  T  H  T  N  G  L  D  M  K  D  N  G  P  N  V  K  Y  I  L  K  Q  S
976    GGAGACGAGGATCGTCATGATTGGTATGCAATTGGAAGTTTTGACCCTATTAACGATAAGTGGTACCCTGATGAC
326    G  D  E  D  R  H  D  W  Y  A  I  G  S  F  D  P  I  N  D  K  W  Y  P  D  D
1051   CCTGAAAACGATGTGGGAATCGGACTGAGATATGATTATGGAAAGTTTTATGCTTCGAAAACGTTTTATGACCAA
351    P  E  N  D  V  G  I  G  L  R  Y  D  Y  G  K  F  Y  A  S  K  T  F  Y  D  Q
1126   CATAAGGATAGGAGGGTGCTTTGGGGTTATGTGGGTGAAACCGACCCTCCTAAAGACGACCTTCTAAAAGGATGG
376    H  K  D  R  R  V  L  W  G  Y  V  G  E  T  D  P  P  K  D  D  L  L  K  G  W
1201   GCTAATATTGTTGAAATTCCAAGGACTATTGTTTTGGATACGGACACGGGGAACCAATTTGCTTCAATGGCCAATT
401    A  N  M  L  N  I  P  R  T  I  V  L  D  T  D  T  G  T  N  L  L  Q  W  P  I
1276   GACGAAGTTGAATATTTGAGATCGAAAAAGTATGATGAATTCAAGGATGTGGAGCTCCGAGGGGTTGGGACCATTT
426    D  E  V  E  Y  L  R  S  K  K  Y  D  E  F  K  D  V  E  L  R  P  G  S  L  I
1351   CCCCTCGAGATTGGCTCAGCTACACAGTTGGATATGGCGACATTTGAAATTGATGAGAAATGTTAGAAATTCA
451    P  L  E  I  G  S  A  T  Q  L  D  I  M  A  T  F  E  I  D  E  K  M  L  E  S
1426   ACGCTTGAAGCTGATGTTTTGTTCAATTGTACTACTTCGGAGGGTTCAGTTGGGAGAGGGGTGTTGGGACCATTT
476    T  L  E  A  D  V  L  F  N  C  T  T  S  E  G  S  V  G  R  G  V  L  G  P  F
1501   GGAATCGTTGTACTAGCGGATGCCAAGCTCCCGGAGCAACTCCCGGTTTATTTCTACGCCAAAAAACACCGAT
501    G  I  V  V  L  A  D  A  K  L  S  E  Q  L  P  V  Y  F  Y  I  A  K  N  T  D
1576   GGAAGCAGTAAAAACTTACTCTGTGCTGATGAATCAAGATCGTCGATGGATAAAAGCGTAGGAAAATGGGTGTATAC
526    G  S  S  K  T  Y  F  C  A  D  E  S  R  S  S  M  D  K  S  V  G  K  W  V  Y
1651   GGAAGCAGTGTTCCTGTTCTAAAAGGCGAGAAACACAACATGAGGTTACTGGTGGACCGTTCTGATAGTGGAGGGG
551    G  S  S  V  P  V  L  K  G  E  K  H  N  M  R  L  L  V  D  R  S  I  V  E  G
1726   TTCGCACAAGGAGGAAGAACGGTGGTGACAAGTCGTGTTTATCCGACAAAAAGCGATCTACGGCGTCTGTAAACTA
576    F  A  Q  G  G  R  T  V  V  T  S  R  V  Y  P  T  K  A  I  Y  G  A  A  K  L
1801   TTTTTGTTCAACAATGCCACCGGAATTAGCGTGAAGGCATCTCTCAAAATCTGGAAAATGGCGGAAGCACAACTC
601    F  L  F  N  N  A  T  G  I  S  V  K  A  S  L  K  I  W  K  M  A  E  A  Q  L
1876   GATCCTTTCCCTCTTTCTGGGTGGAGTTCTTAA
626    D  P  F  P  L  S  G  W  S  S  *
```

图 98 *Tk1-SST* 基因编码的氨基酸序列

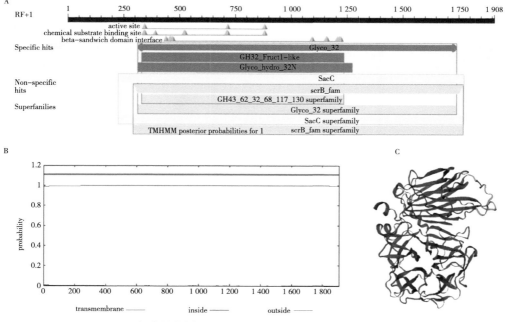

A，保守结构域；B，跨膜结构域分析；C，三级结构

图 99 Tk1-SST 蛋白的结构分析

7.4.2 橡胶草菊糖合成关键基因 *Tk1-FFT* 的克隆与鉴定

Tk1-FFT 基因的克隆方法与 *Tk1-SST* 的相同，以橡胶草品系 1151 叶片 cDNA 为模板克隆得到橡胶草 *Tk1-FFT* 基因全长序列。将目的片段切胶回收之后连接 pDM-18T 载体，进行测序验证，保存正确的甘油菌和提取质粒，命名为 pDM18-Tk1-FFT。获得 *Tk1-FFT* 基因 ORF 区长 1 869 bp，编码 622 个氨基酸（图 100），其推导的氨基酸分子量是 69.45 kDa，等电点 5.20，保守结构域 295-1716（图 101A），属于糖基水解酶 32 家族。通过在线软件 TMHMM 分析发现 Tk1-FFT 蛋白无跨膜结构（图 101B），SOPMA 在线分析显示该蛋白有 16.08% 的 α- 螺旋、5.79% 的 β- 转角、54.50% 的无规卷曲和 23.63% 的延长链，三级结构如图 101C 所示，多卷曲盘旋。亚细胞定位预测显示 Tk1-FFT 可能位于高尔基体中。通过与已公布的橡胶草基因组序列比对分析，发现该基因包含 6 个外显子、5 个内含子。

```
1      ATGAAAACCATCGAACCCTTTAGCGACGTTGAGAATGCACCCAACAGCACTCCGCTACTAAACCACCCTGAACCC
1      M  K  T  I  E  P  F  S  D  V  E  N  A  P  N  S  T  P  L  L  N  H  P  E  P
76     CCGCAGCGCGCCGTGAGAAAACAGTCGTTTGTCAGGGTGCTATCAAGTATCACTTTGGTTTCTCTGTTCTTCGTT
26     P  R  A  A  V  R  K  Q  S  F  V  R  V  L  S  S  I  T  L  V  S  L  F  F  V
151    TTAGCGTTCGTACTCATCGTTCTGAACCAACAAGATTCCACGACCACTGTTGCTAATCAGCACCGCCGGGAGCT
51     L  A  F  V  L  I  V  L  N  Q  Q  D  S  T  T  T  V  A  N  S  A  P  P  G  A
226    ACAGTGCCGGAGAAATTCATCTCCGTAAAGCATCCCAATCCGATCGACTGGAGTGGGTCATCATTTTATTACCAA
76     T  V  P  E  K  S  S  V  K  H  S  Q  S  D  R  L  R  W  E  R  T  A  Y  H  F
301    CAGCCAGCGAAGAATTTCATCTACGATCCCAATGGGCCATTGTTCCACATGGGTTGGTACCATCTTTTCTACCAA
101    Q  P  A  K  N  F  I  Y  D  P  N  G  P  L  F  H  M  G  W  Y  H  L  F  Y  Q
376    TACAACCCGTACGCACCAATTTGGGGCAACATGTCATGGGGTCACGCCGTCTCCAAAGACATGATCCACTGGTTT
126    Y  N  P  Y  A  P  I  W  G  N  M  S  W  G  H  A  V  S  K  D  M  I  H  W  F
451    GAGCTTCCGGTGGCAATCGTCCAACCGAATGGTACGACGTCGAAGGCGTCCTATCCGGGTCCACCACAGCCCTC
151    E  L  P  V  A  I  V  Q  P  N  G  T  T  S  K  A  S  Y  P  G  P  P  Q  P  L
526    CCCAACGGTCAAATCTTTGCACTGTACACAGGAAACGCCAAAGATTTCTCCCAACTACAGTGCAAAGCTGTTCCA
176    P  N  G  Q  I  F  A  L  Y  T  G  N  A  K  D  F  S  Q  L  Q  C  K  A  V  P
601    TTAAACGCATCTGACCCACTCCTTGTCGAGTGGGTCAAATACGAGGATAACCCAATCCTGTACATTCCACCAGGG
201    L  N  A  S  D  P  L  L  V  E  W  V  K  Y  E  D  N  P  I  L  Y  I  P  P  G
676    ATTGGGCCAAAAGACTATCGGGACCCGTCAACGGTCTGCAACAGGTCCCGATGAGAAACATCGGGATTATGGGT
226    I  G  P  K  D  Y  R  D  P  S  T  V  W  T  G  P  D  G  K  H  R  M  I  M  G
751    ACGAAACAAAACGGTACTGGGATGGTACATGTTTACCATCACAACGATTTCATCAACTATGTTTTGTTGGACGAG
251    T  K  Q  N  G  T  G  M  V  H  V  Y  H  T  T  D  F  I  N  Y  V  L  L  D  E
826    CCGTTACATTCGGTCCCCAATACTGATATGTGGGAATGTGTTGACTTTTACCCTGTGTCAACGATAAACGATAGC
276    P  L  H  S  V  P  N  T  D  M  W  E  C  V  D  F  Y  P  V  S  T  I  N  D  S
901    GCGCTTGATATAGCGGCTATGGTAGTGATATTAAACACGTGATTAAAGAAAGTTGGGAGGGACATGGGATGGAC
301    A  L  D  I  A  A  Y  G  S  I  K  H  V  I  K  E  S  W  E  G  H  G  M  D
976    TTTGTATTCGATTGGGACGTATGATGCATATAAAGATAAGTGGACCCCGGATAACCCGGAATTCGACGTGGGTATC
326    L  Y  S  I  G  T  Y  D  A  Y  K  D  K  W  T  P  D  N  P  E  F  D  V  G  I
1051   GGGTTACGGGTCGATTACGGGAGATTTTTTGCATCGAAGAGTCTTTACGACCCGTTGAAGAAACGGAGGGTCACT
351    G  L  R  V  D  Y  G  R  F  F  A  S  K  S  L  Y  D  P  L  K  K  R  R  V  T
1126   TGGGGTTATGTTGCAGAATCGGATAGTTCGGACCCAGGACCTTAATAGAGGATGGGCGACATTTTACAATGTTGGA
376    W  G  Y  V  A  E  S  D  S  S  D  Q  D  L  N  R  G  W  A  T  I  Y  N  V  G
1201   AGAACTGTGGTACTAGATCGCAAGACTGGAACCCACACTTACTTCATTGTGACATAGGCATGGCTACAGAGGTTGAGA
401    R  T  V  V  L  D  R  K  T  G  T  H  L  L  H  W  P  V  E  E  I  E  S  L  R
1276   TCCAATGTTCGTGAATTTAATGAGATCGAGCTAGTACCGGGTTCAATCATTCCACTCGACATAGGCATGGCTACA
426    S  N  V  R  E  F  N  E  I  E  L  V  P  G  S  I  I  P  L  D  I  G  M  A  T
1351   CAGTTGGACATAGTTGCGACATTTAAGGTGGATCCAGAGGCCTTAATGGCGAAAAGTGATATCAACAGTGAATAT
451    Q  L  D  I  V  A  T  F  K  V  D  P  E  A  L  M  A  K  S  D  I  N  S  E  Y
1426   GGTTGTACCAGAGCTCGGGTGCAACTCAAAGGGGAAGTTTGGGACCGTTTGGGATTGTGGTTCTCGCTGATGTG
476    G  C  T  S  S  G  A  T  Q  R  G  S  L  G  P  F  G  I  V  V  L  A  V
1501   GCACTTTCGGAATTAACTCCGGTTTATTTCTATATAGCTAAAAATATCGATGGCGGCTTAGTAACACATTTTTGT
501    A  L  S  E  L  T  P  V  Y  F  Y  I  A  K  N  I  D  G  G  L  V  T  H  F  C
1576   ACCGATAAGCTGATTCGTCATCATTGGATCTTATGACGGTGAAAGAGTGGTAGTCGGGAGCACTGTTCCTGTGGAT
526    T  D  K  L  R  S  S  L  D  Y  D  G  E  R  V  V  Y  G  S  T  V  P  V  L  D
1651   GGTGAAGAGCTCACAATGAGGCTTGATCATTCAGTAGTGGAGGGTTTCGCACAAGGTGGAAGGACAGTG
551    G  E  E  L  T  M  R  L  L  V  D  H  S  V  V  E  G  F  A  Q  G  R  T  V
1726   ATGACACATCAAGAGTGTATCCCACAAATGCAATATATGAAGAAGCGAAGATCTTCTTATTCAACAATGCAACTGGT
576    M  T  S  R  V  Y  P  T  N  A  I  Y  E  E  A  K  I  L  F  N  N  A  T  G
1801   GCGAGTGTCAAGGCATCTCTCAAGATCTGGCAAATGGGTTCTGCGTCAATTCAGGCTTACCCTTTTTAA
601    A  S  V  K  A  S  L  K  I  W  Q  M  G  S  A  S  I  Q  A  Y  P  F  *
```

图 100 *Tk1-FFT* 基因编码的氨基酸序列

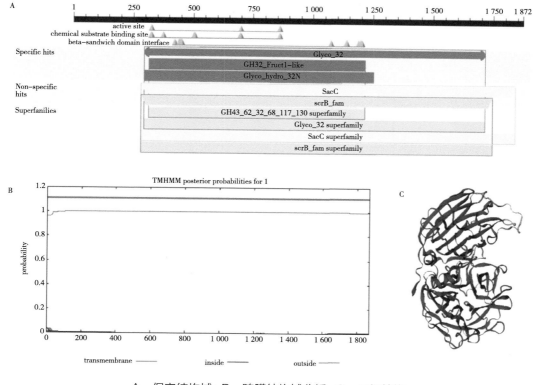

A，保守结构域；B，跨膜结构域分析；C，三级结构

图 101　Tk1-FFT 蛋白的结构分析

7.4.3　橡胶草菊糖降解关键基因 *Tk1-FEH* 的克隆与鉴定

Tk1-FEH 基因的克隆方法与 *Tk1-SST* 的相同，以橡胶草品系 1151 叶片 cDNA 为模板克隆得到橡胶草 *Tk1-FEH* 基因全长序列。将目的片段切胶回收之后连接 pDM-18T 载体，进行测序验证，保存正确的甘油菌和提取质粒，命名为 pDM18-Tk1-FEH。*Tk1-FEH* 基因 ORF 区长 1 746 bp，编码 581 个氨基酸（图 102），其推导的氨基酸分子量是 65.36 kDa，等电点 5.67，保守结构域 148 ~ 1578（图 103 A），属于糖基水解酶 32 家族。通过在线软件 TMHMM 分析发现 Tk1-FEH 蛋白无跨膜结构（图 103 B），SOPMA 在线分析显示该蛋白有 18.59% 的 α- 螺旋、5.51% 的 β- 转角、51.29% 的无规卷曲和 24.61% 的延长链，三级结构如图 103 C 所示，多卷曲盘旋。亚细胞定位预测显示 *Tk1-FEH* 可能位于高尔基体中。通过与已公布的橡胶草基因组序列分析，发现该基因包含 6 个外显子、5 个内含子。

```
1      ATGAGCAAGCCTCTTTCCTCCTTTCTTGCATTATGTTTTCTTGTCATCATCCACCACACTGGCCACACTGAAGCG
1      M  S  K  P  L  S  S  F  L  A  L  C  F  L  V  I  I  H  H  T  G  H  T  E  A
76     GCCAGTCGAAATATTAAAGATACTATTACGGCTCCCCAATCAAAAGATTGAACAGCCGTATAGAACTGGTTATCAT
26     A  S  R  N  I  K  D  T  I  R  L  P  N  Q  K  I  E  Q  P  Y  R  T  G  Y  H
151    TTTCAACCTCCAAGCAATTGGATGAACGATCCTAATGGGCCAATGTTATACAAAGGAGTGTACCATTTCTTTTAT
51     F  Q  P  P  S  N  W  M  N  D  P  N  G  P  M  L  Y  K  G  V  Y  H  F  F  Y
226    CAATACAATCCGTATGCGGCAACCTTTGGGGACCTCATCATCTGGGCCCATGCCGTATCTTACGACTTGGTCAAC
76     Q  Y  N  P  Y  A  A  T  F  G  D  L  I  I  W  A  H  A  V  S  Y  D  L  V  N
301    TGGATCCATCTTGACCCGGCAATTTACCCGACCCAGGAGGCTGACATCAAGAGTTGCTGGTCTGGATCCGCTACC
101    W  I  H  L  D  P  A  I  Y  P  T  Q  E  A  D  I  K  S  C  W  S  G  S  A  T
376    ATCCTTACCGGGAAATATTCCGGCGATGTTGTACACCGGCAGCGATTCCAAGTCTCGTCAAGTCCAAGACCTCGCC
126    I  L  P  G  N  I  P  A  M  L  Y  T  G  S  D  S  K  S  R  Q  V  Q  D  L  A
451    TGGCCTAAAAACCTCTCGGACCCGTTCCTCCGTGAATGGGTGAAACACCCCAAAAACCCGCTTATAACCCCACCG
151    W  P  K  N  L  S  D  P  F  L  R  E  W  V  K  H  P  K  N  P  L  I  T  P  P
526    GAGGGCGTCAAAGACGACCGTTTCCGTGATCCCAGTACCGCCTGGCGCGGTCCCGACGGCGTATGGCGGATCGTT
176    E  G  V  K  D  D  R  F  R  D  P  S  T  A  W  R  G  P  D  G  V  W  R  I  V
601    GTTGGTGGTGACCGTGACAACAATGGCATGGCGTTTTTGTACCAGAGTACTGATTTCGTGAACTGGAAGAGATAC
201    V  G  G  D  R  D  N  N  G  M  A  F  L  Y  Q  S  T  D  F  V  N  W  K  R  Y
676    GACCAGCCTCTTTCGTCGGCGGTGGCCACTGGAACTTGGGAGTGCCCGGACTTTTATCCGGTGCCGTTGAATTCG
226    D  Q  P  L  S  S  A  V  A  T  G  T  W  E  C  P  D  F  Y  P  V  P  L  N  S
751    ACGAACGGGATCGATACATCGGTGTACAGCGGCGTGTATACATGTAATGAAAGCAGGATTTGAAGGGCATGAT
251    T  N  G  I  D  T  S  V  Y  S  G  V  I  H  V  M  K  A  G  F  E  G  H  D
826    TGGTATACAATTGGACTTACAGTTCTGATCGTGAGAACTTTTGCCCCAAAATGGGTTGAGTTAACGGGAAGT
276    W  Y  T  I  G  T  Y  S  S  D  R  E  N  F  L  P  Q  N  G  L  S  L  T  G  S
901    AGTTTGGATTTGAGGTACGATTATGGCCAATTCTACGCTTCCAAATCCTTCTTCGATGATGCCAAGAACAGAAGG
301    S  L  D  L  R  Y  D  Y  G  Q  F  Y  A  S  K  S  F  F  D  D  A  K  N  R  R
976    GTTTTATGGGCTTGGGTTCCTGAAACAGACTCTCAAGCAGATGATATCCAAAAAGGATGGGCTGGGCTTCAGTCG
326    V  L  W  A  W  V  P  E  T  D  S  Q  A  D  D  I  Q  K  G  W  A  G  L  Q  S
1051   TTTCCAAGGGCGCTTTGGATTGATAAGAGTGGCAAGCAATTGATTCAATGGCCCGTCAGTGGAGGAGATTGAAGCACTT
351    F  P  R  A  L  W  I  D  K  S  G  K  Q  L  I  Q  W  P  V  E  E  I  E  A  L
1126   CGGCTAAATGAAGTTAACCTTGAGAAGAATCTTAGACCGGGGTCGGTTCTTGAAGTCCATGGGATTACTGCT
376    R  L  N  E  V  N  L  E  N  K  N  L  R  P  G  S  V  L  E  V  H  G  I  T  A
1201   TCCCAGGCCGACGTCACAATTTCTTTTAAATTGGAGGACTTGAAAGAGGCAGAAGTTTTGGATACGAATGTTAT
401    S  Q  A  D  V  T  I  S  F  K  L  E  D  L  K  E  A  E  V  L  D  T  N  V  I
1276   GATCCACAAGCGCTTTGTGCAGAAAGAGGTGCATCAAGTCGCGGTGCATTGGGGCCCATTGGGTTGTTGATG
426    D  P  Q  A  L  C  A  E  R  G  A  S  S  R  G  A  L  G  P  F  G  L  L  A  M
1351   GCGTCCAAAAACTTGCAAGAACAGACTGCTATTTTTTTCAGAGTTTTTCAAAACCAAAACGGACGATATTCAGTG
451    A  S  K  N  L  Q  E  Q  T  A  I  F  F  R  V  F  Q  N  Q  N  G  R  Y  S  V
1426   CTCATGTGTAGTGATCTTAGCAGGTCTACCGTCGAGAGCAACATCGACACAACAAGTTTTGGTGCATTTGTTGAC
476    L  M  C  S  D  L  S  R  S  T  V  R  S  N  I  D  T  T  S  F  G  A  F  V  D
1501   ATCGATCCTCGATCCGAGGAGATCTCGCTCAGAAACTTGATAGATCACTCAATTATTGAAAGCTTTGGAGCCGGT
501    I  D  P  R  S  E  E  I  S  L  R  N  L  I  D  H  S  I  I  E  S  F  G  A  G
1576   GGAAAGACATGCATCACGAGTCGGATTTACCCAAAATTTGTTCAAAATGAAGATGCCCATCTTTTCGTTTTTAAT
526    G  K  T  C  I  T  S  R  I  Y  P  K  F  V  Q  N  E  D  A  H  L  F  V  F  N
1651   AATGGTACTCAAGCTATCAAAATCTCTCGGATGAAAGCTTGGAGCATGAAGTCTGCAGAATTGTTGTTGGACCAG
551    N  G  T  Q  A  I  K  I  S  R  M  K  A  W  S  M  K  S  A  E  F  V  V  D  Q
1726   ACTGTAAAAAGCACAGTTTAA
576    T  V  K  S  T  V  *
```

图 102　*Tk1-FEH* 编码的氨基酸序列

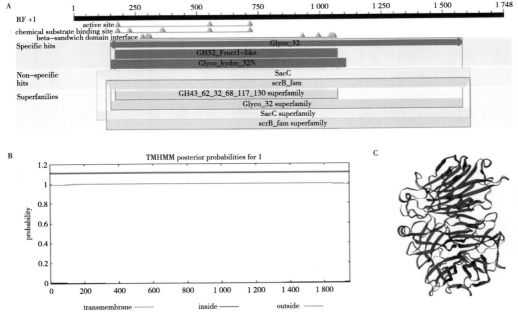

A，保守结构域；B，跨膜结构域分析；C，三级结构

图 103　*Tk1-FEH* 编码蛋白的结构分析

7.4.4 Tk1-SST、Tk1-FFT、Tk1-FEH 的系统进化关系分析

将橡胶草 Tk1-SST、Tk1-FFT、Tk1-FEH 的氨基酸序列在 NCBI（https://blast.ncbi. nlm.nih.gov/Blast.cgi）上搜索菊糖代谢途径相关基因的同源序列，采用 MEGA7 软件绘制系统发育进化树（图 104），分析不同物种中菊糖代谢关键酶基因之间的进化关系。结果表明，1-SST、1-FFT、1-FEH 大致聚类成三大分支，1-SST 与 1-FFT 的进化关系更近，其中值得注意的是刺苞菜蓟（*Cynara cardunculus*）的 Cc1-SST 与药用蒲公英（*Taraxacum officinale*）To1-FFT 的亲缘关系更近，属于同一分支；莴苣（*Lactuca sativa*）的 Ls1-SST 与 1-FEH 的进化关系更近。橡胶草 Tk1-SST 与药用蒲公英 To1-SST 的亲缘关系最近，相似度达 99.05%，橡胶草 Tk1-FFT 与短角蒲公英（*Taraxacum brevicorniculatum*）Tb1-FFT 相似度达 97.75%，橡胶草 Tk1-FEH 与短角蒲公英 Tb1-FEH 相似度达 98.62%。

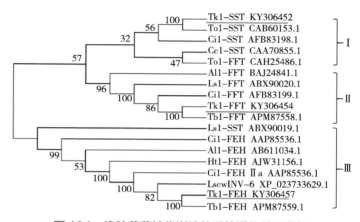

图 104　橡胶草菊糖代谢酶的系统进化关系分析

注：分支Ⅰ是果糖基转移酶 1-SST，分支Ⅱ是果糖基转移酶 1-FFT，分支Ⅲ是果聚糖水解酶 1-FEH。Tk1-SST、Tk1-FFT、Tk1-FEH 用红色下划线标注。基因名后是基因登录号。物种名缩写：Tk—橡胶草；To—药用蒲公英；Ci—菊苣；Ls—莴苣；Cc—刺苞菜蓟；Al—牛蒡；Ht—菊芋；Tb—短角蒲公英。

7.5　橡胶草多聚泛素基因 *TkUBQ6* 的克隆及其表达分析

在真核生物中，泛素 /26S 蛋白酶体途径（ubiquitin/26S proteasome pathway，UPP）通过与细胞内各种调节因子相互作用，从而参与多种激素信号的调节过程（Wang and Deng，2011）。在逆境胁迫下，该途径可以清除异常蛋白质来维持细胞的稳定，起到调控植物应对逆境胁迫的作用（Stone，2014）。UPP 途径主要作用过程是泛素分子（ubiquitin，Ub）通过泛素激活酶 E1、泛素结合酶 E2 和泛素连接酶 E3 将靶蛋白泛素化，泛素化的蛋白最后被 26S 蛋白酶体识别和降解（Smalle and Vierstra，2004）。泛素是一种由 76 个

氨基酸组成的小分子蛋白质，其编码基因可以分为两类，C-端延伸泛素基因（C-terminal extension genes）和多聚泛素（polyubiquitin genes，UBQ）基因，*UBQ* 基因的表达产物是一种可识别靶蛋白的聚泛素蛋白，由泛素单体首尾相连组成，主要参与 UPP 途径中的蛋白质水解过程（Jentsch et al.，1991）。

　　UBQ 基因的研究最早在酵母中进行，Watt 和 Piper（1997）对酵母进行冷处理、过氧化氢胁迫、乙醇胁迫等处理，发现 *UBI4* 基因表达增强，表明多聚泛素基因对酵母的抗逆性有影响。近年来，*UBQ* 基因主要是作为启动子（Azad et al.，2013）、内参基因（Chambers et al.，2012）以及功能基因（李谊等，2013；裴薇等，2017）进行研究。研究者们对不同植物的 *UBQ* 基因进行研究，发现该基因受多种胁迫如温度、干旱、光照和盐胁迫等诱导并参与激素信号转导，如：拟南芥中高温和干旱诱导 *UBQ* 基因上调表达（Burke et al.，1988）；张玉秀等（2002）对菜豆（*Phaseolus vulgaris* L.）进行重金属、高温、病毒侵染及水杨酸胁迫处理后，发现这些胁迫可以刺激 *UBQ* 的表达；干旱胁迫和温度胁迫处理可诱导铁皮石斛 *DoUb1* 基因的表达，而低温胁迫比高温胁迫的作用更显著（裴薇等，2017）；Guo 等的研究表明，过表达 *UBQ* 基因可以增强烟草植株的抗旱性（Guo et al.，2008；Guo and Wang，2008）；Ammar 等（2017）不同耐旱蚕豆品种进行抗旱相关基因鉴定发现，*UBQ* 基因在干旱胁迫下高度上调表达；拟南芥中正义和反义表达木榄 *BgUBQ10* 基因发现，过表达植物的耐盐性提高（李谊等，2013）；彭世清和陈守才（2002）在橡胶树中研究发现，外源乙烯和茉莉酸处理使橡胶树 *UBQ* 基因的表达增强；Chen 等（2018）将大豆 *GsUBQ10* 基因在紫花首蓿中过表达，发现其显著提高了首蓿的耐碱性。

　　橡胶草根部可以产生优质的天然橡胶，是极具开发潜力的第二天然橡胶资源，也是产胶作物的理想模式植物。目前，橡胶草的研究主要集中在种质资源利用和天然橡胶合成途径，而在生境适应性方面少有报道。徐建欣等（2016）对不同地区的橡胶草进行了水分胁迫研究。高含胶量高生物量品系的培育是橡胶草商业化种植的关键，这取决于不同品种之间的遗传特性，而选育抗逆性强适应性广的品系也是橡胶草商业化种植非常重要的课题。因此，研究橡胶草对环境适应的机理、培育高抗品系尤为重要。为探究橡胶草中 *UBQ* 基因的结构与功能，本研究从橡胶草中克隆得到 *TkUBQ6* 基因，分析其蛋白序列，解析 *TkUBQ6* 基因在不同组织、胁迫以及激素胁迫处理下的表达特征，为阐明泛素 /26S 蛋白酶体途径在橡胶草抗逆反应中的功能提供参考依据。

7.5.1　材料与方法

（1）材料及处理条件

以橡胶草品系 1151 组培苗为材料，放在恒温光照培养箱（23℃，16 h 光照和 8 h 黑暗）培养。在盛花期同时取植株的根、叶、花和花梗用于 *TkUBQ6* 的克隆和不同组织的表达分析。经水培移栽 2 个月龄的组培苗，根部分别浸泡在 15% PEG6000 模拟干旱胁迫、250 mmol/L 甘露醇（mannitol）、300 mmol/L NaCl、10 μmol/L 脱落酸（ABA）、1%（v/v）乙烯利（ET）、200 μmol/L 茉莉酸甲酯（MeJA）溶液中进行处理，对照组和处理组各设置 3 个重复，并在处理后 0 h、6 h、12 h、24 h、48 h、72 h 分别取其叶片并用液氮速冻，保存于 −80℃超低温冰箱。

（2）提取总 RNA 和 cDNA 的合成

用植物总 RNA 提取试剂盒［天根生化科技（北京）有限公司］提取橡胶草不同组织和不同处理样品的总 RNA，RNA 用 1% 琼脂糖凝胶电泳检测浓度与纯度，并通过微量分光光度计（Implen，P-330-31-10，德国）检测其浓度和纯度。利用反转录试剂盒（Thermo Scientific RevertAid First Strand cDNA Synthesis Kit，购于赛默飞世尔公司）合成得到 cDNA。

（3）*TkUBQ6* 基因 cDNA 编码区的克隆

根据橡胶草数据库获取 *UBQ6* 的序列设计引物 TkUBQ6-F 和 TkUBQ6-R（表 49），以橡胶草品系 1151 组叶片的 cDNA 为模板，用 Premix Taq™（Ex Taq™ Version 2.0）（TaKaRa）进行 PCR 扩增。20 μL 反应体系：Premix Taq 10 μL，正向引物 0.5 μL，反向引物 0.5 μL，cDNA 1 μL，ddH$_2$O 8 μL。扩增程序：95℃预变性 30 s；随后进行 35 个循环的扩增（94℃变性 30 s，55℃退火 30 s，72℃延伸 1 min）；72℃延伸 10 min。得到 *TkUBQ6* 的 cDNA 编码区全长序列，用 OMEGA 凝胶回收试剂盒（E.Z.N.A. TM Gel Extraction Kit）回收 PCR 产物。连接载体后转化大肠杆菌，菌落 PCR 检测后挑取阳性单克隆送赛默飞世尔公司测序验证。

表 49　*TkUBQ6* 基因 cDNA 编码区全长扩增和 qRT-PCR 分析引物序列

引物名称	引物序列（5′-3′）
TkUBQ6-F	GGGGTTCAAATCTCATCGAA
TkUBQ6-R	AAAAACAACCTCTGAAATCATGG
TkUBQ6-QF	GGGTTCAAATCTCATCGAAATC
TkUBQ6-QR	GAAATCATGGTTATACACCGAGAAA
TkACTIN-F	GGAAGGATCTTTATGGGAAC
TkACTIN-R	CAGACACTATACTTCCTCTCAGG

（4）*TkUBQ6* 生物信息学分析

通过 NCBI 网站的 ORF fider 分析确定 *TkUBQ6* 基因的 ORF 及其编码氨基酸序列。采用 ProtParam 工具对 TkUBQ6 的蛋白质进行理化性质分析。采用在线分析工具

SignalP-5.0 Server、TMHMM Serverv.2.0、DeepLoc-1.0、NetPhos 3.1 Server、PSIPRED V4.0、SWISS-MODEL、SMART 分别分析预测 *TkUBQ6* 的信号肽、跨膜蛋白结构、磷酸化位点、亚细胞定位、二级结构、三级结构和保守结构域。通过 NCBI 网站的 BLAST 搜索 TkUBQ6 蛋白序列的同源性序列。采用 MEGA7 软件构建 UBQ 蛋白序列系统进化树，选择 N-J 算法，Bootstrap method 选择 1000。采用 DNAMAN 软件比对同源性序列和分析相似性。

（5）不同处理下 *TkUBQ6* 的表达模式分析

根据 *TkUBQ6* 基因序列设计 qRT-PCR 引物 TkUBQ6-QF 和 TkUBQ6-QF，以橡胶草 *TkACTIN* 基因为内参，扩增引物为 TkACTIN-F 和 TkACTIN-R，采用 SYBR Green 法进行 qRT-PCR 扩增，反应体系和程序参考陆燕茜等（2017）的方法。20 μL 反应体系：SYBR Premix Ex Taq™（TaKaRa）10 μL，正向引物 0.4 μL，反向引物 0.4 μL，cDNA 1 μL，ddH$_2$O 8.2 μL。在荧光定量 PCR 仪（CFX96 Touch™ Real-Time PCR Detection System，Bio-Rad）上进行扩增。扩增程序：95℃预变性 30 s；随后进行 40 个循环的扩展（95℃变性 5 s，60℃退火 30 s），基因相对表达量采用 $2^{-\Delta\Delta Ct}$ 进行计算，$\Delta\Delta Ct = (Ct_{靶基因，处理组} - Ct_{内参基因，处理组}) - (Ct_{靶基因，对照组} - Ct_{内参基因，对照组})$。

（6）数据统计分析

用 Excel 进行数据整理分析，采用 SAS 软件进行显著性分析，用 ANOVA 完全随机（均衡）方法进行计算，采用 Origin Pro 2019 软件进行作图。

7.5.2 结果与分析

（1）橡胶草 *TkUBQ6* 的克隆与序列

以橡胶草品系 1151 叶片 cDNA 为模板，用引物 TkUBQ6-F 和 TkUBQ6-R 进行 PCR 扩增得到橡胶草 *UBQ6* 基因的 cDNA 序列，经测序验证和序列比对分析发现，扩增的 cDNA 序列长度为 583 bp，包含一个 462 bp 的开放阅读框，编码 153 个氨基酸，将其命名为 *TkUBQ6*（图 105）。采用 ProtParam 工具对其编码蛋白分析发现，TkUBQ6 蛋白相对分子量为 17 497.41，等电点 9.38，亲水性 −0.758，不稳定指数为 34.60，表明该蛋白是稳定性蛋白质。通过 SignalP-5.0 Server、TMHMM Serverv. 2.0、NetPhos 3.1 Server 和 PSIPRED V4.0 在线工具分析，结果表明 TkUBQ6 无信号肽和跨膜结构，含有 7 个苏氨酸（Thr）磷酸化位点，5 个丝氨酸（Ser）磷酸化位点，2 个酪氨酸（Tyr）磷酸化位点，定位于细胞核中。通过蛋白质结构分析发现，二级结构有 12.42% 的 α-螺旋，31.37% 的延长链，10.46% 的 β-转角以及 45.75% 的无规则卷曲（图 106A），表明 TkUBQ6 的二级结构主要是无规则卷曲；三级结构由二级结构进一步卷曲、折叠形成 "L" 形三级结构（图 106B）。保守结构域预测该蛋白含有 1 个泛素单体和核糖体蛋白 S27a 家族结构域，位置分别是第 1~76 位氨基酸和第 103~147 位氨基酸（图 106C）。

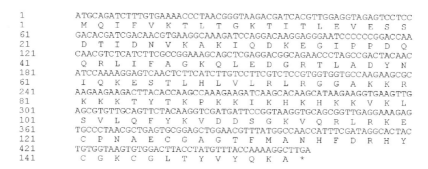

```
  1   ATGCAGATCTTTGTGAAAACCCTAACGGGTAAGACGATCACGTTGGAGGTAGAGTCCTCC
  1   M  Q  I  F  V  K  T  L  T  G  K  T  I  T  L  E  V  E  S  S
 61   GACACGATCGACAACGTGAAGGCAAAGATCCAGGACAAGGAGGGAATCCCCCCGGACCAA
 21   D  T  I  D  N  V  K  A  K  I  Q  D  K  E  G  I  P  P  D  Q
121   CAACGTCTCATCTTCGCCGGAAAGCAGCTCGAGGACGGCAGAACCCTAGCCGACTACAAC
 41   Q  R  L  I  F  A  G  K  Q  L  E  D  G  R  T  L  A  D  Y  N
181   ATCCAAAAGGAGTCAACTCTTCATCTTGTCCTTCGTCTCCGTGGTGGTGCCAAGAAGCGG
 61   I  Q  K  E  S  T  L  H  L  V  L  R  L  R  G  G  A  K  K  R
241   AAGAAGAAGACTTACACCAAGCCAAAGAAGATCAAGCACAAGCATAAGAAGGTGAAGTTG
 81   K  K  K  T  Y  T  K  P  K  K  I  K  H  K  H  K  K  V  K  L
301   AGCGTGTTGCAGTTCTACAAGGTCGATGATTCCGGTAAGGTGCAGCGGTTGAGGAAAGAG
101   S  V  L  Q  F  Y  K  V  D  D  S  G  K  V  Q  R  L  R  K  E
361   TGCCCTAACGCTGAGGGAGCTGGAACGTTTATGGCCAACCATTTCGATAGGCACTAC
121   C  P  N  A  E  G  A  G  T  F  M  A  N  H  F  D  R  H  Y
421   TGTGGTAAGTGTGGACTTACCTATGTTTACCAAAAGGCTTGA
141   C  G  K  C  G  L  T  Y  V  Y  Q  K  A  *
```

图 105 *TkUBQ6* 基因 cDNA 编码区的核苷酸序列及其蛋白序列

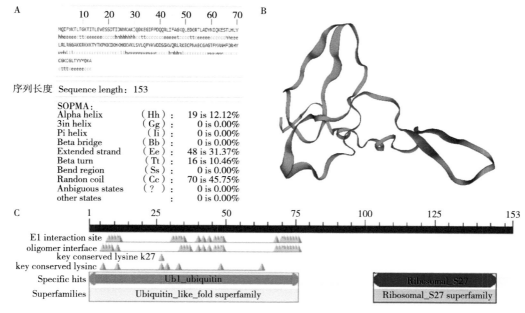

A，TkUBQ6 二级结构预测；B，TkUBQ6 三级结构预测；C，TkUBQ6 保守结构域预测

图 106 TkUBQ6 结构分析

（2）橡胶草 TkUBQ6 的同源性及进化树

将 TkUBQ6 的氨基酸序列通过 NCBI 蛋白质数据库进行 BLAST 搜索，获得不同物种的 UBQ 同源蛋白，并采用 DNAMAN 软件对同源蛋白进行多重比对分析，TkUBQ6 与不同物种 UBQ 的相似度如下：与莴苣（*Lactuca sativa*）LsUBQ6（XP_023760578）的相似度为 100%、与赤豆（*Vigna angularis*）VaUBQ6（XP_017426655）相似度为 98.71%、与鹰嘴豆（*Cicer arietinum*）CaUBQ5（NP_001352098）相似度为 98.06%、与向日葵（*Helianthus annuus*）HaUBQ（XP_021976092）相似度为 99.35%、与拟南芥（*Arabidopsis thaliana*）AtUBQ6（NP_566095）相 似 度 为 94.27%、 与 山 麻 黄（*Trema orientale*）ToUBQ（PON84225）相似度为96.15%、与绿豆（*Vigna radiata* var. *radiata*）VrRPS27A（XP_014497797）相似度为98.06%（图107A）。结果表明，不同物种的UBQ蛋白具有很高的相似度，达到90%以上；且由于橡胶草、莴苣、向日葵同属菊科，它们之间的相似度达到99%以上。进一步采用MEGA7软件构建系统进化树，发现橡胶草TkUBQ6与莴苣、赤豆、向日葵的UBQ蛋白聚为一类，与同为菊科莴苣LsUBQ6亲缘关系最近，而与拟南芥AtUBQ6的进化关系最远（图107B）。

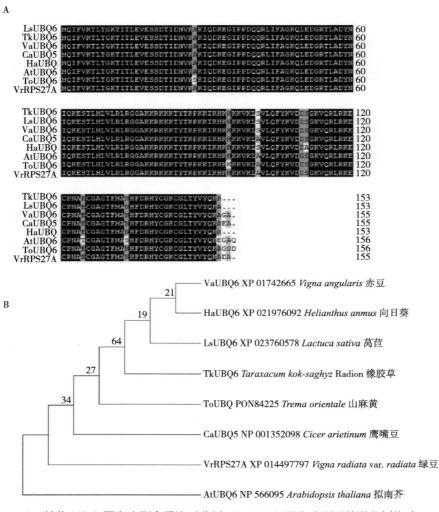

A，植物UBQ蛋白序列多重比对分析；B，UBQ蛋白序列系统进化树构建

图107　植物UBQ蛋白序列分析

（3）橡胶草 *TkUBQ6* 基因的表达模式

采用qRT-PCR技术对基因表达模式进行分析发现，*TkUBQ6* 在橡胶草花、叶、根和

花梗中均有表达，其中花梗中的表达量最低，与花、叶、根中的表达量之间存在显著性差异；而在花、叶、根中的表达没有显著差异（图108）。对橡胶草进行不同激素和胁迫处理，取处理后植株的叶片作为材料进行表达模式分析。逆境胁迫包括 PEG6000 模拟干旱胁迫、甘露醇介导的渗透压胁迫以及 NaCl 高盐胁迫，以上处理均可显著地上调

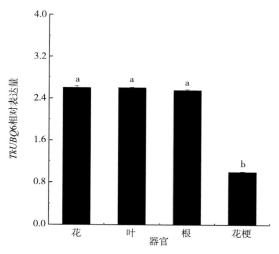

TkUBQ6 基因表达，其中 TkUBQ6 基因的表达量在 PEG6000 处理后的 24 h 上调 2 倍、甘露醇处理后 72 h 上调 8 倍、NaCl 处理后 12 h 上调 4 倍（图 109）。在植物激素茉莉酸甲酯（MeJA）和脱落酸（ABA）诱导下，TkUBQ6 基因表达量也明显提高，分别在 MeJA 处理后 48 h 上调 3 倍、ABA 处理后 24 h 上调 2 倍（图 109）。乙烯利（ET）处理后，TkUBQ6 表达在 24 h 内先下调，在 24 h 的表达量最低，降低了 81%；而在 48 h 出现小幅度上调，其表达量为 0 h 的 1.3 倍（图 109）。以上结果表明，TkUBQ6 参与橡胶草的逆境胁迫和激素信号转导过程。

图108 *TkUBQ6* **基因在橡胶草组织中的表达分析**

注：不同小写字母标识表示差异显著（*P*<0.05）。

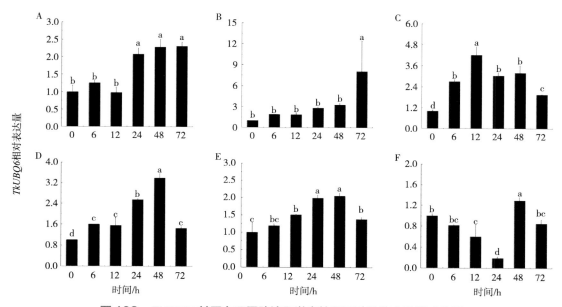

图109 *TkUBQ6* **基因在不同胁迫和激素处理下叶片的表达模式分析**

注：不同小写字母标识表示差异显著（*P*<0.05）。

7.5.3 讨论与结论

泛素 /26S 蛋白酶体途径在植物中主要参与调节生长发育（Dharmasiri et al., 2005）、非生物胁迫（Kim et al., 2013；Kim et al., 2013b）和生物胁迫（Dielen et al., 2010）等过程。多聚泛素基因是泛素 /26S 蛋白酶体途径中不可或缺的组分之一，在植物激素信号转导和应激反应中起着关键作用（Bostick et al., 2004）。研究表明，在不同植物中，逆境胁迫会刺激多聚泛素基因的表达（Ammar et al., 2017；Guo et al., 2008）。而橡胶草中关于泛素 /26S 蛋白酶体途径研究还没有相关报道，本研究克隆了橡胶草 *TkUBQ6* 基因，利用生物信息学分析软件和网站系统地分析其蛋白结构，发现 TkUBQ6 无信号肽和跨膜结构，定位于细胞核中。相似性分析发现，橡胶草 TkUBQ6 与莴苣 LsUBQ6、赤豆 VaUBQ6、鹰嘴豆 CaUBQ5、向日葵 HaUBQ、拟南芥 AtUBQ6、山麻黄 ToUBQ 以及绿豆 VrRPS27A 的相似度达到 90% 以上，而与同属菊科的 LsUBQ6 的相似度为 100%，表明不同物种的 UBQ 蛋白高度保守。

本研究采用 qRT-PCR 技术系统地对 *TkUBQ6* 基因的表达模式进行分析，发现在橡胶草花、叶和根中的表达量有所差异，但差异不显著，在花梗中的表达量明显低于前三者，表明 *TkUBQ6* 基因在橡胶草的营养器官和生殖器官中普遍表达。PEG6000 模拟干旱胁迫、甘露醇模拟渗透压胁迫和 NaCl 高盐胁迫处理后，橡胶草叶片中的 *TkUBQ6* 基因均上调表达。在 PEG6000 处理后 24 h 达到峰值并持续到 72 h，说明 *TkUBQ6* 对干旱胁迫的响应具有持续性。在甘露醇处理后 72 h，*TkUBQ6* 基因的表达量达到最高值，是未处理对照的 8倍，说明 *TkUBQ6* 基因对渗透压胁迫的响应较晚。而在 NaCl 高盐胁迫处理下，*TkUBQ6* 基因的表达在 6 h 开始出现上调表达，在 12 h 表达量达到最高，是未处理对照的 4 倍，表明 *TkUBQ6* 基因参与盐胁迫的早期反应。胁迫处理后的表达分析结果表明，*TkUBQ6* 参与橡胶草对干旱、渗透压、高盐等胁迫反应。李谊等（2013）研究表明，拟南芥中过表达木榄 *BgUBQ10* 基因可提高转基因植株抗盐性。Chen 等（2018）对大豆的抗盐基因进行研究发现，*GsUBQ10* 基因也参与植株对盐胁迫的响应，表明 *TkUBQ6* 与其他植物的 *UBQ* 基因具有类似的功能。

ABA 是一种内源激素，参与多种逆境响应，能调节植物水分平衡和提高渗透胁迫的耐受性（Zhang et al., 2006）。许多 ABA 反应都通过蛋白质降解进行调控，ABA 信号传导途径涉及多种 E3 泛素连接酶（Kelley and Estelle, 2012），泛素通过 E3 转移到底物蛋白上，泛素标记的底物蛋白被 26S 蛋白酶体降解。目前已发现参与 ABA 信号传导途径的 6 种 A 亚类 PP2C（ABI1、ABI2、HAB1、HAB2、AHG1 和 AHG3/ATPP2CA）磷酸酶基因存在功能冗余，负调节 ABA 的生理反应（Hirayama and Shinozaki, 2007；Nishimura et al., 2007；Rubio et al., 2009）。橡胶草 *TkUBQ6* 基因在 ABA 诱导下显著上调表达，推测该基因参与 ABA 信号传导过程。目前，乙烯信号传导在模式植物拟南芥中已建立相关线性模型，即乙烯→乙烯受体 ETR 家族→ CTR 家族→ EIN2 → EIN3/EIL → ERF →乙烯反应相关基因表达，其中上游的乙烯受体 ETR 与 CTR1 为负调控元件，而下游 EIN2、EIN3/EIL 和乙烯响应因子 ERF 为乙烯信号传导的正调控元件（刘畅宇等，2019）。EIN2 是乙烯信号传导中起正调控作用的关键因子，当没有乙烯时，ETP1/ETP2 蛋白积累，通过 UPP 途径降解 EIN2 蛋白，关闭乙烯信号途径；而有乙烯时，ETP1/ETP2 蛋白含量减少，EIN2 蛋白稳定性增强，被切割入核，激活下游乙烯信号（Qiao et al.，2009）。UBQ 主要参与 UPP 途径的蛋白质水解过程，是一个可重复利用的信号分子，可以识别靶蛋白。本节研究中，乙烯利处理后，*TkUBQ6* 表达在 24 h 内先显著下调；而在 48 h 出现小幅度上调，表明 TkUBQ6 通过 UPP 途径降解乙烯信号途径的关键蛋白从而间接参与乙烯信号传导，其表达模式与相关蛋白的降解水平有关。JA 参与多种非生物胁迫的响应（Takeuchi et al.，2011），茉莉酸信号传导过程中，F-box 蛋白（COI1）作为茉莉酸信号分子的受体蛋白，调控 JAZ 蛋白（一个转录抑制因子家族）的降解，从而促进茉莉酸信号传导，刺激下游基因的表达（Zhao et al.，2013）。研究表明，内源茉莉酸含量升高会促进 JAZ 蛋白与 SCF^{COI1} 复合体结合并使 JAZ 蛋白泛素化，进而通过泛素 /26S 蛋白酶途径被降解（Thines et al.，2007）。橡胶草经 MeJA 处理后，*TkUBQ6* 基因显著上调表达，表明橡胶草中 *TkUBQ6* 参与 JA 信号传导过程。以上研究结果表明，*TkUBQ6* 参与橡胶草的抗逆反应以及多个激素信号传导过程，但该基因在胁迫响应和激素信号传导中的具体作用机制还有待进一步验证。

7.6 橡胶草 E2 泛素结合酶基因 *TkUBC2* 的克隆及其表达分析

在逆境条件下，植物会激活多种信号通路来调节自身的生长发育，其中泛素介导的蛋白质降解途径在调控植物应对逆境胁迫过程中具有重要作用（Cui et al.，2012）。该途径通过泛素活化酶 E1（ubiquitin activating enzyme，E1）、泛素结合酶 E2（ubiquitin-conjugating enzyme，UBC/E2）和泛素连接酶 E3（ubiquitin ligase，E3）多步反应实现。其中 E2 酶起到"承上启下"的作用，接收从 E1 活化的泛素蛋白，催化泛素蛋白直接与底物结合或与 E3 结合。因此，E2 在泛素蛋白酶途径（UPP）中发挥重要作用。

泛素结合酶 E2 由一个高度保守的泛素结合结构域（UBCc）和末端组成，根据不同的末端可将 UBC 基因家族分成 4 个亚族（Papaleo et al.，2012；Schumacher et al.，2013），Ⅰ类只有 UBCc 结构域，可降解短命蛋白或泛素化异常蛋白；Ⅱ类具有 UBCc 结构域和 C- 末端，后者可识别 E3 和靶蛋白；Ⅲ类具有 UBCc 结构域和 N- 末端；Ⅳ类除 UBCc 结构域外同时具有 C- 末端和 N- 末端，N- 末端结构功能尚不清楚。末端序列的差异使得真核生物中 E2 基因家族的功能具有多样性。E2 主要参与植物的胁迫响应、生长发育和 DNA 损伤修复等生理过程（王金利等，2010）。植物的胁迫响应研究主要是干旱、高低温、盐胁迫以及激素胁迫。拟南芥 UBC22 突变体表达了与植物防御相关的基因，表明 UBC22 在植物发育和胁迫反应中具有多种功能（Wang et al.，2020）。马铃薯 StUBC12 在干旱和盐胁迫下上调表达，提高了植株的抗逆性（付学等，2020）。大豆 GmUBC13 基因在干旱、高盐、低温和 ABA 等胁迫时表达量升高，在烟草中过表达 GmUBC13 可以提高植株的抗旱性（徐东北等，2014）。在拟南芥中过表达绿豆 VrUBC1 基因可以提高植株对干旱胁迫的耐受性（Chung et al.，2013）。龙葵 SorUBC 基因参与干旱、高温、低温、盐等非生物胁迫的早期响应（蔡佳文等，2016）。在蒜介茄中，叶片和根中的 SsUBC 基因对非生物胁迫的响应不同，高温、干旱、镉、ABA 诱导叶片中 SsUBC 基因上调表达，而在根中该基因在干旱胁迫下呈现下调表达趋势（董轩名等，2018）。菜心 BclUBE2 基因参与低温胁迫的响应过程（曾小玲等，2018）。除此之外，E2 还参与调控植物的生长发育过程，如花期、光周期、木质部形成等。荔枝 LcUBC12 基因在烯效唑处理下对花穗发育具有负调控作用（董晨等，2020）。Xu 等（2020）发现在拟南芥中泛素结合酶 UBC34 以光依赖的方式调控蔗糖转运蛋白 2（sucrose transporter 2，SUC2）的转化率，并调控 SUC 提高植物的生产力。Zheng 等（2019）发现毛白杨泛素结合酶 PtoUBC34 与木质素相关的转录抑制因子 PtoMYB221 和 PtoMYB156 相互作用，参与转录后的调控，并发现 PtoUBC34 受盐和热激诱导。在 E2 基因家族中，RAD6/UBC2 蛋白的研究较为深入，大量研究表明，酵母 UBC2 蛋白即 RAD6 具有多种功能，在 DNA 损伤修复、细胞周期、细胞增殖、染色质加工等过程发挥关键作用（Watkins et al.，2003）。在人基因组中也鉴定到两个 RAD6 同源基因 HHR6A 和 HHR6B，它们同样具有 DNA 损伤修复的功能（Koken et al.，1991）。拟南芥中 Rad6 同源基因有 3 个，即 AtUBC1、AtUBC2 和 AtUBC3，前两者参与组蛋白 H2B 的单泛素化并通过上调 FLC 相关基因的表达抑制开花，在酵母实验中 AtUBC2 能够部分恢复酵母突变体对 UV 照射的敏感性和降低其在高温条件下的生长速度（Cao et al.，2008；Zwirn et al.，1997；Xu et al.，2009）。Carsten 等发现一种 SUMO-E2 酶 UBC9 参与 DNA 合成和修复（Hoege et al.，2002）。水稻 RE2 可以参与苯丙类化合物的合成代谢对 UV 辐射进行防护（PENG Ri-He，2003）。另外，Song 等（2019）和 Nong 等（2019）的研究表明 E2 基因可作为内参基因进行基因表达研究。

橡胶草（*Taraxacum kok-saghyz* Rodin）是原产于哈萨克斯坦和中国新疆的多年生草本植物，因其根部富含优质的天然橡胶，是极具研究和开发潜力的产胶作物。目前，有关橡胶草的研究主要集中在天然橡胶合成相关基因的分子机制、遗传转化和组织培养等，而有关抗性基因的研究鲜有报道，而抗性基因的筛选和克隆将为橡胶草的遗传改良和抗性基因工程育种奠定基础。本节研究克隆橡胶草泛素结合酶 *TkUBC2* 基因，并对其基因与蛋白序列的结构特征和表达模式进行分析，为进一步研究橡胶草 E2 基因的功能、选育抗逆品系提供理论依据。

7.6.1 材料与方法

（1）实验材料与实验方法

实验材料及其处理方法与 7.5.1 中的方法相同。UV 辐射处理方法：将组培苗放在紫外灯下进行 UV 辐射（40μW/cm²）处理，分别于处理后 0 h、0.5 h、2 h、6 h、12 h、24 h 取其叶片用于后续分析。

（2）RNA 提取与 cDNA 合成

总 RNA 的提取和 cDNA 的合成与 7.5.1 中的方法相同。

（3）基因编码区的克隆

用拟南芥 AtUBC2（*Arabidopsis thaliana*，NP_565289）的氨基酸序列对橡胶草转录组数据进行 tBlastn 搜索，获得橡胶草 UBC2 的 DNA 序列，参照转录组搜索获得的序列设计引物（表 50），以橡胶草品系 1151 叶片的 cDNA 为模板，用 Premix Taq™（Ex Taq™ Version 2.0）（Takara）进行 PCR 扩增。反应体系：cDNA 模板 1 μL（30 ng），2 × Premix Taq Mix 10 μL，正向和反向引物（10 μmol/L）各 0.5 μL，ddH₂O 8 μL。扩增程序：95℃预变性 30 s；94℃变性 30 s，55℃退火 30 s，72℃延伸 1 min，共 35 个循环；最后 72℃延伸 10 min。扩增产物用 1% 琼脂糖凝胶电泳后，目的片段采用凝胶回收试剂盒（OMEGA，E.Z.N.A. TM Gel Extraction Kit）进行回收，并连接到 pMD-18T（Takara）载体上转化大肠杆菌 DH5α 进行克隆，菌落 PCR 检测后挑取阳性单克隆送广州艾基生物技术有限公司测序验证。

表 50 *TkUBC2* 全长扩增和 qRT-PCR 分析引物序列

引物名称	引物序列（5′-3′）
TkUBC2-F	TCATTTTCCCGTTCACTTCC
TkUBC2-R	AAAAACTCATTTCACGCCATT
TkUBC2-QF	AGGTACGTTTAAGTTGACACTCCAG
TkUBC2-QR	AACATATGCTTCCATCTGCATAAAT
TkActin-F	GGAAGGATCTTTATGGGAAC
TkActin-R	CAGACACTATACTTCCTCTCAGG

（4）生物信息学分析

通过 NCBI 网站的 ORF Fider（https://www.ncbi.nlm.nih.gov/orffinder/）在线分析确定

TkUBC2 基因的 ORF 及其编码氨基酸序列，在 NCBI 非冗余蛋白数据库中采用 BLASTp（https://blast.ncbi.nlm.nih.gov/Blast.cgi）搜索 TkUBC2 蛋白序列的同源性序列。采用 DNAMAN 软件对多序列同源性和相似性进行分析。采用 MEGA7 软件构建系统进化树。采用 ProtParam 工具（https://web.expasy.org/protparam/）对 TkUBC2 的蛋白质进行理化特性分析。采用 SignalP-5.0 Server、TMHMM Serverv.2.0、NetPhos 3.1 Server 和 PSIPRED V4.0 等在线分析工具分别分析预测 TkUBC2 的信号肽、跨膜蛋白结构、磷酸化位点、亚细胞定位、二级结构、三级结构和保守结构域。

（5）荧光定量 qRT-PCR 分析

根据 *TkUBC2* 基因序列设计 qRT-PCR 引物，以橡胶草 *TkActin* 基因为内参，采用 SYBR Green 法进行 qRT-PCR 扩增。反应体系：2 × SYBR Premix Ex Taq^{TM} Mix（Takara）10 μL，正向与反向引物（10 μmol/L）各 0.4 μL，cDNA 1 μL（30 ng），ddH$_2$O 8.2 μL。在荧光定量 PCR 仪（CFX96 Touch^{TM} Real-Time PCR Detection System，Bio-Rad）上进行扩增。扩增程序：95 ℃预变性 30 s；95℃变性 5 s，60℃退火 30 s，共 40 个循环。根据 CT 值用 $2^{-\Delta\Delta CT}$ 计算目的基因的相对表达量。

（6）数据统计分析

与 7.5.1 中的方法相同。

7.6.2　结果与分析

（1）*TkUBC2* 的克隆与序列分析

以橡胶草品系 1151 叶片为材料，提取 RNA，反转录成 cDNA，以引物 TkUBC2-F 和 TkUBC2-R 进行 PCR 扩增得到目的片段，经克隆后测序验证，获得橡胶草 *TKUBC2* 基因序列，长度为 706 bp，包含一个 459 bp 的开放阅读框（ORF），编码 152 个氨基酸（图 110）。采用 ProtParam 工具对其编码蛋白分析发现，TkUBC2 蛋白相对分子量为 37.97 KDa，等电点 5.23，亲水性 0.805，不稳定指数为 33.03，表明该蛋白是稳定性蛋白质。通过 SignalP-5.0 Server、TMHMM Serverv.2.0、NetPhos 3.1 Server 和 PSIPRED V4.0 在线分析，表明 TkUBC2 无信号肽和跨膜结构，含有 7 个丝氨酸（Ser）磷酸化位点、5 个苏氨酸（Thr）磷酸化位点、4 个酪氨酸（Tyr）磷酸化位点，可能定位于细胞核中。通过蛋白质结构分析发现，二级结构有 38.82% 的 α- 螺旋，3.29% 的 β- 转角，17.76% 的延长链，40.13% 的无规则卷曲（图 111A），表明 TkUBC2 的二级结构主要是 α- 螺旋和无规则卷曲；由二级结构进一步卷曲、折叠形成三级结构（图 111B）。保守结构域预测如图 111C 所示，该蛋白有一个高度保守的泛素结合结构域（UBCc），属于泛素结合酶 E2 家族成员。

```
  1   ATGTCTACACCTGCAAGGAAGAGGTTAATGAGGGACTTTAAGAGGTTGCAGCAGGATCCT
  1    M  S  T  P  A  R  K  R  L  M  R  D  F  K  R  L  Q  Q  D  P
 61   CCTGCTGGAATCAGTGGTGCTCCAGTTGATAACAATATAATGCTGTGGAATGCTGTCATT
 21    P  A  G  I  S  G  A  P  V  D  N  N  I  M  L  W  N  A  V  I
121   TTCGGCCCAGATGACACTCCGTGGGATGGAGGTACGTTTAAGTTGACTCTCCAGTTTTCA
 41    F  G  P  D  D  T  P  W  D  G  G  T  F  K  L  T  L  Q  F  S
181   GAAGATTATCCCAACAAGCCACCAACAGTTCGATTCATTTCTCGAATGTTTCATCCCAAT
 61    E  D  Y  P  N  K  P  P  T  V  R  F  I  S  R  M  F  H  P  N
241   ATTTATGCAGATGGATCTATCTGTTTGGACATTCTTCAAAATCAATGGAGTCCAATTTAT
 81    I  Y  A  D  G  S  I  C  L  D  I  L  Q  N  Q  W  S  P  I  Y
301   GATGTTGCTGCCATTCTTACATCAATTCAGTCATTGCTATGTGATCCAAACCCAAACTCA
101    D  V  A  A  I  L  T  S  I  Q  S  L  L  C  D  P  N  P  N  S
361   CCAGCCAATTCAGAAGCAGCACGAATGTTCAGCGAGAATAAGCGCGAGTACAACAGAAAA
121    P  A  N  S  E  A  A  R  M  F  S  E  N  K  R  E  Y  N  R  K
421   GTGCGTGAAATAGTTGAGCAAAGCTGGACAGCCGACTAA
141    V  R  E  I  V  E  Q  S  W  T  A  D  *
```

图 110　*TkUBC2* 基因编码区的核苷酸序列及其推导的氨基酸序列

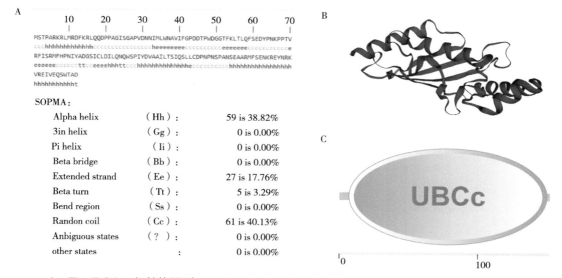

SOPMA：

Alpha helix	(Hh):	59 is 38.82%
3in helix	(Gg):	0 is 0.00%
Pi helix	(Ii):	0 is 0.00%
Beta bridge	(Bb):	0 is 0.00%
Extended strand	(Ee):	27 is 17.76%
Beta turn	(Tt):	5 is 3.29%
Bend region	(Ss):	0 is 0.00%
Randon coil	(Cc):	61 is 40.13%
Ambiguous states	(?):	0 is 0.00%
other states	:	0 is 0.00%

A，TkUBC2 二级结构预测；B，TkUBC2 三级结构预测；C，TkUBC2 保守结构域预测

图 111　TkUBC2 结构分析

（2）同源性及进化树分析

将 TkUBC2 的氨基酸序列输入 NCBI 蛋白数据库进行 BLASTp 搜索，找到其他物种的同源蛋白，通过 DNAMAN 进行多重序列比对，结果表明，UBC2 在不同物种间具有很高的同源性，橡胶草 TkUBC2 与莴苣 LsUBC2（*Lactuca sativa*，XP_023744018）、绒毛烟草 NtUBC2（*Nicotiana tomentosiformis*，XP_009589859）的同源性都达到 99.34%；其次是与洋蓟 CsUBC2（*Cynara cardunculus* var. *scolymus*，XP_024978185）、向日葵 HaUBC2（*Helianthus annuus*，XP_022012684）的同源性达到 98.68%；与本生烟 NbUBC2（*Nicotiana benthamiana*，AOF39395）、大豆 GmUBC2（*Glycine max*，NP_001235621）、拟南芥 AtUBC2（*Arabidopsis thaliana*，NP_565289）的同源性分别为 98.04%、98.03%、96.05%（图

112A）。进一步采用 MEGA7 软件构建系统发育树发现，8 个 UBC 蛋白可以划分为两个分支，其中 NtUBC2、CsUBC2、NbUBC2、GmUBC2 和 AtUBC2 聚在同一个分支上，而橡胶草 TkUBC2 与莴苣 LsUBC2、向日葵 HaUBC2 聚在另一分支上（图 112B），它们在分类上同属于菊科植物，表明 UBC2 在同科植物中的保守性更高。

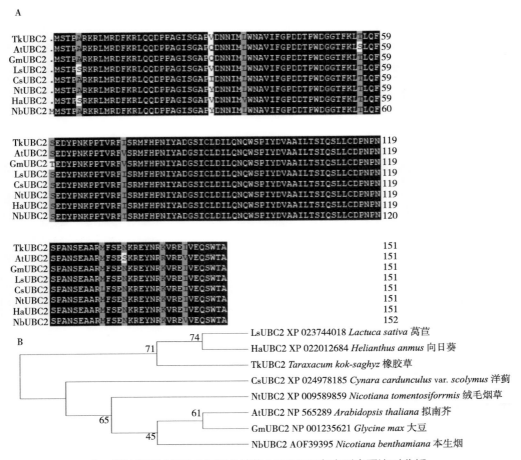

A，橡胶草 TkUBC2 与其他植物 UBC2 蛋白序列多重比对分析；

B，橡胶草 TkUBC2 与其他植物 UBC2 的系统进化关系分析

图 112　橡胶草 TkUBC2 与其他植物 UBC2 蛋白序列分析

（3）橡胶草 *TkUBC2* 基因的表达模式分析

为了揭示 *TkUBC2* 基因的功能，我们采用 qRT-PCR 技术对其表达模式进行系统的分析。如图 113A 所示，*TkUBC2* 在橡胶草盛花期的叶、根、花和花梗中均有表达，且不同组织中的表达水平差异显著，其中花梗中的表达量最低，叶中的表达量最高，是花梗的 3 倍。如图 113B 所示，*TkUBC2* 在 UV 辐射处理下呈现明显地上调表达，12 h 的表达量达到未处理对照的 2 倍。结果表明 *TkUBC2* 与橡胶草适应 UV 辐射胁迫有关。进一步

地，以不同非生物胁迫和激素处理后橡胶草叶片为材料，系统地分析 *TkUBC2* 在胁迫响应和激素信号传导中的作用。在 PEG6000 模拟干旱胁迫、甘露醇介导的渗透压胁迫以及植物激素 MeJA 处理后 *TkUBC2* 基因显著下调表达，且均在处理后 12 h 降到最低水平，其中 PEG6000 处理下降了 70%、甘露醇处理下降了 60%、MeJA 处理下降了 50%，然后逐步恢复到未处理时的表达水平。在 NaCl 高盐胁迫下 *TkUBC2* 基因表达量在 12 h 上调 1.5 倍，在 48 h 恢复到未处理时的表达水平，但在 72 h 又上调 1.5 倍。在 ABA 和 ET 诱导下，*TkUBC2* 基因表达量先下降后上升，分别在处理后 12 h 和 24 h 下降至最低值，同时都是在 72 h 显著升高且达到最高值（图 114）以上结果表明，*TkUBC2* 基因广泛地参与橡胶草对干旱、渗透压、高盐胁迫的响应以及乙烯、茉莉酸和 ABA 信号转导过程。

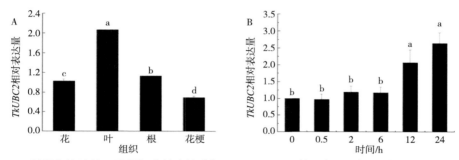

A，*TkUBC2* 基因在橡胶草不同组织中的表达分析；B，*TkUBC2* 基因在 UV 辐射处理下的表达模式分析

图 113 *TkUBC2* 基因在橡胶草不同组织中以及 UV 辐射处理后的表达分析

注：不同小写字母标识表示差异显著（$P<0.05$）。

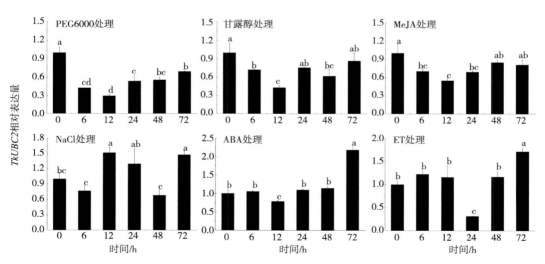

图 114 *TkUBC2* 基因在不同胁迫和激素处理下的表达模式分析

注：不同小写字母标识表示差异显著（$P<0.05$）。

7.6.3　结论与讨论

泛素结合酶 UBC/E2 是泛素 - 蛋白酶体途径（UPP）的关键酶。本节研究从橡胶草中克隆的 *TkUBC2* 基因，其编码的氨基酸序列与同为菊科的莴苣和向日葵高度相似，氨基酸序列间的相似性达 99.34% 和 98.68%，表明 E2 酶蛋白在物种间具有很高的保守性。蛋白结构域分析发现，TkUBC2 只有一个 UBCc 结构域，属于 UBC 基因家族中的 I 亚族，可直接降解短命蛋白或已被泛素化的异常蛋白。通过 qRT-PCR 技术分析 *TkUBC2* 基因的表达模式，结果显示，该基因在各组织中均有表达且差异显著，其中花梗中的表达量最低，叶中的表达量最高。不同物种的 E2 编码基因的表达分析发现，小麦 *TaE2* 基因在小麦根、茎、叶和种子中均有表达，且表达量一致（尹丽娟等，2014）；龙葵 *SorUBC* 基因在龙葵根、茎、叶、花和果实中均有表达，在叶和果实中表达量最高（蔡佳文等，2016）；菜心 *BclUBE2* 基因在根、茎、叶和叶柄中也均有表达，在叶中的表达量最高（曾小玲等，2018）；铁皮石斛 *DoUBC24* 基因在叶中的表达量最低（安红强等，2016）。以上研究结果表明，泛素结合酶 E2 基因在不同器官中均有表达，不同物种间存在组织表达特异性。

大量的研究表明泛素结合酶 E2 基因与植物的抗逆性相关。比如，小麦 *TaE2* 基因在干旱、高盐和 ABA 胁迫下均上调表达，参与逆境胁迫响应（尹丽娟等，2014）；龙葵 *SorUBC* 基因在高低温和干旱等非生物胁迫下呈现下调表达趋势（蔡佳文等，2016）；大豆 *GmUBC2* 基因受干旱和盐胁迫后上调表达，在拟南芥中过表达 *GmUBC2* 可提高非生物胁迫响应基因的表达从而提高植株对干旱和盐胁迫的抗性（Hruska et al.，1979）；花生 *AhUBC2* 基因转入拟南芥后受 PEG6000、高盐、ABA 和低温胁迫诱导，且该基因能通过不依赖 ABA 信号通路提高植株的耐旱性（Wan et al.，2011）；甜瓜 *CmUBC* 基因在干旱和盐胁迫下转录水平升高（Baloglu and Patir，2014）。本节研究中，橡胶草在 PEG6000 模拟干旱、甘露醇介导的渗透压胁迫处理后，*TkUBC2* 基因显著下调表达；而 NaCl 高盐胁迫处理下，*TkUBC2* 上调表达，表明 *TkUBC2* 对不同胁迫的响应机制不同，胁迫条件下 TkUBC2 蛋白可能通过对不同响应蛋白的泛素化修饰间接参与植物对胁迫条件的反应过程。*TkUBC2* 经 ABA 诱导的早期（0 ~ 12 h）表达模式与其在干旱、渗透压胁迫下的表达模式类似，而在 ABA 诱导的后期（48 ~ 72 h）表达模式与其在高盐胁迫下的表达模式类似，表明 *TkUBC2* 受 ABA 诱导且能不依赖于 ABA 信号通路参与逆境胁迫响应过程，其参与调控的信号通路通过修饰的靶蛋白决定。除此之外，MeJA 可诱导 *TkUBC2* 下调表达，而 ET 诱导下，*TkUBC2* 表达量先下降后上升。UV 辐射会诱导植物产生一些与胁迫相关的生理反应，如 DNA 损伤（李冬梅等，2018）。UV-B 和 UV-C 都会直接与 DNA 碱基反应产生光离子，阻碍 DNA 复制和转录（Graindorge et al.，2019；Mullenders，2018；Schuch et al.，2013）。在 UV 辐射处理下，*TkUBC2* 呈现上调表达，在 12 h 开始上调表达，说明该基因对橡胶草 DNA 损伤修复具有正调控作用。辣椒中的研究表明，E2 基因与辣椒适应 UV-B 照射胁迫有关（赖燕等，2008）。橡胶树 HbRad6 在 DNA 损伤剂 H_2O_2 处理下呈现上调表达并且能够部分恢复酵母 *rad6* 突变体对 UV 的敏感性，表明其参与 DNA 损伤修复过程（Qin，2013）。本节研究结果表明 *TkUBC2* 广泛参与橡胶草对多种胁迫响应和激素信号转导过程，对 DNA 损伤修复具有积极的作用，为进一步阐明 *TkUBC2* 在橡胶草抗逆反应和激素信号转导过程中的功能打下基础。

7.7　橡胶草 E3 泛素连接酶基因 *TkAPC10* 的鉴定及其表达分析

泛素 - 蛋白酶体系统（ubiquitin-proteasome system）是一个高效、专一性和选择性强的蛋白降解系统，由泛素活化酶（E1）、泛素结合酶（E2）、泛素连接酶（E3）和 26S 蛋白酶体组成，其中 E3 决定泛素化底物的特异性。泛素化过程中，E1 负责激活泛素蛋白（Ub），并把激活的 Ub 连接到 E2 上，形成 E2-Ub 复合物。E3 负责识别目标蛋白，促进 E2 将 Ub 转移到靶蛋白上。泛素化修饰的蛋白可被 26S 蛋白酶体降解成短肽和氨基酸释放到细胞中可供再次利用（Pickart，2001；Vierstra，2009）。泛素 - 蛋白酶体途径在植物生长发育、植物激素合成、感知和下游信号传导、自交不亲和、抗病、抗逆、表观遗传、植物形态建成等过程都发挥重要作用（Pickart，2001）。

在拟南芥基因组中有超过 1 600 个基因编码泛素 - 蛋白酶体系统的核心组分，占到其蛋白质组的近 6%（Smalle and Vierstra，2004），其中包含 2 个 E1（Hatfield et al.，1997），至少 37 个 E2（Kraft et al.，2005），而 E3 则超过 1 400 个（Capron et al.，2003a；Downes et al.，2003；Gagne et al.，2002；Gingerich et al.，2005；Lee et al.，2008；Mudgil et al.，2004；Stone et al.，2005）。APC/C（anaphase-promoting complex/cyclosome）是一个泛素连接酶 E3 复合体，研究人员从遗传学、生物化学以及结构生物学的角度揭示 APC/C 的组成与结构模型，结果表明，该复合体由 13 个不同的亚基组成（Foe and Toczyski，2011），包括核心亚基和激活调节亚基。核心亚基有 APC1、APC2、APC3/CDC27、APC4、APC5、APC6/CDC16、APC8/CDC23、APC9、APC10/DOC1、APC11，其中 APC3/CDC27、APC6/CDC16、APC8/CDC23 分别含有 2 个拷贝，这 3 个蛋白形成的二聚体组成一个四肽重复 TPR 子复合体；APC2 与 APC11 形成一个催化中心子复合体；APC1、APC4 和 APC5 组成一个结构性骨架，该骨架连接 TPR 和催化中心子复合体，末端的 APC3/CDC27 与 APC10/DOC1 及激活蛋白 CDH1 或者 CDC20 结合（Foe and Toczyski，2011）。APC10/DOC1 和 CDC20 或 CDH1 决定 APC/C 复合体识别底物的特异性及其活性（Peters，2006），并负责将泛素连接到底物蛋白上（Carroll et al.，2005；Carroll and Morgan，2002；Passmore et al.，2003）。APC/C 复合体主要通过调控细胞周期过程从而调控有机体的正常生长和发育。在酵母中，提高 APC10 的表达水平可延长酵母细胞的寿命（Harkness et al.，2004），在人类细胞中 APC10 蛋白活性的提高或者降低均与

癌症有关（Liu et al.，2005；Wasch et al.，2010）。在植物拟南芥中，*AtAPC10* 调控叶片和导管的发育（Eloy et al.，2011；Marrocco et al.，2009），过表达 *AtAPC10* 导致植株出现类似乙烯和生长素敏感的表型（Lindsay et al.，2011），表明 *AtAPC10* 参与乙烯和生长素信号调控植物生长发育的过程。在水稻中，OsAPC10 与 TAD1 形成复合体对 MOC1 进行泛素化修饰和降解从而调控水稻的株高和分蘖（Xu et al.，2012）。由于 APC/C 复合体结构及功能的复杂性，非模式植物中有关 APC/C 复合体的编码基因及其功能知之甚少。

橡胶草根部的乳管细胞可合成优质的天然橡胶，是极具发展前景的产胶作物，也是研究天然橡胶生物合成的理想模型（Schmidt et al.，2010；van Beilen and Poirier，2007a）。尽管泛素连接酶在其他植物中的重要功能已经得到证实，但目前尚未有橡胶草泛素连接酶基因克隆及其功能研究的报道。为了揭示泛素连接酶基因在橡胶草生长发育、天然橡胶合成以及逆境响应的功能，本研究克隆了橡胶草 *TkAPC10* 基因，并分析其基因与蛋白结构特征及基因表达模式，为橡胶草遗传改良提供优异基因资源。

7.7.1 材料与方法

（1）实验材料及其处理方法

与 7.5.1 中的方法相同。

（2）基因组 DNA、总 RNA 的提取以及 cDNA 的合成

与 7.5.1 中的方法相同。

（3）橡胶草 *TkAPC10* 基因克隆

用拟南芥 AtAPC10（登录号：NP_565433.1）的氨基酸序列对橡胶草基因组序列进行 tBlastn 搜索，获得橡胶草 APC10 基因的 DNA 序列，并设计基因克隆引物 TkAPC10-F 和 TkAPC10-R（表 51），用 KOD 高保真性聚合酶（TOYOBO）进行 PCR 扩增。反应体系：cDNA 模板 2 μL（60 ng），2×PCR buffer for KOD FX 25 μL。dNTPs 10 μL，上、下游引物（10 μmol/L）各 1 μL，KOD FX 1μL，ddH$_2$O 补足 50 μL。扩增程序：94℃预变性 2 min；98℃变性 10 s，60℃退火 30 s，68℃延伸 1 min，共 33 个循环；最后 4℃保存。扩增产物用 1% 琼脂糖凝胶电泳后，目的片段采用凝胶回收试剂盒（OMEGA）进行回收，并连接到平末端克隆载体 Blunt-Zero（Vazyme）上转化大肠杆菌 DH5α 进行克隆，菌落 PCR 检测后挑取阳性单克隆送测序公司进行测序验证。

（4）基因表达模式分析

根据 TkAPC10 基因 cDNA 序列设计荧光定量 qRT-PCR 引物 TkAPC10-QF 和 TkAPC10-QR（表 51），用橡胶草 *TkActin* 基因作为内参基因（覃碧等，2016），采用 SYBR Green 法进行 qRT-PCR 扩增。反应体系：2×SYBR qPCR Master Mix（Vazyme）10 μL，上、下游引物（10 μmol/L）各 0.4 μL，cDNA 1 μL（30 ng），ddH$_2$O 8.2 μL。在荧光定量 PCR 仪（CFX96，Bio-Rad）上进行扩增。扩增程序：95℃预变性 30 s；95℃变性 10 s，60℃退火 30 s，68℃延

伸 1 min，共 40 个循环。根据 CT 值用 $2^{-\Delta\Delta CT}$ 计算目的基因的相对表达量。采用 SAS 软件进行单因素 ANOVA 完全随机（均衡）分析差异显著性，采用 Origin Pro 2019 软件进行作图。

（5）生物信息学分析

采用 NCBI 的 ORF Fider 分析工具确定 *TkAPC10* 基因的 ORF 及其编码氨基酸序列，采用 Cell-PLoc 2.0 软件预测蛋白的亚细胞定位情况。采用 SMART 分析工具对 TkAPC10 的蛋白结构特征进行分析。通过搜索橡胶草基因组，提取 *TkAPC10* 基因起始密码子前的 2 000 bp 作为启动子序列，采用 PlantCARE 分析工具对其启动子元件进行分析和预测。在 NCBI 非冗余蛋白数据库中采用 BLASTp 搜索 TkAPC10 蛋白序列的同源性序列。采用 Clustalx 软件和 DNAMAN 软件进行同源蛋白序列比对分析，然后用 MEGA7 软件构建系统进化树。

表 51　引物序列信息

引物名称	引物序列（5′-3′）
TkAPC10-F	ATGGCTACGGAGTCATCCGA
TkAPC10-R	TCATCTCACAGTTGAGTAAG
TkAPC10-QF	AGGGGGAAGAAGAAACGAAA
TkAPC10-QR	GAAGAGAAGAGACGCCATTG
TkActin-F	GGAAGGATCTTTATGGGAAC
TkActin-R	CAGACACTATACTTCCTCTCAGG

7.7.2　结果与分析

（1）*TkAPC10* 基因的克隆及其剪切方式、蛋白结构特征分析

以橡胶草品系 1151 的 cDNA 和基因组 DNA 为模板，采用 TkAPC10-F 和 TkAPC10-R 引物进行扩增，目标片段经测序验证后获得 *TkAPC10* 基因序列，其 ORF 为 579 bp，编码 192 个氨基酸，其基因组 DNA 序列为 1 092 bp（图 115）。通过对 *TkAPC10* 的 cDNA 与基因组 DNA 序列进行比较，分析其外显子剪切方式，结果如图 1 所示，*TKAPC10* 基因包含 6 个外显子和 5 个内含子，6 个外显子的长度依次为 179 bp、61 bp、93 bp、71 bp、105 bp、70 bp（图 115，下划线标出），5 个内含子的长度依次为 94 bp、132 bp、84 bp、87 bp、116 bp，内含子的边界为 5′-GT···AG-3′（图 115，用灰色背景标出）。以 *TkAPC10* 的 cDNA 序列在橡胶草基因组中搜索发现，该基因以单拷贝的形式存在。进一步从基因组中提取起始密码子前的 2 000 bp 作为启动子序列，采用 PlantCARE 软件进行顺式作用元件分析和预测，发现 *TKAPC10* 基因的启动子序列上含有 ABA 响应的 ABRE、茉莉酸

响应的 CGTCA-motif 和 TGACG-motif 元件，以及一些逆境响应相关元件，比如干旱诱导相关的 MBS、防御与逆境响应相关的 TC-rich repeats、厌氧诱导的 ARE 元件。

ATGGCTACGGAGTCATCCGAGGGGGGAAGAAGAAACGAAACTCATGGGAGGAAATCCGC
AACTGGTGGTCGATGGCGACCTCCGTGAGATGGCAAAGATGGCTGCTTGGAGCGTAAGCT
CTTGTAAACCTGGCAATGGCGTCTCTTCTCTTCGAGATGACAATTATGAAACCTGCTGGC
AGTACGCAAATTTCTCAATTCCCGTTCCCCATTTTCTTTTAGTTTTCCACTTAAATGATCTCC
CATTTGACAATTCCTTGATTAATTTGATTCAGATCAGACGGTGCACAACCACATCTTGTCAA
CATTCAGTTTCAAAAAAAAGTTAAACTTCAAGTAAGCACTTTCTTTCCCCTTATTGTACAA
ATCCGACTTAGAAACCTGAAATTTCGGGAAGAAAAGGGGTTTGTTCCTTTAATCGCATCT
TGCATTCTAATTCCATAACGGGATTTTGCTGTTTTTTTCAGTTAGTTGCACTTTATGTCGATT
TTAATCTTGATGAGAGTTATACACCTAGTAAGATCTCAATTCGTGCTGGAGATGGTTTTCAT
AACTTAAAGGTGCCCTTCTCAAATTTCTGATCTGTTTATAATCATAATATAAAATTATAAATT
CATCATTTTCTTCCTTGATATTTATTGTAGGAGATAAAAACAGTAGAACTTGTAAAGCCAAC
TGGTTGGGTACACATATCTTTATCTGGAAATGATCCTCGGTAGGCAATAATAATACTTCTTAA
CTTTTCTTGCATTTAACCATTTCCCATATTGTTATAATTTTCTTTTTTTTTTTCTTTTTGCAGG
GAGGCTTTTGTAAATACCTTCATGTTGCAAATTGGTATATTGTCAAATCATCTTAATGGGAG
GGACACACATGTCCGCCAGATAAAAGTATATGGACCAAGACCGTATGTGACTGTCTTTATA
GATTAAATTCTGGATCAATTAAGCAGTTTAAGCTTATCATTATTAATCAATTATAATTGAAG
AATCTTGCTGTGTGTTTTTTTTTTTTTTTTGCAGAAATCCTATTCCACACCAACCATTTCAGT
TCACTTCAAGTGAATTCATCACTTACTCAACTGTGAGTGA

图 115 *TkAPC10* 基因序列及其外显子剪切方式

注：外显子用下划线标出；内含子的边界（5′-GT…AG-3′）用灰色背景标出；*TkAPC10* 基因全长的扩增引物结合位点用双下划线标出，qRT-PCR 引物的结合位点用蓝色背景标出。

采用不同的生物信息学软件对 TkAPC10 蛋白的理化性质及其结构特征进行分析发现，TkAPC10 蛋白为 21.50 kDa，等电点 6.51。采用 SMART 在线分析软件以及 NCBI 蛋白保守结构域分析发现，TkAPC10 属于 APC10 蛋白家族，第 27 ~ 191 位氨基酸的区域为 APC10 保守结构域（图 116），采用 TOPCONS 在线分析软件预测，发现该蛋白没有信号肽和跨膜结构域。采用 Cell-PLoc 2.0 在线软件（http://www.csbio.sjtu.edu.cn/cgi-bin/PlantmPLoc.cgi）预测发现，TkAPC10 蛋白定位在细胞核中。

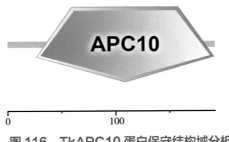

图 116 TkAPC10 蛋白保守结构域分析

（2）TKAPC10的同源蛋白搜索及其进化关系分析

以TkAPC10的氨基酸序列在NCBI非冗余蛋白数据库中进行BLASTp搜索其同源蛋白，结果表明，不同物种的APC10蛋白具有很高的同源性，TKAPC10与莴苣LsAPC10的相似性最高达到99%，仅有2个氨基酸差异；与其他菊科植物如洋蓟CcAPC10、青蒿AaAPC10的相似性也达到95%以上；与木本植物的杨树PtAPC10、橡胶树HbAPC10的相似性达到85%以上；与拟南芥AtAPC10的相似性为84%；与禾本科植物水稻OsAPC10的相似性为74.13%；与人类HsAPC10的相似性为48.19%，与酵母ScAPC10（DOC1）的相似性最低，为36%（图117和图118）。进一步的系统进化树分析结果表明，TKAPC10与双子叶植物的APC10蛋白聚为一类，而单子叶植物水稻OsAPC10单独聚为一类，表明APC10蛋白在单子叶与双子叶形成之前发生了分化，而人类的HsAPC10、酵母ScAPC10也各自聚为一类（图118）。以上结果表明，不同物种的APC10蛋白具有较高的保守性，同时在物种进化过程中形成了不同物种间的独特特征。

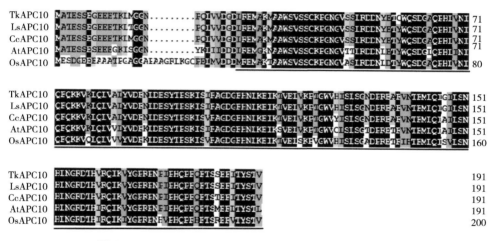

图117 TKAPC10及其同源蛋白的多重序列比对分析

用于多重序列比对的APC10同源蛋白登录号如下：LsAPC10（*Lactuca sativa*，XP_023764620.1）、CcAPC10（*Cynara cardunculus* var. *scolymus*，XP_024978161.1）、AtAPC10（*Arabidopsis thaliana*，NP_565433.1）、OsAPC10（*Oryza sativa* var. *japonica*，XP_015638199.1）。

（3）*TKAPC10*基因的表达模式分析

采用qRT-PCR技术对不同组织中*TKAPC10*基因的表达模式进行分析，发现该基因在花梗中的表达量最低，花和叶中的表达量最高，是花梗中的2.8倍，其次是根，表明*TKAPC10*基因在细胞分裂旺盛的组织（花、叶和根）中表达量显著高于细胞分裂活动相对缓慢的组织（花梗）（$P<0.05$），而在花、叶、根3个组织间的表达量差异不显著（图119），说明该基因参与橡胶草细胞分裂过程的调控。

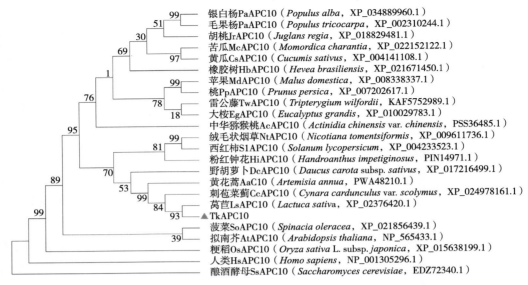

图 118　TKAPC10 与其他物种的 APC10 蛋白的系统进化关系分析

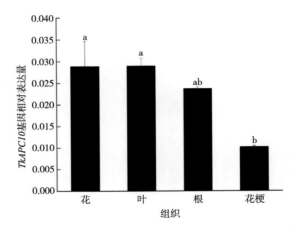

图 119　*TKAPC10* 基因在橡胶草不同组织中的表达分析

注：不同小写字母标识表示差异显著（*P*<0.05）。

由于 *TKAPC10* 基因启动子含有 ABA、JA、干旱等逆境响应元件，因此，利用外源激素 ABA、MeJA、ET 以及 PEG6000、甘露醇、NaCl 分别模拟干旱、渗透压、高盐等胁迫对橡胶草进行处理，分析 *TKAPC10* 基因对不同激素和胁迫处理的响应情况。结果如图 120 所示，外源 ABA 处理后，*TKAPC10* 基因转录本显著下降，6 h 的表达水平最低，是对照 0 h 的 0.5 倍；而外源 MeJA 处理后，*TKAPC10* 基因显著上调表达，24 h 达到最高表达量，是 0 h 的 3.4 倍；外源 ET 处理后，*TKAPC10* 基因表达量也显著上升，12 h 达到最高水平，是 0 h 的 2.6 倍。PEG6000 模拟的干旱胁迫处理后，*TKAPC10* 显著下调表达，48 h 的表达量最低，与对照 0 h 相比下调了 32%；甘露醇介导的渗透压胁迫处理后，该基因转录水平也显著下降，12 h 的转录水平最低，与对照 0 h 相比下降了 35%；而 NaCl 高盐胁迫处理后，*TKAPC10* 的转录水平显著上调，24 h 达到最大值，是 0 h 的 3.3 倍（图 120）。以上结果表明，*TKAPC10* 基因参与橡胶草 ABA、JA、ET 激素信号传导以及干旱、渗透压、高盐胁迫响应过程的调控。

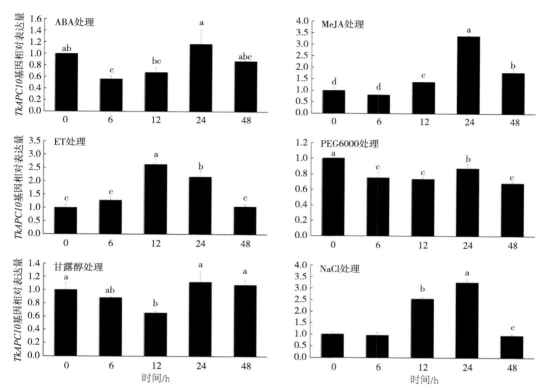

图 120　*TKAPC10* 基因在不同外源激素以及逆境胁迫处理下的表达模式分析

注：不同小写字母标识表示差异显著（*P*<0.05）。

7.7.3　结论与讨论

　　细胞周期在调控有机体的生长与发育过程中发挥关键作用，是有机体最重要的生物过程之一。真核生物的细胞周期一般分为 G1 期、S 期、G2 期和 M 期，其中特定调节因子蛋白及时、准确地被降解是确保细胞周期能够单向地、不可逆地向前运转的关键。APC/C 和 SCF（Skp1/Cullin/F-box）复合体是调控细胞周期的两个 E3 泛素连接酶（Pines，2011）。APC/C 复合体介导底物的降解需要激活因子 CDH1 或者 CDC20 的激活作用，大部分被识别并降解的底物中均含有 D-box 和或 KEN-box 结构域（Pines，2011）。CDH1 通过结合 APC/C 复合体、识别并招募特定的底物（包括有丝分裂细胞周期蛋白、有丝分裂激酶、参与染色体分离的蛋白质、DNA 复制蛋白质以及转录因子）进而调控细胞周期进程以及基因组的稳定性（Song et al.，2011）。

尽管 APC/C 复合体的亚基组成和结构模型已经清楚，但各个亚基的功能目前还不是很清楚。在植物中，有关 APC/C 复合体的功能研究主要集中在模式植物拟南芥中。对拟南芥不同 APC/C 亚基的功能研究结果表明，拟南芥 *HOBBIT* 基因编码 APC3/CDC27 同源蛋白，该基因是调控分生组织的细胞分裂与细胞分化的关键基因，而且 *HOBBIT* 基因能够部分互补酵母 *nuc2/cdc27* 突变体的功能，该基因的转录受细胞周期调控，同时将植物细胞周期与细胞分化进程联系起来。拟南芥 *AtAPC1*、*AtAPC4* 的突变均导致植株的育性显著下降，雌配子发生与胚胎发生异常，细胞周期蛋白 cyclin B 积累并破坏胚胎形成过程中生长素的分布，而且 apc1apc4 双基因突变的育性显著低于单基因突变，表明 *AtAPC1* 协同 *AtAPC4* 在雌配子发生和胚胎发生中发挥关键作用，除此之外，拟南芥 *AtAPC4* 能够互补酵母 *apc4* 突变体的功能（Wang et al.，2012；Wang et al.，2013）。拟南芥 *AtAPC2* 为单拷贝基因，该基因在不同组织中均有表达，而且能够部分互补酵母 *apc2* 突变体的功能，AtAPC2 与 AtAPC11 及 AtAPC8 蛋白互作，*apc2* 突变体导致雌配子发生受损，细胞周期蛋白 β- 葡萄糖醛酸酶报告蛋白积累，但其四分体时期并没有终止（Capron et al.，2003b）。拟南芥 *NOMEGA* 基因编码 APC6 同源蛋白，*NOMEGA* 基因突变导致胚囊发育停滞在双核阶段，细胞周期蛋白 Cyclin B 无法降解，表明 *NOMEGA* 基因在配子体发育过程中具有重要功能（Kwee and Sundaresan，2003）。目前研究发现 APC/C 的功能主要集中在细胞分裂与细胞分化中的调控作用，而对 APC/C 的其他功能知之甚少。研究人员采用细胞周期蛋白作为报告蛋白追踪植株发育过程中 APC/C 的活性，发现其 E3 泛素连接酶的活性在细胞有丝分裂的后期依然存在，而降低 APC/C 活性之后，拟南芥植株出现一些发育异常的现象，包括微管组织，尤其是木质部和木质化的厚壁组织增加，表明 APC/C 在植物微管组织发育过程中具有重要功能（Marrocco et al.，2009）。进一步研究发现，AtAPC10 蛋白定位在细胞核中，该基因的缺失突变体严重影响雌配子体的发育，AtAPC10 通过调控细胞分裂进而调控叶片和维管束发育（Marrocco et al.，2009；Eloy et al.，2011）；而且 *AtAPC10* 基因的过表达导致植株出现类似乙烯和生长素敏感的表型（Lindsay et al.，2011），表明该基因参与乙烯和生长素信号调控植物生长发育的过程。在单子叶植物水稻中，OsAPC10 与 TAD1 形成复合体通过调控 MOC1 蛋白进而调控水稻的株高和分蘖（Xu et al.，2012）；水稻中 *OsAPC6* 影响雌配子发育和赤霉素应答，并且参与调控植株的株高，该基因位点的 T-DNA 插入突变体中雌配子有丝分裂异常，极核数目减少或者缺失，导致胚乳不能发育，进而造成胚和种子的败育，植株矮化（Awasthi et al.，2012）。

为了解析橡胶草 APC/C 复合体的功能，本节研究克隆了 *TkAPC10* 基因，其编码蛋白含有一个保守的 APC10 结构域，属于 APC10 家族成员。对不同物种的 APC10 同源蛋白进行系统进化关系分析发现，不同物种的 APC10 蛋白具有很高的同源性，TKAPC10 与莴苣 LsAPC10 的相似性最高达到 99%，与拟南芥 AtAPC10 的相似性达到 84%，蛋白序列的保守性表明不同物种的 APC10 蛋白具有功能的保守性。以往利用酵母缺失突变体的功能验证结果表明，拟南芥 AtAPC10 蛋白能够互补酵母 *apc10* 突变体的功能也证明这一结论（Eloy et al.，2011）。系统进化树分析结果表明，双子叶植物与单子叶植物的 APC10 聚在不同的亚族，而人类的 HsAPC10、酵母 ScAPC10 也各自聚为不同的类群，表明 APC10 蛋白在物种进化过程中形成了不同物种间的独特特征，这些特征可能使得不同物种 APC10 的功能出现分化。采用 qRT-PCR 技术对 *TKAPC10* 的表达模式进行分析，结果表明，*TKAPC10* 在不同组织中均有表达，但在细胞分裂旺盛的组织（花、叶和根）中的表达量显著高于细胞分裂活动相对缓慢的组织（花梗），表明该基因调控橡胶草细胞分裂过程，这与上述 APC/C 亚基的功能类似，说明不同物种 APC/C 复合体调控细胞周期的保守功能。此外，*TKAPC10* 基因表达受外源激素 ABA、MeJA 和 ET 以及 NaCl 高盐胁迫、PEG6000 模拟的干旱胁迫以及甘露醇介导的渗透压胁迫诱导，表明该基因参与橡胶草激素信号传导以及逆境胁迫响应过程的调控。在干旱条件下，植物的细胞增殖与延展均受到影响，导致叶片变小，同时叶片细胞数量以及细胞大小均下降（Aguirrezabal et al.，2006；Granier and Tardieu，1999；Schuppler et al.，1998；Skirycz et al.，2011）。细胞增殖阶段受到胁迫时，细胞分裂首先会通过乙烯信号途径降低 CDKA 活性从而使细胞周期可逆性地停滞在转录后方式（Granier and Tardieu，1999）。CDKA 是细胞周期的主要驱动力，并且参与细胞周期的 G1 到 S 以及 G2 到 M 时期的转变（Inze and de Veylder，2006）。当胁迫持续存在时，细胞通过退出有丝分裂周期而开始核内复制，从而开始向细胞延展的过渡。而这个过渡过程依赖于 GA 信号途径。研究表明，渗透压胁迫影响拟南芥叶片细胞的分裂，改变植株体内 GA 代谢，通过抑制子 DEL1/E2FE 和 UVI4 下调 APC/C 的活性从而导致 DELLAs 蛋白稳定，进而导致有丝分裂提前结束以及细胞提前进入核内复制，而且这个过程与已知细胞周期抑制蛋白的上调无关（Claeys et al.，2012）。*TKAPC10* 基因的功能还有待进一步通过基因过表达、基因敲除的功能互补进行验证，本节研究结果为进一步解析 *TKAPC10* 基因调控橡胶草细胞分裂、激素信号传导以及逆境胁迫响应过程的功能奠定了良好的基础，为橡胶草遗传改良提供了优异的基因资源。

第八章

橡胶草组织培养与扩繁

8.1 橡胶草组织培养与扩繁技术研究进展

    橡胶草自交不亲和，种子杂合度高，通过种子繁殖不利于优良性状的保持，而且个别种质高度不亲和，结实率低。因此，高效的橡胶草组织培养繁育技术研发，对橡胶草优良品系的保存和橡胶草转基因研究具有重要的意义。高效再生系统的建立是遗传转化过程中必不可少的前提条件。植物组织培养技术是高效再生系统的基础，是在人为创造的无菌条件下将生活的离体器官（如根、茎、叶、茎段、原生质体）、组织或细胞置于培养基内，并放在适宜的环境中，进行连续培养以获得细胞、组织或个体的技术。实验室组培再生技术的研究主要包括培养基选配和外植体选取。合适的培养基可以使外植体持续生长适时分化，进行大量、快速繁殖；种质优良、植株健壮、生长适宜的外植体可以提高成活率与增殖率（葛胜娟，2005）。植物再生可分为植物器官再生和体细胞胚胎发生两种途径。与体细胞胚胎途径相比，器官发生途径周期短，而且再生频率高，因此越来越多的人试图通过器官发生途径实现蒲公英属植物再生（徐术菁，2016）。植物器官再生途径又分为直接和间接两种。直接器官发生途径缺少间接途径所需的诱导愈伤组织阶段，再生周期和程序也缩短，因此现在研究蒲公英属植物器官发生途径较多采用外植体直接诱导不定芽的方法（王家麟，2006）。直接不定芽再生途径对母本的遗传物质具有"高保真性"，很少发生变异，是植物基因工程中最好的遗传转化系统（Ibrahim and Debergh，2001）。橡胶草是蒲公英属植物，对同属蒲公英植物的组织培养技术的研究进展也应有初步的了解。目前，关于蒲公英组织培养已有报道（Bowes，1970；Bowes，1971；陈华等，2005；唐蓉等，2005；杨晓杰等，2005），也有报道将其作为生物工程材料（Muller et al.，2006；Lee et al.，2014）。陈华等（2005）等以药蒲公英叶片和叶柄为外植体，通过两种器官发生方式——不定芽直接再生（培养基为 MS+0.2 mg/L IAA+1 mg/L TDZ）和愈伤组织再生途径（MS+2 mg/L 6-BA+0.5 mg/L 2, 4-D，产生愈伤组织的频率为100%）实现了药用蒲公英的再生（陈华等，2005）。邵志广等（2001）在诱导药用蒲公英愈伤组织的研究中，普遍使用根段为外植体，而且在培养基中都加入了不同浓度的椰乳。徐术菁（2016）以东北蒲公英叶片为外植体诱导愈伤组织（最佳培养基组合为 MS+0.2 mg/L NAA+1 mg/L 6-BA 或者 MS+0.2 mg/L NAA+2 mg/L 6-BA，其再生频率分别为 96.48%、96.36%）、不定芽（最佳培养基为 MS+0.2 mg/L NAA+0.5 mg/L 6-BA）和不定根（最佳培养基为 MS 培养基，不添加任何激素，不定根再生率约为 77%）实现再生。朱乐乐等（2018）等利用橡胶草无菌苗获得胚性愈伤组织，将胚性愈伤组织悬浮培养，建立了悬浮细胞再生体系。蒲公英属植株通常选择叶片、叶柄、根作为外植体，以 MS 为基础培养基，根据不同种植株对添加的激素的种类和浓度进行改变和优化。橡胶草的组培再生体系在前人研究的基础上进行了建立和优化，目前已报道的橡胶草组培苗再生体系的方法总结见表 52。本章笔者结合本实验室建立的橡胶草组培苗扩繁技术体系，以不同组织作为外植体，总结不同外植体的组培扩繁方法以及组培苗移栽种植技术。

表 52　有关橡胶草组培再生体系的研究

外植体	诱导培养基	增殖培养基	生根培养基	再生效果	参考文献
叶片	MS+2.0 mg/L 6-BA+0.1 mg/L NAA+300 mg/L Vc	MS+1.5 mg/L 6-BA+0.05 mg/L NAA+300 mg/L Vc	1/2 MS+0.15 mg/L NAA+300 mg/L Vc	抑制外植体褐化，不定芽诱导率为 97.3%，芽增殖倍数为 5.8%，生根率为 96.7%	刘伟伟等，2014
组培苗	MS+2.0 mg/L 6-BA+0.1 mg/L NAA	MS+2.0 mg/L 6-BA+0.1 mg/L NAA	1/2 MS+0.2 mg/L NAA	分化率为 89.7%，增殖迅速，生根率为 93.3%	陈菲等，2017
叶片	MS+1.5 mg/L 6-BA+0.1 mg/L NAA	MS+2.0 mg/L 6-BA+0.02 mg/L NAA+0.4 mg/L GA₃	1/2 MS+0.2 mg/L NAA	芽诱导率为 97.3%，生根率为 10%	罗成华等，2012
叶片、叶柄	MS+2.0 mg/L 6-BA+1.0 mg/L 2, 4-D	MS+0.8 mg/L 6-BA+0.3 mg/L NAA	1/2 MS+0.5 mg/L NAA	出愈率 68%，出芽率 93.3%，生根率 98%	Lin，2009

8.2　以橡胶草叶片作为外植体的组培扩繁方法

8.2.1　以橡胶草叶片作为外植体诱导愈伤组织以及再生植株的组培扩繁方法

（1）叶片外植体消毒

取幼嫩的橡胶草叶片，用自来水将表面清洗干净，将清洗干净的叶片转移至超净工作台内并置于无菌的培养瓶中，加入 70% 酒精进行表面消毒 1 min，然后用无菌水洗 2 ~ 3 遍，之后换至一个无菌的培养瓶中，加入 12% ~ 15% 的次氯酸钠溶液消毒 10 ~ 15 min，然后用无菌水冲洗 5 ~ 6 遍，清洗完毕后将叶片置于放有灭菌滤纸的平皿里，将表面的水吸干，备用。

（2）叶片诱导愈伤组织

将叶片切成 1 ~ 2 cm² 大小的外植体，接种到愈伤诱导培养基中，培养温度为（23 ± 2）℃，光照光强为 2 000 ~ 2 500 lx，每天光照 12 h。愈伤组织诱导培养基为：MS+（1.8 ~ 2.2）mg/L 6-BA+（0.4 ~ 0.6）mg/L NAA 或 IAA，并添加蔗糖 25 ~ 35 g/L、琼脂 6 ~ 8 g/L，pH 值调整至 5.8 ~ 6.0，培养基灭菌条件为（121 ± 2）℃，蒸气压力 103.4 kPa，灭菌 15 min。外植体接入愈伤诱导培养基后 15 d 开始启动，第 25 ~ 30 天诱导出的愈伤组织已经在材料与培养基接触的外围长满了厚实的一圈，呈淡黄绿色，结构酥松（图 121）。

（3）愈伤组织继代

将愈伤组织转接到愈伤组织继代培养基上进行继代，继代培养温度为（23 ± 2）℃，光照光强为 2 000 ~ 2 500 lx，每天光照 12 h，大约每两个星期转接一次继代培养基。愈伤组织继代培养基为：MS+（1.3 ~ 1.7）mg/L 6-BA+（0.1 ~ 0.3）mg/L NAA 或 IAA，并添加蔗糖 25 ~ 30 g/L、琼脂 6 ~ 7 g/L，pH 值调整至 5.8 ~ 6.0。

（4）不定芽诱导

愈伤组织增殖至所需数量时，将愈伤组织转接至不定芽诱导培养基上进行不定芽诱导，培养温度为（23 ± 2）℃，光照光强为 2 500 ~ 3 000 lx，每天光照 16 h。所述的不定芽诱导培养基为：MS+（0.8 ~ 1.2）mg/L 6-BA，并添加蔗糖 15 ~ 25 g/L、琼脂 5 ~ 7 g/L，pH 值调整至 5.8 ~ 6.0。

（5）诱导生根

不定芽长至 3 ~ 5 cm 时，一般需要 15 ~ 20 d，将不定芽切下并转接至生根培养基中诱导生根，培养温度为（23 ± 2）℃，光照强度为 2 500 ~ 3 000 lx，每天光照 16 h。所述的生根培养基为：1/2 MS+（0.3 ~ 0.5）mg/L NAA 或 IAA，并添加蔗糖 10 ~ 15 g/L、琼脂 5 ~ 7 g/L，pH 值调整至 5.8 ~ 6.0。

（6）再生植株

不定芽转接生根培养基后大约 30 d，根可长至 8 ~ 10 cm，根据生根情况可转接一次相同的生根培养基延长生根时间，以获得根系比较粗壮的组培苗。

根据以上方法，笔者对本实验室保存的橡胶草种质 C1 进行扩繁，从离体叶片诱导愈伤组织的诱导率为 96.3%（成功诱导出愈伤的叶片数占接种叶片总数的比例），不定芽的诱导率为 97.2%（能够分化出不定芽的愈伤数占转接愈伤总数的比例），诱导生根的效率超过 95%（能够成功诱导出根的不定芽数占转接不定芽总数的比例）（图 121），该方法的优点是通过愈伤组织的增殖和继代可以使植株在短时间内得到大量增殖，适合大规模组培苗生产。

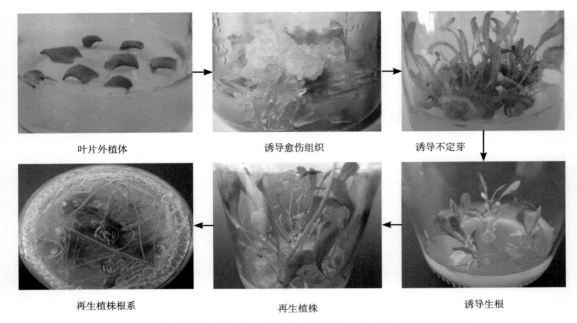

叶片外植体　　　　　　　　诱导愈伤组织　　　　　　　诱导不定芽

再生植株根系　　　　　　　　　再生植株　　　　　　　　诱导生根

图121　以橡胶草叶片作为外植体诱导愈伤组织以及再生植株的过程

8.2.2　以橡胶草叶片作为外植体直接诱导不定芽以及再生植株的组培扩繁方法

（1）叶片外植体的消毒

方法与8.2.1相同。

（2）不定芽诱导

将叶片切成1 ~ 2 cm² 大小的外植体，接种到不定芽诱导培养基中，培养温度为（23 ± 2）℃，光照光强为2 000 ~ 2 500 lx，每天光照12 h。不定芽诱导培养基为：MS+（0.5 ~ 1.0）mg/L 6-BA+（0.2 ~ 0.05）mg/L NAA 或 IAA，并添加蔗糖20 ~ 30 g/L、琼脂6 ~ 8 g/L，pH值调整至5.8 ~ 6.0。外植体接入愈伤诱导培养基后大约20 d开始启动，可直接诱导出丛生的不定芽（图122）。

（3）诱导生根

将丛生的不定芽长分离成单个的不定芽并转接至生根培养基中诱导生根，培养温度为（23 ± 2）℃，光照光强为2 500 ~ 3 000 lx，每天光照16 h。生根培养基为：1/2 MS+（0.1 ~ 0.3）mg/L NAA 或 IAA，并添加蔗糖10 ~ 15 g/L、琼脂5 ~ 7 g/L，pH值调整至5.8 ~ 6.0。

（4）再生植株

不定芽转接生根培养基20 ~ 25 d后，根可长至8 ~ 10 cm，根据生根情况可转接一次相同的生根培养基延长生根时间，以获得根系比较粗壮的组培苗。

根据以上方法，笔者对实验室保存的橡胶草C1、1151、20112等品系进行扩繁，从离体叶片诱导不定芽的效率（成功诱导出不定芽的叶片数占接种叶片总数的比例）在80%以上，不定芽诱导生根的效率（能够成功诱导出根的不定芽数占转接不定芽总数的比例）超过90%（图122），该方法的优点是组培扩繁周期比较短，增殖效率也比较高。

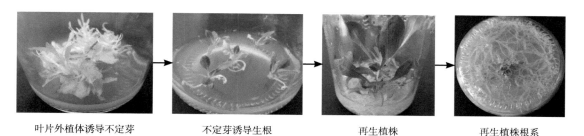

叶片外植体诱导不定芽　　　不定芽诱导生根　　　　　再生植株　　　　　　再生植株根系

图122　以橡胶草叶片作为外植体直接诱导不定芽以及再生植株的过程

8.3　以橡胶草无菌苗的须根作为外植体的组培扩繁方法

本方法适用于无菌苗的扩繁。

（1）不定芽诱导

选取橡胶草无菌苗的须根，用无菌水清洗3～4次将其表面的培养基清洗干净，然后用灭菌的滤纸吸干表面的水，将须根切成大约1 cm长的根段接种于诱导培养基进行不定芽诱导。每天16 h光照，光照强度2 500～3 000 lx，培养温度为（23±2）℃。不定芽诱导培养基为MS+（0.5～1.5）mg/L 6-BA+（0.2～0.5）mg/L 的IAA，并添加20～30 g/L的蔗糖、7～8 g/L 的琼脂粉，pH值调整至5.8～6.0。

接种的根段诱导培养10～15 d后变绿并开始分化，经过25～30 d培养即可获分化的不定芽（图123）。

（2）诱导生根

将分化的不定芽转接生根培养基中诱导生根。培养温度为（23±2）℃，光照光强为2 500～3 000 lx，每天光照16 h。生根培养基为1/2 MS+（0.1～0.3）mg/L NAA 或IAA，并添加蔗糖10～15 g/L、琼脂5～7 g/L，pH值调整至5.8～6.0。

（3）再生植株

不定芽转接生根培养基后20～25 d，根可长至8～10 cm，根据生根情况可转接一次相同的生根培养基延长生根时间，以获得根系比较粗壮的组培苗（图123）。

根据以上方法，笔者对实验室保存的橡胶草C1、20112等品系进行扩繁，从离体须根诱导不定芽的效率超过80%，不定芽诱导生根的效率超过95%，平均每1～2 cm长的根段可获得不定芽数量在5～20个不等（图123）。该方法的优点是组培扩繁周期短，增殖效率比较高，褐化、玻璃化和白化苗发生频率低，不定芽生长健壮，无须继代和壮苗，可直接用于生根，再生植株比较壮。

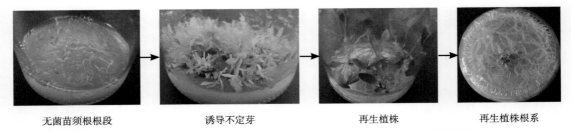

| 无菌苗须根根段 | 诱导不定芽 | 再生植株 | 再生植株根系 |

图123　以橡胶草无菌苗的须根作为外植体直接诱导不定芽以及再生植株的过程

8.4　橡胶草组培苗炼苗与移栽

组培苗移栽是从无菌的培养基移栽至有菌的种植基质中的过程。此过程叶片的蒸腾作用增加，环境中大量的病原菌，操作不当极易引起植株死亡。以往橡胶草组培苗移栽炼苗的方法主要有：将生根好的组培苗直接移栽到基质中（覃碧等，2015），这种方法对于根系发达，植株比较壮，温度在 20 ～ 23℃，湿度80% 以上的光照培养箱或者培养室中移栽的成活率比较高；也有研究人员将生根苗在炼苗室开盖锻炼3 ～ 5 d后，再移栽至基质中（陈菲等，2015）。虽然目前橡胶草组培繁殖效率较高，但由于移栽成活率得不到保证，尤其在橡胶草转基因研究中，组培再生植株的移栽成活率低导致珍贵材料的丢失时有发生。笔者通过改变组培苗的炼苗方法和移栽培养方案，大大提高了橡胶草的移栽成活率，并促进橡胶草的生根和生长。具体操作步骤如下：

（1）配制水培营养液

成分和含量（mg/L，每升营养液中含各成分的毫克数）：硝酸铵412.5 ～ 825.0、硝酸钾475.0 ～ 950.0、二水氯化钙110.0 ～ 220.0、七水硫酸镁92.5 ～ 185.0、磷酸二氢钾42.5 ～ 85.0、碘化钾0.207 5 ～ 0.415 0、硼酸1.55 ～ 3.10、四水硫酸锰5.575 ～ 11.150、七水硫酸锌2.15 ～ 4.30、二水钼酸钠0.062 5 ～ 0.125 0、五水硫酸铜0.006 3 ～ 0.012 5、六水氯化钴0.006 3 ～ 0.012 5、七水硫酸亚铁6.95 ～ 13.90、EDTA 钠盐9.325 ～ 18.650。营养液 pH 值经 1.0 mol/L NaOH 和 1.0 mol/L HCl 溶液调整至 5.8 ～ 6.0。

水培营养液储存液含量可按照如表53 所示，先将大量元素、微量元素和铁盐分别配制成40 倍、200 倍和200 倍的储存液，mg/L 表示每升储存液中含各成分的毫克数，使用时分别量取一定量的储存液稀释成工作液。例如配制 0.5 倍的水培营养液，按 1 000 mL工作液量分别取 12.5 mL 大量元素储存液、2.5 mL 微量元素储存液和 2.5 mL 铁盐储存液混合并用蒸馏水定容至 1 000 mL。配成的水培营养液各成分和含量（mg/L，每升营养液中含各成分的毫克数）：硝酸铵412.5、硝酸钾475.0、二水氯化钙110.0、七水硫酸镁92.5、磷酸二氢钾42.5、碘化钾0.207 5、硼酸1.55、四水硫酸锰5.575、七水硫酸锌2.15、二水钼酸钠0.062 5、五水硫酸铜0.006 3、六水氯化钴0.006 3、七水硫酸亚铁

6.95、EDTA 钠盐 9.325。

（2）组培苗炼苗

将上述配制好的营养液盛到 2 mL 的离心管盒（100 孔）或者 1 mL 的吸头盒或者类似形状的器皿中，培养液的用量以液面接触到植株的基部为宜。橡胶草组培苗直接从培养皿或者组培瓶中取出，用自来水将其根部残留的培养基清洗干净，用抽纸或者脱脂棉或者定植海绵对植株进行固定，将其均匀定植至培养器皿中，行、株距 3 ~ 5 cm，然后放在培养箱或者温室中进行炼苗，温度控制在 20 ~ 23℃，湿度控制在 80% 以上，前 7 天每天给植株喷雾化的水 1 ~ 2 次，每个星期更换一次新的营养液，15 ~ 30 d 后可获得比较粗壮的苗。

表 53　水培营养液的组成与含量

成分	名称	组成 /（mg·L⁻¹）	1L 水培营养液用量 /mL
大量元素储存液（40 倍）	硝酸铵	33 000	
	硝酸钾	38 000	
	二水氯化钙	8 800	12.5 ~ 25
	七水硫酸镁	7 400	
	磷酸二氢钾	3 400	
微量元素储存（200 倍）	碘化钾	83	
	硼酸	620	
	四水硫酸锰	2 230	
	七水硫酸锌	860	2.5 ~ 5
	二水钼酸钠	25	
	五水硫酸铜	2.5	
	六水氯化钴	2.5	
铁盐储存液（200 倍）	七水硫酸亚铁	2 780	2.5 ~ 5
	EDTA 钠盐	3 730	

（3）移栽

将炼好的苗去除基部固定用的海绵或者脱脂棉即可移栽到基质中。橡胶草种植基质的成分组成：泥炭土 40%、泡发熟化后的椰糠 30%、土壤 30%。移栽后 5 天内注意保湿，后期正常水肥管理即可。水培营养液可促进橡胶草组培苗的生根和生长，炼苗装置节省空间，价格低廉，经济实用，经过上述步骤移栽炼苗培养 15 ~ 30 d 后，最终的移栽成活率高达99%以上，植株恢复快，长势好，植株生物量增长水平比其他移栽方法高50%以上（图124）。该方法尤其适合珍稀材料、转基因株系的移栽。

用1 mL吸头盒水培炼苗15 d　　　　用2 mL离心管盒水培炼苗30 d　　　　经水培炼苗后移栽基质生长20~30 d后的情况

图124　橡胶草组培苗经过水培炼苗后移栽至基质的成活率大幅提高

第九章

橡胶草转基因与基因编辑

9.1 橡胶草转基因技术研究进展

植物遗传转化就是将外源基因导入植物细胞，组织培养使细胞生长成植株，并且导入的基因在植物体内能够稳定表达和遗传。根据转化原理将具体方法分为三大类：利用载体的转化系统；采用物理和化学方法直接将外源基因导入受体细胞中，不用载体的直接转化系统；利用植物生殖细胞等种质媒介的种质转化系统。橡胶草作为一种多年生草本植物是研究产胶代谢机理的重要材料和模式植物，其遗传转化体系及技术已经成熟。研究表明，在橡胶草遗传转化方面，主要采用农杆菌介导法进行转化（表54）。罗成华（2013）初步建立了橡胶草遗传转化体系，橡胶草遗传转化率为17.1%。袁彬青等（2014）用相同方法进行橡胶草遗传转化体系的建立，也获得了相同的遗传转化率。赵李婧（2016）构建植物过表达载体，通过农杆菌介导法转入橡胶草，其用于摇菌和侵染的 LB 培养基含 50 mg/L 庆大霉素（Gen）+100 mg/L Rif+50 mg/L Kan，发芽培养基 MS 和生根培养基 1/2MS 添加抗生素浓度相同，前者含 1 mg/L 6-BA 和 0.1 mg/L NAA，后者含 0.2 mg/L NAA。刘明乾等（2018）等测定了悬浮细胞对农杆菌抑菌剂替卡西林（Ticarcillin）以及对潮霉素（Hygromycin B）的敏感性，发现低于 300 mg/L 的 Ticarcillin 对悬浮细胞的生长和增殖没有影响，潮霉素适宜浓度为 10 mg/L，将农杆菌按照细胞菌液与悬浮细胞的比例为 1∶1.2 混合侵染 30 min 后移至共培养基中 10 d，再移至选择培养基进行筛选，高效获得转基因阳性的愈伤组织，转化率达 65% 以上。Qiu 等（2014）在橡胶草中转入 *AtPAP1* 基因可提高橡胶草的花青素含量，将该基因插入重组表达载体，以它作为可视化标记，成功转化的转基因植株呈现紫色表型，可快速筛选转基因植株。Zhang 等（2015）利用发根农杆菌菌株侵染橡胶草和短角蒲公英（*Taraxacum brevicorniculatum*，TB）无菌苗的根段，转化带有卡那霉素抗性标记和绿色荧光蛋白或者蓝色荧光蛋白标签的载体，发现侵染后根段在不添加任何激素的情况下，橡胶草的转化效率为 24.7%，蒲公英的转化效率为 15.7%，可在 8 周内获得转化植株，但受农杆菌自身基因的影响转基因植株的根为发状根，而且这种发状根可以稳定遗传，在子代中也可以筛选得到没有发状根特性的分离株系。橡胶草的遗传转化体系大致相同，随着外植体的类型的不同，筛选条件也存在差异。因此对于转化体系的优化，可以从外植体类型、筛选条件和报告基因或者构建的表达载体的选择上进行探索和改良。

表54　农杆菌介导的橡胶草遗传转化研究

外植体类型	种质来源地	筛选条件	培养效果	参考文献
幼嫩叶片	新疆石河子	Kan	22.7%的抗性芽诱导率；生根率为87.7%；橡胶草遗传转化率为17.1%	罗成华，2013
叶片	新疆石河子	Kan	28.4%的抗性芽诱导率；生根率为87.7%；遗传转化率为17.1%	袁彬青等，2014
组培幼苗的茎和叶	新疆石河子	Kan	获得了至少20株转基因橡胶草植株，所有的转基因橡胶草都可以正常生长和发育	赵李婧，2016
非胚性悬浮细胞	中国热带农业科学院	Hygromycin B	农杆菌与悬浮细胞的比例为1∶1.2时，转化效率达到65%以上	刘明乾等，2018
无菌苗根段	USDA（W6 35172）	Kan	再生植株的突变率24.7%	Zhang et al.，2015
叶片	新疆天山	Kan	获得了阳性转基因植株，呈紫色	Qiu et al.，2014

9.2　橡胶草叶片原生质体制备及其瞬时表达

植物原生质体是一个单细胞系统，是研究植物细胞超微结构、生理生化过程和遗传学的良好的实验模型，也是遗传转化的理想受体。植物原生质体瞬时表达系统是一种快速、简单的分析系统，已被广泛应用于基因瞬时表达、蛋白亚细胞定位、蛋白质互作等研究。但已有的植物原生质体研究主要集中在模式植物拟南芥、水稻和烟草中。目前，尚未有橡胶草原生质体分离和目标基因瞬时表达体系的研究报道，极大限制了橡胶草相关分子机制的研究进展。因此，开展橡胶草原生质体转化体系的研究迫在眉睫。为此，本研究针对酶的浓度与配比、酶解时间等对橡胶草原生质体分离影响较大的因素进行了试验研究，旨在获得高效和高质量的原生质体，并进行了遗传转化实验，为橡胶草基因功能研究、体细胞融合育种、植株再生以及品种改良奠定基础。

（1）主要试剂

1）纤维素酶解液组分、含量及配制如表 55 所示。

表 55　纤维素酶解液组分、含量及配制

试剂终浓度	15 mL 酶解液用量
1.0% ~ 1.5% Cellulase R10（YaKult Honsha）	0.15 ~ 0.225 g
0.2% ~ 0.4% Mecerozyme R10（YaKult Honsha）	0.03 ~ 0.06 g
0.4 mol/L 甘露醇	1.09 g
20 mmol/L KCl	1 mL 0.3 mol/L KCl
20 mmol/L MES	0.3 mL 1 mol/L MES
	加入 10 mL 水
55 ℃水浴加热 10min，冷却至室温后加入以下试剂	
10 mmol/L CaCl	0.15 mL 1 mol/L CaCl$_2$
0.1% BSA	0.5 mL 3%BSA（4 ℃保存）
用 0.45 μm 滤膜过滤后使用	

2）PEG4000 溶液（最好现用现配，一次配置可以保存 3 ~ 5 d，每个样品需 100 μL），组分及其含量如表 56 所示。

表 56　PEG4000 溶液组分及其含量

终浓度	10 mL 用量
40% PEG4000	4 g 干粉
0.2mol/L 甘露醇	0.364 g 干粉
0.1mol/L CaCl$_2$	1 mL 1 mol/L CaCl$_2$

3）W5 溶液组分及其含量如表 57 所示。

表 57　W5 溶液组分及其含量

终浓度	500 mL 用量
154 mmol/L NaCl	4.5 g
125 mmol/L CaCl$_2$	9.2 g
5 mmol/L KCl	0.185 g

（续表）

终浓度	500 mL 用量
5 mmol/L 葡萄糖	0.45 g
2 mmol/L MES	1 mL 1 mol/L MES

用 KOH 调节 pH 值至 5.8，高温高压灭菌 20 min，室温保存。

4）MMG 溶液组分及其含量如表 58 所示。

表 58　MMG 溶液组分及其含量

终浓度	100 mL 用量
15 mmol/L MgCl$_2$	0.142 g
4 mmol/L MES，pH 值 5.7	0.4 mL 1 mol/L MES
0.4 mol/L 甘露醇	7.3 g

用 KOH 调节 pH 值至 5.6，高温高压灭菌 20 min，室温保存。

5）WI 溶液组分及其含量如表 59 所示。

表 59　WI 溶液组分及其含量

终浓度	100 mL 用量
0.5 mol/L 甘露醇	9.108 5 g
4 mmol/L MES	0.4 mL 1 mol/L MES
20 mmol/L KCl	0.06 g

高温高压灭菌 20 min，室温保存。

（2）操作步骤

1）在基质（泥炭土与蛭石按照 3∶1 比例拌匀）中播种橡胶草种子，23 ℃，每天 18 h 光照，6 h 黑暗，湿度 80% 左右，定期浇水。

2）待橡胶草植株长至 4 ~ 6 叶期时（1 ~ 2 个月），另外一组以转接至生根培养基 1 个月的橡胶草组培苗（其根系比较发达、叶片生长状态良好）为材料，使用前植株进行 4 ~ 5 d 的暗培养，取完全展开的叶片用于原生质体制备。

3）剪取叶片并去除头尾的部分，用刀片将主叶脉两边的部分切成 0.5 ~ 1 mm 宽的叶条。

4）将切好叶条放入预先配置好的酶解液中（15 mL 酶解液大约需 10 片叶子），并用镊子帮助使叶子完全浸入酶解液中，使其充分接触酶解液。

5）在室温中无须摇动黑暗条件下酶解 4 ~ 6min，当酶解液变绿时轻轻摇晃培养皿促使原生质体释放出来。（此时预冷一定量 W5 溶液。）

6）显微镜下检查溶液中原生质体的完整性。

7）用等量的 W5 溶液稀释含有原生质体的酶液。

8）先用 W5 溶液润湿 35 ~ 75 μm 的尼龙膜，然后用润湿的尼龙膜将含有原生质体的酶解液过滤至 30mL 的圆底离心管中。

9）100 g 离心 2 min 沉淀原生质体，尽量去除上清，然后用 10 mL 冰上预冷的 W5 溶液轻柔重悬原生质体。

10）在冰上静置原生质体 30 min，沉淀原生质体。

11）100 g 离心 10 min 使原生质体沉淀在管底。在不碰触原生质体沉淀的情况下尽量去除 W5 溶液。然后用适量 MMG 溶液（1 mL）重悬原生质体，使之最终浓度在 2×10^5 个 /mL。

12）加入 20 μL DNA（约 15 ~ 30 μg）的质粒 DNA 至 2 mL 离心管中，加入 200 μL 原生质体，轻柔混合，室温放置 10 min。

13）加入等体积（220 μL）的 PEG4000 溶液，轻柔拍打离心管完全混合，室温诱导转化混合物 30 min。

14）室温下用 800 μL W5 溶液稀释转化混合液，然后轻柔拍打离心管使之混匀，终止转化反应。

15）室温下 100 g 离心 2 min，去除上清，加入 1 mL W5 溶液悬浮清洗一次，100 g 离心 2 min，去除上清。

16）用 1 mL WI 溶液轻柔重悬原生质体并转移至预先用 BSA 溶液润洗过的多孔组织培养皿中。

17）23℃暗培养诱导原生质体 24 ~ 48 h。

18）激光共聚焦显微镜下观察 GFP 绿色荧光蛋白标签的表达从而确定蛋白的表达及其亚细胞定位。

（3）结果与分析

1.5% Cellulase R10 与 0.4% Mecerozyme R10 组合酶解 5 h 能够将橡胶草叶片充分酶解，得到较多完整的原生质体（图 125），但原生质体的大小差异较大，可能是由于所取植株的叶片生长状态不一致所导致的。原生质体转化后分别暗培养 24 h、36 h、48 h 进行镜检，观察原生质体的完整度与 GFP 的表达情况。结果表明，培养 24 h 即可观察到 GFP 表达，但信号比较弱；而培养 48 h 后 GFP 信号很强，但大量的原生质体破裂，完整的细胞数量少；培养 36 h 后可以观察到较强的 GFP 信号，同时完整的细胞较多。因此，以转化后培养 36 h 的效果最好，如图 126 所示，35S::eGFP 质粒转化橡胶草原生质体，GFP

在整个橡胶草细胞中均有表达。本节研究只对橡胶草原生质体制备和瞬时转化进行了初步摸索，还有很多因素影响原生质体的质量和转化效率，比如外植体的类型与生长状态、酶解与渗透压最佳浓度的组合、载体大小、DNA 浓度、PEG 种类等，因此，该体系仍有很大的优化空间。

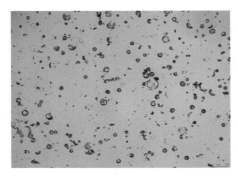

图 125　橡胶草叶片原生质体

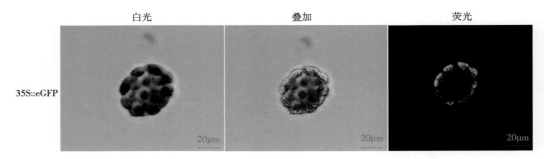

图 126　绿色荧光蛋白 GFP 在橡胶草原生质体中的表达情况

9.3　橡胶草与蒲公英中过表达转基因植株的创制

9.3.1　植物材料

以中国热带农业科学院橡胶研究所保存的橡胶草品系 20112 以及三倍体蒲公英品系 C1 组培苗为材料，组培苗于人工气候箱培养。

9.3.2　拟南芥 *AtPAP1* 基因克隆及其重组表达载体构建

9.3.2.1　拟南芥 *AtPAP1* 基因克隆

根据 Qiu 等（2014）文献报道，合成引物 AtPAP1-F（5′-<u>TCTAGA</u>ATGGAGGGTTCG TCCAAAGG-3′，下画线为 *Xba* Ⅰ酶切位点）和 AtPAP1-R（5′-CC<u>GAGCTC</u>CTAATCAAA TTTCACAGTCTC-3′，下画线为 *Sac* Ⅰ酶切位点）于扩增拟南芥调控花青素合成转录因子

基因 *AtPAP1*，以拟南芥 Col 叶片基因组 DNA 为模板进行 PCR 扩增，采用 2 × Taq Master Mix（Vazyme）进行 PCR 扩增，反应体系如下：cDNA 模板 1 μL（20 ng），2 × Taq Master Mix 10 μL，dNTPs 10 μL，上、下游引物（10 μmol/L）各 0.5 μL，ddH$_2$O 补足 20 μL；扩增程序为 94℃预变性 3 min；94℃变性 30 s，55℃变性 30 s，72℃延伸 2 min，共 33 个循环；最后 4℃保存。

PCR 产物经 1% 凝胶电泳检测之后将目的条带切胶回收纯化，并将其连接到 pMD18-T 载体上进行测序验证，正确的单克隆提取质粒用于下一步重组载体构建，其质粒命名为 AtPAP1-18T。

9.3.2.2 重组表达载体构

将测序正确的质粒 AtPAP1-18T 与植物表达载体 pBI121 分别用 *Xba* Ⅰ 和 *Sac* Ⅰ 进行双酶切，酶切体系如下：质粒 1 μg，*Xba* Ⅰ 1 μL，*Sac* Ⅰ 1 μL，10 × CutSmart Buffer 5 μL，ddH$_2$O 补足 50 μL；酶切后的目的条带进行胶回收，回收纯化的酶切产物连接，连接体系如下：目的基因酶切产物 3 μL，载体酶切产物 1 μL，T$_4$ DNA Quick ligase 1 μL，2 × Quick ligase Buffer 5 μL，ddH$_2$O 补足 10 μL；25℃连接 5 min，然后将连接产物转化大肠杆菌感受态 DH5α，涂布含卡那霉素的 LB 固体培养基进行培养，挑取单菌落进行 PCR 检测和测序，测序结果正确的单菌落扩大培养，保存甘油菌和提取质粒，命名为 AtPAP1-pBI121，其结构如图 127 所示，其中靶基因 *AtPAP1* 由 CaMV35S 强启动子驱动，抗性筛选标记 NPT Ⅱ 由 NOS 启动子驱动。

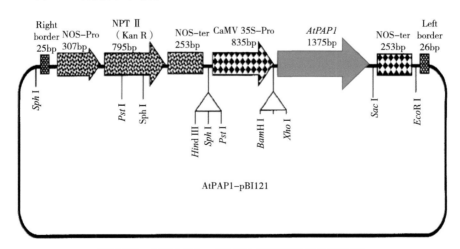

图 127　AtPAP1-pBI121 重组载体结构示意图

9.3.2.3 重组表达载体转化农杆菌

AtPAP1-pBI121 质粒采用电击转化法转化农杆菌菌株 AGL1 感受态，转化后涂布 LB+25 mg/L Rif+50 mg/L Kan 固体培养基，阳性克隆经 PCR 扩增鉴定后用于侵染转化。

9.3.2.4 转化蒲公英组培苗根段及其再生植株诱导

（1）培养基配制

农杆菌活化培养基：LB+25 mg/L Rif+50 mg/L Kan。

农杆菌扩大培养基：LB+25 mg/L Rif+50 mg/L Kan+200 µmol/L 乙酰丁香酮（AS）。

悬浮液：MS+1.0 mg/L 6-BA+0.02 mg/L NAA+20 g/L 蔗糖 +200 µmol/L AS。

分化培养基：1/2 MS +50 mg/L Kan +500 mg/L 特美汀（Time）+ 20 g/L 蔗糖 + 3.95 g/L 植物凝胶。

生根培养基：1/2 MS+50 mg/L Kan+300 mg/L Time+10 g/L 蔗糖 + 4.0 g/L 植物凝胶。

（2）侵染菌液的制备

含有重组质粒的 AGL1 阳性单克隆接种于 5 mL 活化培养基中活化 36 h 左右，然后按照 1：100 接种至扩大培养基中进行扩大培养，6 h 之后检测菌液 OD_{600} 值，在 0.8 ~ 1.0 为宜，倒入 50 mL 离心管，3 800 r/min 离心 10 min，倒掉上清液，加入悬浮液充分摇散之后，调整 OD_{600} 值为 0.8 左右，室温放置 2 h。

（3）侵染

剪取蒲公英 C1 组培苗的根用无菌水洗净后用滤纸吸干表面水分放在培养皿中，倒入以上制备好的侵染菌液，用解剖刀切成 1 cm 左右的小段，充分浸没在侵染液中 20 min，然后将根转移至滤纸上晾干，于 23℃ ±2℃的黑暗环境中共培养 3 d。

（4）侵染根段诱导分化形成不定芽

共培养后的根段转接至分化培养基诱导分化形成不定芽，分化培养条件均为 21 ~ 25℃，光周期为光照 16 ~ 18 h、黑暗 6 ~ 8 h。

（5）再生植株生根与抗性筛选：将分化的不定芽转接至生根培养基，每隔 3 周转接一次相同的培养基，共转接 2 次进行抗性筛选，最终获得抗性再生植株。

（6）炼苗移栽

将生根良好的再生植株打开封口 3 ~ 4 d，之后移栽到基质中，并套上干净塑料膜保持湿度。3 d 后逐渐开孔防风，使植株适应外界环境。

9.3.3 转化橡胶草根段及其再生植株诱导

（1）培养基配制

农杆菌活化培养基：LB+25 mg/L Rif+50 mg/L Kan。

农杆菌扩大培养基：LB+25 mg/L Rif+50 mg/L Kan+200 µmol/L AS。

悬浮液：MS+1.0 mg/L 6-BA+0.02 mg/L NAA+20 g/L 蔗糖 +200 µmol/L AS。

分化培养基：MS +1.0 mg/L 6-BA+0.02 mg/L NAA +50 mg/L Kan+500 mg/L Time + 20 g/L 蔗糖 +3.95 g/L 植物凝胶。

生根培养基：1/2 MS+50 mg/L Kan+300 mg/L Time+10 g/L 蔗糖 +4.0 g/L植物凝胶。

（2）侵染菌液的制备

挑取菌落 PCR 检测正确的单菌落于 5 mL 活化培养基中活化 36 h 左右，然后按照 1：100 接种至扩大培养基中进行扩大培养，6 h 之后检测菌液 OD_{600} 值，在 0.8 ～ 1.0 为宜，倒入 50 mL 离心管，3 800 r/min 离心 10 min，倒掉上清液，加入悬浮液充分摇散之后，调整 OD_{600} 值为 0.8 左右，室温放置 2 h。

（3）浸染

剪取橡胶草组培苗的根用无菌水清洗干净后用滤纸吸干表面水分，倒入以上制备好的侵染菌液，用解剖刀切成 1 cm 左右的小段，充分浸没在侵染液中 20 min，然后将根转移至滤纸上晾干，于 23℃ ±2℃ 的黑暗环境中共培养 3 d。

（4）侵染根段诱导分化形成不定芽

共培养后的根段转接至分化培养基诱导分化形成不定芽，分化培养条件均为 21 ～ 25℃，光周期为光照 16 ～ 18 h，黑暗 6 ～ 8 h。

（5）再生植株生根与抗性筛选

将分化的不定芽转接至生根培养基，每隔 3 周转接一次相同的培养基，共转接 2 次进行抗性筛选，最终获得抗性再生植株。

（6）炼苗移栽

将生根良好的再生植株打开封口 3 ～ 4 d，之后移栽到基质中，并套上干净塑料膜保持湿度。3 d 后逐渐开孔防风，使植株适应外界环境。

侵染后的橡胶草或者蒲公英的根段均能分化出紫色的不定芽，诱导生根后形成再生阳性植株，过表达 *AtPAP1* 的转基因的根与叶片均为紫色，而未转化对照的叶片为绿色、根为白色，通过植株颜色的变化即可完成转基因植株的筛选（图 128 至图 130）。T0 代植株叶片颜色有差异，与目标基因的表达情况有关，有的呈深紫色，有的呈浅紫色，有的还带有一些绿色为嵌合体。转化橡胶草中 T0 代杂合体或者嵌合体的株系比较常见，由于橡胶草自交不亲和，转基因株系在 T1 代中均有分离；而转化蒲公英的转基因株系在 T1 代中分离的比例较低，但也有少数分离植株。就转化效率而言，蒲公英的转化效率比橡胶草的高，嵌合体的比例低。

| 诱导分化根段 | 不定芽诱导生根 | 阳性再生植株 | 未转化对照 |

图 128　橡胶草中过表达 *AtPAP1* 转基因株系的创制与筛选

不同橡胶草株系过表达*AtPAP1*基因的表型　　　　　未转化对照

图 129　过表达 *AtPAP1* 转基因橡胶草植株的表型

不同蒲公英株系过表达*AtPAP1*基因的表型　　　　　未转化植株

图 130　过表达 *AtPAP1* 转基因蒲公英植株的表型

9.4　CRISPR/Cas9 基因编辑的原理

CRISPR/Cas 系统最早在细菌中发现，外源噬菌体或外源质粒 DNA 入侵细菌后，细菌将外源 DNA 整合到自身基因组中形成 crRNA，成熟的 crRNA 引导 Cas 蛋白复合体对入侵者进行靶向切割，从而清除入侵者（Horvath and Barrangou，2010）。CRISPR/Cas 系统依 Cas 蛋白的不同可分成 6 种类型，其中 Ⅱ 型的 CRISPR/Cas9 系统仅需要一种蛋白的参与，即 Cas9 蛋白，是目前在各物种中应用最广泛的系统（邢慧丽，2017）。CRISPR/Cas9 系统主要包括 Cas9 蛋白和 sgRNA 两个重要组分，sgRNA 主要识别靶向的 DNA 序列并引导 Cas9 蛋白的两个核酸酶结构域（HNH 和 RuvC）对识别的位点进行切割，引起 DNA 双链断裂（DSB），再利用非同源重组方式（NHEJ）和同源重组方式（HR）对 DNA 双链断裂进行修复形成碱基插入、碱基缺失、碱基替换等突变类型。sgRNA 5′端的 19 ~ 21 个碱基通过碱基互补配对的方式决定靶序列，Cas9 蛋白负责切割靶序列，因而构建表达单元十分简便（Kumlehn et al.，2018；Horvath and Barrangou，2010；Jiao and Gao，2016；Taning et al.，2017）。sgRNA 由 20 碱基的靶点序列和下游 76 碱基的骨架序列构成。选择 CRISPR/Cas 系统靶点唯一的原则为，靶点的 3′端必须具有 PAM 序列，不同的 Cas 蛋白具有不同的 PAM 序列，对于 Cas9 而言，PAM 序列为 NGG，其中，N 为任意碱基（Ma and Liu，2016；王艳玲等，2017；陈易雨等，2017；霍晋彦等，2019）。Cas9 蛋白复合物和 sgRNA（或 crRNA）结合后，首先在基因组 DNA 上寻找 PAM 序列，之后 sgRNA（或 crRNA）5′端 20 碱基靶序列与靶点 DNA 的另一条链互补配对，完成靶位点的识别过程。Cas9 依靠两个核酸酶结构域分别在离 PAM 序列 3 碱基的位置切割靶点 DNA 的两条链，其中 HNH 核酸酶结构域切割模板链，而 RuvC-like 结构域则切割非模板链，从而形成 DNA 双链断裂缺口，即 DSB 结构。之后，细胞启动自我修复机制，以 NHEJ 为主导的修复途径会造成 DNA 断口处碱基随机的丢失、插入及替换从而造成基因的突变；而 HR 途径会在外源供体片段的作用下，对目的基因进行精准的编辑。CRISPR/Cas9 系统可通过连接多个不同的 sgRNAs 从而对多个靶标基因同时进行敲除，Xie 等利用 tRNA 策略结合 CRISPR/Cas9 系统在水稻中实现了高效的多基因敲除，将不同的 sgRNAs 用水稻甘氨酸的 tRNA 间隔开，经转录后，内源 tRNA 系统会精确地剪切 tRNA，从而得到含有不同靶点的多个 sgRNAs，利用此策略，Xie 等成功敲除了水稻 MPK 家族中的 5 个基因（Xie et al.，2012；Xie et al.，2009）。在拟南芥中利用 3 种不同的 RNA Polymerase Ⅲ启动子同时表达 6 个 sgRNA 表达框，从而同时敲除多个靶基因，T_1 代株系的突变效率为 13%～93%；Lowder 等（2015）利用 Golden Gate 和 Gateway 方法进行 sgRNA 组装可以同时获得多个 sgRNAs 表达框，并在烟草、拟南芥及水稻中实现了多基因的编辑。

9.4.1 CRISPR/Cas9 表达载体与 sgRNA 的组装方法

采用融合 PCR（fusion PCR）组装不同的 sgRNA 表达框。其原理为利用具有互补末端的引物，产生具有重叠链的 PCR 片段，通过 PCR 片段间重叠链的延伸，从而将不同的 DNA 片段连接起来。在 CRISPR/Cas9 系统中，不同的 sgRNA 表达框即通过 fusion PCR 串联在一起，同时在 PCR 两端融合上与双元载体相同的限制性内切酶的酶切位点，通过酶切连接即可得到最终的目的载体。

采用 Gibson Assembly 技术组装不同的 sgRNA 表达框：首先，将需要组装的片段通过 PCR 的方法添加 15 bp 到 30 bp 的短重复序列，这些不同的重复序列即可决定不同片段的拼接顺序；在 50℃反应条件下，T5 外切酶从 5′→3′端剪切核苷酸从而产生黏性末端；不同的片段所产生的单链退火互补；在 DNA 聚合酶和 DNA 连接酶的共同作用下修复形成完整的 DNA 双链，完成多片段的一步组装（Gibson et al.，2009）。因此，可以利用 Gibson Assembly 技术将包含有不同 sgRNA 的多个 PCR 片段与双元载体有序的组装起来。

利用 Golden Gate 技术一步组装多个 sgRNAs 的原理为：Bsa Ⅰ 为 Ⅱ 型限制性内切酶，其结合并切割非回文序列，其对基因组 5′至 3′端的识别位点为 GGTCTC，切割位点为识别位点的后一位碱基；对基因组 3′至 5′端的识别位点为 CCAGAG，切割位点为识别位点的后五位碱基，因此，被 Bsa Ⅰ 切割的两个片段连接后，原来的 Bsa Ⅰ 酶切位点不再存在，当后续再有 Bsa Ⅰ 酶切时，也因不再含有酶切位点而不会再被切割开。包含有不同 sgRNA 的多个 PGR 片段与 GRISPR/Gas9 双元载体就是通过这种方法被有序地组装起来。

传统的克隆技术是使用限制性内切酶和连接酶，但会遇到载体间转移 DNA 片段困难等问题，而基于 λ 噬菌体位点特异重组系统的 Gateway 技术很好地解决了这一问题，Gateway 技术主要包括入门载体、完成入门载体的供体载体、目标载体以及包含 Clonase 在内的一系列酶类。通过 BP 和 LR 两个反应就可以自由转移不同载体间的 DNA 片段。BP 反应为利用 BP Clonase 将 PCR 产物转移到入门载体中，产物结构为 attL1-DNA 片段 -attL2；LR 反应为利用 LR Glonase 将存在于入门载体的 DNA 片段转移到目标载体中，产物结构为 attB1-DNA 片段 -attB2。利用 Gateway 技术可以将多个包含有不同 sgRNA 的 PCR 片段同时组装于目标载体中。

9.4.2　橡胶草 CRISPR/Cas9 基因编辑研究进展

CRISPR/Cas9 是基因组编辑技术的一个新突破，具有敲除效率高、特异性强、操作简单等优点，目前已经广泛地应用于多个物种的基因组或者表观基因组编辑、转录调控、种质创新等研究中。2018 年，笔者与中国科学院遗传与发育生物学研究所李家洋研究团队合作完成了橡胶草全基因组的测序工作，预测橡胶草共有 46 731 个基因，但绝大多数基因的功能未知（Lin et al.，2018）。CRISPR/Cas9 技术可实现基因定点编辑，从而可为橡胶草基因功能研究提供优良的突变体材料，为今后橡胶草功能基因组学和分子育种方面的研究提供强有力的技术支撑。Iaffaldano 等（2016）以 TK1-FFT 为靶点，含有编码 Cas9 质粒和 sgRNA（单导 RNA）质粒的发根农杆菌转化橡胶草无菌苗，能够快速诱导包含敲除靶标基因，而无须除草剂或抗生素选择的转基因株系，突变率高达 88.9%。尽管检测到基因序列的突变，但是由于研究中采用发根农杆菌对植株进行侵染，获得的阳性植株为发状根，其根部菊糖和天然橡胶含量也未检测。Wieghaus 等（2019）从橡胶草中克隆得到一个 *TkRALFL1* 基因，并构建了由 AtU6-26 启动子驱动 sgRNA 的 Cas9 表达载体，用根癌农杆菌介导的转化对橡胶草 *TkRALFL1* 基因进行基因敲除，测序验证之后获得了 3 个 T0 代突变体，与野生型进行杂交得到回交群体，比野生型更容易种植和收获的主根表型，具有较高的根生物量、菊粉和天然橡胶产量。但至今，橡胶草中利用 CRISPR/Cas9 基因编辑技术进行种质创制与遗传改良的研究非常有限，其原因与橡胶草的基因编辑技术体系不成熟、编辑效率低、T0 代主要为杂合体或者嵌合体使得突变位点难以纯合等有关。因此，完善橡胶草 CRISPR/Cas9 基因编辑技术体系，提高编辑效率及其 T0 纯合突变体的频率，对橡胶草基因功能研究、提高天然橡胶产量、重要性状改良、加快橡胶草驯化等方面具有重要的意义。

9.4.3 橡胶草 CRISPR/Cas9 基因编辑技术

笔者以 9.3 中获得的紫色的过表达 *AtPAP1* 转基因橡胶草为材料，靶向 *AtPAP1* 建立了橡胶草 CRISPR/Cas9 基因编辑技术，并以此为例进行具体说明。

9.4.3.1 材料与载体

植物材料为过表达 *AtPAP1* 的转基因橡胶草 T1 代株系，其叶片和根均为紫色（图 129）。CRISPR/Cas9 载体系统 pDIRECT_23C 购自 AddGene，其载体结构如图 131 所示。大肠杆菌 *E.coli* DH5α、农杆菌 AGL1 感受态细胞购自北京华越洋生物公司。

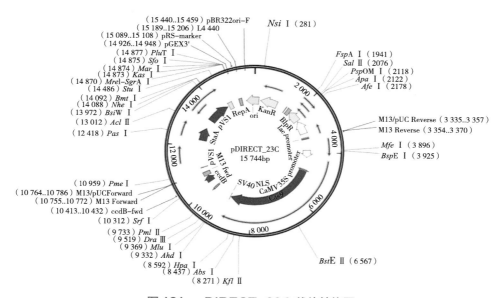

图 131 pDIRECT_23C 载体结构图

9.4.3.2 靶向 *AtPAP1* 的打靶 sgRNA 组装引物设计

pDIRECT_23C 载体系统打靶 sgRNA 组装引物设计原则：根据靶基因序列筛选特异性的包含 20 个碱基的打靶 sgRNA 序列，并根据每个打靶 sgRNA 序列设计组装引物，组装引物包括 CSY（5′-TCGTCTCCxxxxxxxxxxxxCTGCCTATACGGCAGTGAAC-3′，x 为打靶 sgRNA 的前 12 个核苷酸的反向互补序列）、REP（5′-TCGTCTCAxxxxxxxxxxxxGTTTTAGAGCTAGAAATAGC-3′，x 为打靶 sgRNA 的后 12 个核苷酸）。通过分析 *AtPAP1* 的

基因组与 cDNA 序列，发现 *AtPAP1* 基因组序列中包含 3 个外显子和 2 个内含子，并明确其外显子区域（图 132），利用在线软件 CRISPR-GE 分析工具（http://skl.scau.edu.cn/targetdesign/）进行 sgRNA 设计，筛选候选的 sgRNA，进一步将候选 sgRNA 提交橡胶草基因组数据库进行比对，分析其脱靶的可能性，同时结合后续测序分析的便利性，筛选出 2 个特异性的打靶 sgRNA（T1 核苷酸序列为 5′-CTTCGCCTTCATAGGCTTCT-3′，T2 核苷酸序列为 5′-TACGCCCATTCCTACAACAC-3′），T1 和 T2 分别靶向 *AtPAP1* 基因的第 2 和第 3 个外显子（图 132）。进一步根据打靶 sgRNA1 和 sgRNA2 序列设计组装引物，其引物序列如表 60 所示。

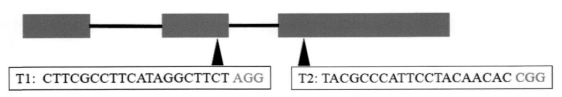

图 132　*AtPAP1* 基因结构及 sgRNA 位点

表 60　sgRNA 组装引物

引物名称	引物序列（5′-3′）
CmYLCV（通用引物）	5′-TGCTCTTCGCGCTGGCAGACATACTGTCCCAC-3′
Csy-gRNA1	5′-TCGTCTCCATGAAGGCGAAGCTGCCTATACGGCAGTGAAC-3′
rep-gRNA1	5′-TCGTCTCATCATAGGCTTCTGTTTTAGAGCTAGAAATAGC-3′
Csy-gRNA2	5′-TCGTCTCCGGAATGGGCGTACTGCCTATACGGCAGTGAAC-3′
rep-gRNA2	5′-TCGTCTCATTCCTACAACACGTTTTAGAGCTAGAAATAGC-3′
Csy-T（通用引物）	5′-TGCTCTTCTGACCTGCCTATACGGCAGTGAAC-3′

9.4.3.3　表达载体构建

以 pDIRECT_23C 质粒经 *Ban* Ⅰ 内切酶酶切后的产物为模板，分别以 CmYLCV 和 Csy-gRNA1，rep-gRNA1 和 Csy-gRNA2，rep-gRNA2 和 Csy-T 引物组合进行 3 次 PCR 反应（需要连接更多的 sgRNA 依此类推），通过 PCR 扩增反应获得 Csy4-sgRNA 序列。使用 Phanta Max Super-Fidelity DNA Polymerase（Vazyme）进行 PCR 扩增，反应体系为：酶切后的质粒模板 50 ng，上下游引物（10 μmol/L）各 0.6 μL，2×Phanta Max Buffer 15 μL，dNTP Mix 0.5 μL，Phanta Max Polymerase 0.4 μL，加 ddH$_2$O 至 30 μL。PCR 扩增程序为：98℃变性 1 min；98℃变性 10 s，60℃退火 15 s，72℃延伸 15 s，共 30 个循环；最后 72℃延伸 2 min；4℃保存。

分别将 3 次 PCR 扩增产物稀释 10 倍后用于以下重组连接反应：pDIRECT_23C 质粒 50 ng，PCR 反应 1、2、3 稀释后产物各 0.5 μL，*Sap* Ⅰ 0.5 μL，*Esp*3 Ⅰ 0.5 μL，2 × T7 DNA Ligase buffer 10 μL，T7 DNA Ligase 1 μL，加 ddH$_2$O 至 20 μL。连接反应程序为：37℃ 5 min，25℃ 10 min，共 10 个循环；4℃ 保存。取 5 μL 连接产物转化大肠杆菌，经菌落 PCR 检测后进行测序验证，测序验证正确的重组质粒命名为 Cas9-CmYLCV-Csy4-AtPAP1/sgRNA1-Csy4-AtPAP1/sgRNA2-Csy4。进一步利用电击法将重组质粒转入农杆菌 AGL1 菌株中用于橡胶草的侵染转化。测序结果表明，重组质粒以 CaMV 35S 启动子驱动 Cas9，CmYLCV 启动子驱动 sgRNA，CmYLCV 与 AtPAP1/sgRNA1 之间以及 AtPAP1/sgRNA1 与 AtPAP1/sgRNA2 之间用 Csy4 序列进行间隔，CmYLCV-Csy4-AtPAP1/sgRNA1-Csy4-AtPAP1/sgRNA2-Csy4 表达盒的结构示意图如图 133 所示。

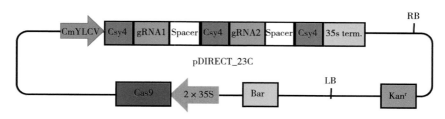

图 133 靶向 *AtPAP1* 基因的双靶标基因编辑重组载体结构示意图

9.4.3.4　侵染转化诱导阳性再生植株

（1）橡胶草无菌苗与根的获得

采用携带外源 *AtPAP1* 基因的橡胶草 T2 代转基因植株作为受体材料，用浓度为 10% ~ 15%（v/v）的次氯酸钠溶液（原液按 100% 用），按 1 滴（20 μL）/200 mL 加入 TritonX-100 混匀制成消毒液，用消毒液对 T2 代转基因种子消毒 10 ~ 15 min，无菌水冲洗 3 ~ 5 次后播种于含有 50 ~ 100 mg/L 卡那霉素的 1/2 MS 培养基中催芽，5 d 后转接一次含有 50 ~ 100 mg/L 卡那霉素的 1/2 MS 培养基培养 20 ~ 30 d 获得根系生长情况良好的无菌苗，其叶片和根均为紫色。

取生长状态良好的无菌苗的根，经无菌水洗 2 ~ 3 次后，用滤纸吸干用于侵染转化。

（2）农杆菌侵染液制备

将含有重组质粒 Cas9-CmYLCV-Csy4-AtPAP1/sgRNA1-Csy4-AtPAP1/sgRNA2-Csy4 的农杆菌 AGL1 于 5 mL 活化培养基（LB+25 mg/L Rif+50 mg/L Kan）中活化 36 h 左右，然后按照 1：100 接种至扩大培养基（LB+25 mg/L Rif+50 mg/L Kan+200 μmol/L AS）中进行扩大培养，检测菌液 OD$_{600}$ 值在 0.8 ~ 1.0 为宜，倒入 50 mL 离心管，3 800 r/min 离心 10 min，倒掉上清液，加入悬浮液（MS+20 g/L 蔗糖 +1.5 mg/L 6-BA+0.05 mg/L NAA+200 mmol/L AS）充分摇散之后，调整 OD$_{600}$ 值为 0.8 左右。

（3）侵染转化

将制备好的侵染液倒入洗净的根中，用解剖刀切成 1 cm 左右的小段，充分浸没在侵染液中 20 min，然后将根转移至滤纸上晾干，于 23℃ ±2℃的黑暗环境中共培养 3 d。

（4）侵染根段诱导分化形成不定芽

共培养后的根段转接至分化培养基（MS+1.0 mg/L 6-BA+0.02 mg/L NAA+5 mg/L Basta+500 mg/L Time+20 g/L 蔗糖 +3.95 g/L 植物凝胶）诱导分化形成不定芽，分化培养条件均为 23 ~ 25℃，光周期为光照 18 h、黑暗 6 h。

（5）再生植株生根与抗性筛选

携带外源 *AtPAP1* 基因的橡胶草根段为紫色，如果 *AtPAP1* 基因被敲除，不定芽和叶片变为绿色、根为白色。因此，侵染转化后挑选绿色的不定芽转接至生根培养基（1/2 MS+10 mg/L Basta+300 mg/L Time+10 g/L 蔗糖 +4.0 g/L 植物凝胶）进行生根。期间每 2 ~ 3 周转接一次，最终获得叶片变为绿色、根为白色的阳性再生植株。结果如图 134 所示，*AtPAP1* 基因定点突变后诱导形成的不定芽变为绿色或者浅色，进一步生根获得的再生编辑植株叶片为绿色、根为白色，而未转化的对照植株叶片和根均呈紫色。

（6）炼苗移栽

将生根良好的再生植株打开封口 3 ~ 4 d，之后移栽到基质中，并套上干净塑料膜保持湿度。3 d 后逐渐开孔防风，使植株适应外界环境。

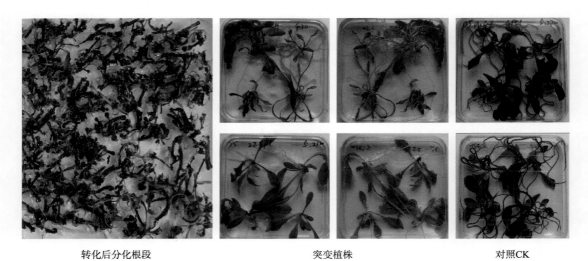

转化后分化根段　　　　　　　　　突变植株　　　　　　　　　对照CK

图 134　利用 CRISPR/Cas9 技术对橡胶草 *AtPAP1* 基因定点编辑及其突变株系筛选

9.4.3.5　基因编辑株系的表型观察

如图 134 所示，过表达 *AtPAP1* 基因的橡胶草根和叶均为紫色，经定点突变后，在紫色的根段上分化出绿色和紫色两种颜色的不定芽，紫色的不定芽说明这部分根段中 *AtPAP1* 基因未被定点突变仍然正常表达，绿色或者浅色的不定芽则为 *AtPAP1* 基因已失活，圆圈标注处可以看出绿色的不定芽无 *AtPAP1* 表达，表明转化细胞中 *AtPAP1* 基因已被成功编辑失活，进一步诱导生根发现，再生植株的根突变为白色。

9.4.3.6 基因编辑株系的靶基因测序验证

（1）DNA 提取

用购自天根生化科技（北京）有限公司的 DNA 提取试剂盒抽提获得的突变植株的基因组 DNA。

（2）*AtPAP1* 基因 PCR 扩增

使用 KOD-FX（TOYOBO）对突变植株的 *AtPAP1* 基因进行 PCR 扩增，反应体系为：基因组 DNA 约 30 ng，上、下游引物（AtPAP1-F：5′-ATGGAGGGTTCGTCCAAAG-3′；AtPAP1-R：5′-CTAATCAAATTTCACAGTCTCTCC-3′）（10 μmol/L）各 1.5 μL，2 × PCR Buffer 25 μL，dNTP Mix 10 μL，KOD Polymerase 1.0 μL，加 ddH$_2$O 至 50 μL。PCR 扩增程序为：98℃变性 2 min；98℃变性 10 s；55℃退火 30 s；68℃延伸 30 s，共 32 个循环；最后 72℃延伸 2 min；4℃保存。

（3）样品测序及其序列分析

将以上 PCR 产物回收纯化之后连接到 T 载体进行测序验证，测序结果如图 135 所示，阳性对照 CK 为 *AtPAP1* 基因部分序列，突变体 M1#-M3# 为转化后植株基因部分序列，从图中可以看出，突变体 M1# 与 M2# 的 *AtPAP1* 基因序列与阳性对照 CK 相比，在靶标 2 的位置发生了 4 ~ 6 个碱基缺失，从而导致基因功阅读框位移和失活；而突变体 M3# 则是在靶标 1 与靶标 2 之间发生了大片段删除，从而导致基因失活。结果表明，利用本发明提供方法成功实现了对特定基因的定位定点突变，突变效率为 35.3%。

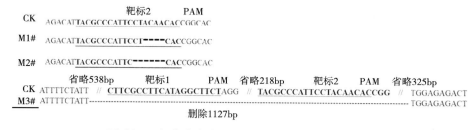

图 135 部分突变体 *AtPAP1* 靶位点测序验证结果

该载体系统重组质粒的构建过程中仅用一个表达载体作为模板，没有中间载体，多个 PCR 反应可同步进行，PCR 产物无须纯化即可进行连接，而且一个连接反应可实现多个片段的连接，可在 1 ~ 2 d 内完成 2 个或者多个打靶 sgRNA 的连接，极大地简化了载体构建的过程，效率提高了至少 1 倍。以 Cas9-CmYLCV-Csy4-AtPAP1/sgRNA1-Csy4-AtPAP1/sgRNA2-Csy4 载体构建为例，3 个 PCR 反应在一个 PCR 仪中同步进行，扩增之后即可进行连接反应，转入农杆菌菌株 AGL1 后对橡胶草进行侵染转化，获得再生植株的突变效率为 35.3%。

9.4.3.7 基因编辑突变体的遗传稳定性分析

突变体移栽种植 6 个月后，部分植株开花结实获得 T1 代种子，种子经春化后消毒播种于培养基（1/2 MS+10 mg/L Basta+200 mg/L Time）中催芽和抗性筛选，发现 T1 代植株的表型与 T0 代一致，叶片为绿色、根为白色，并且具有 Basta 抗性（图 136）。进一步提取其植株的基因组 DNA，用高保真酶进行 PCR 扩增，经测序验证以及序列分析，结果表明，突变位点能够在子代中稳定遗传。

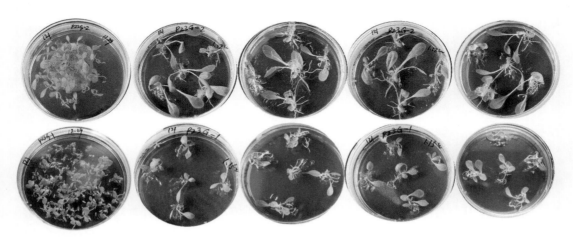

图 136　*AtPAP1* 基因编辑突变体 T1 代表型

9.5　基因工程技术在橡胶草遗传改良中的应用

橡胶草作为一种极具有商业开发前景的产胶植物，提高产胶量与生物量，提高植株抗性，培育高产高抗新品种是橡胶草产业化种植的关键。由于橡胶草为自交不亲和植物，利用传统的杂交育种，选择优良的亲本进行杂交和回交，获得稳定遗传的优良品种的周期比较长。随着橡胶草乳管分化和次生代谢途径的研究（Abdul Ghaffar et al.，2016；Stolze et al.，2017）以及遗传转化和分子克隆技术的进步，应用基因工程对橡胶草次生代谢途径相关关键基因进行研究已经成为研究热点。Daniela 等利用基因沉默技术获得橡胶草多酚氧化酶基因 *PPO*-RNAi（RNA 干扰）植株，研究发现 *PPO*-RNAi 植株比对照组的橡胶草的排胶量增加 4 ～ 5 倍（Wahler et al.，2009）。Post 等（2012）利用基因沉默技术获得了短角蒲公英的 3 个顺式 – 异戊烯转移酶 *CPT* 基因沉默的突变体植株，核磁共振、凝胶排阻层析法和气相色谱 – 质谱分析法分析橡胶含量，与对照组相比，*CPT*-RNAi 的植株橡胶含量降低，三萜和菊糖的含量增加。透射电子显微镜观察 *CPT*-RNAi 植株和对照组胶乳中的橡胶颗粒，发现 *CPT*-RNAi 植株的橡胶颗粒大小变小且数量减少。Ponciano 等（2012）构建了橡胶草小橡胶粒子蛋白基因 *TkSRPP3* 过表达载体和 RNAi 载体并通过遗传转化技术转化橡胶草，研究表明 *TkSRPP3* 过表达株系与对照组相比橡胶草根中橡胶的含量增加，而 *TkSRPP3*-RNAi 株系橡胶草根中橡胶的含量减少。通过遗传转化技术将拟南芥 ATP 柠檬酸裂解酶（ACL）基因转入短角蒲公英中获得 *ACL* 过表达植株，结果表明 *ACL* 过表达植株短角蒲公英的产胶量相比对照植株明显增加。王秀珍等（2015）研究表明 *TkCPT1* 与橡胶的合成和积累相关。赵丽娟等（2015）利用遗传转化方法将橡胶树橡胶延伸因子（*REF*）基因转入橡胶草中获得橡胶草突变体植株，研究表明，橡胶草突变体的橡胶的质量分数提高了 1 ~ 3 倍且可溶性糖的含量提高了约 2 倍。曹新文等（2016）将橡胶草法尼基焦磷酸合酶（*FPS*）基因进行过表达，研究表明过表达植株根中的橡胶质量分数相比野生型增加了 3.92%。随着高质量的橡胶草基因组测序完成（Lin et al.，2018），并且通过比较产胶植物与非产胶植物间基因组差异，鉴定了橡胶草中天然橡胶及菊糖的合成途径，结合基因工程技术，使通过转基因技术创造高产高抗的新品种成为可能。菊糖代谢途径和橡胶合成之间的相互关系以及菊糖代谢相关基因的研究是一大热点（Arias et al.，2016b；Kreuzberger et al.，2016；Stolze et al.，2017），减少菊糖合成，最大限度地增加底物蔗糖的浓度，用于天然橡胶的合成，也是提高橡胶草产胶量的一个重要研究方向。菊糖代谢的关键酶——蔗糖 1- 果糖基转移酶（1-SST）和果聚糖 1- 果糖基转移酶（1-FFT）负责菊糖的合成，果聚糖 1- 外切水解酶（1-FEH）负责菊糖的降解，在橡胶草中何时进行菊糖合成，何时进行菊糖降解，是否有其他基因进行调控，可以通过转基因技术进行基因的过表达或者敲除研究，改变代谢路径，使橡胶草中的能量和蔗糖底物最大限度地用于橡胶合成，创制出高产胶量的新种质。橡胶草种质资源丰富，遗传转化体系完善，挖掘控制天然橡胶合成的关键基因，结合菊糖代谢和橡胶合成等生物途径的研究，进行基因改良，加快遗传改良，提高橡胶草天然橡胶的生产能力和产业竞争力。

9.5.1　橡胶草中过表达菊糖降解酶基因 *TK1-FEH* 提高植株抗旱性

9.5.1.1　*TK1-FEH* 基因过表达载体构建

根据已克隆的 *TK1-FEH* 基因序列，选取 pCAMBIA1300 作为过表达载体，采用 CE Design V1.04 软件设计过表达载体构建引物。FEH-*Eco*R Ⅰ -F：5′-CG<u>GAATTC</u>ATGAGCAAGCCTCTTTCCT-3′（下画线为 *Eco*R Ⅰ 内切酶识别位点）、FEH-*Xba* Ⅰ -R：5′-GC<u>TCTAGA</u>TTAAACTGTGCTTTTTACAGT-3′（下画线为 *Xba* Ⅰ 内切酶识别位点）。

以前期已克隆连接到 pMD18-T 载体的质粒 pMD18-Tk1-FEH 为模板进行 PCR 扩增，KOD 高保真酶扩增体系如下：pDM18-Tk1-FEH 质粒 30 ng，引物 FEH-*Eco*R I-F、FEH-*Xba* I-R各 1.5 μL，2×PCR Buffer 25 μL，dNTP 10 μL，KOD 酶 1 μL，ddH₂O 补足 50 μL。

PCR 扩增程序为：94℃变性 2 min；98℃变性 10 s，55℃退火 30 s，68℃延伸 2 min，共 33 个循环；4℃保存。

扩增产物回收后和 pCAMBIA1300 质粒分别进行双酶切，酶切体系如下：胶回收产物或者 pCAMBIA1300 质粒 1 μg，*EcoR* Ⅰ 2 μL，*Xba* Ⅰ 2 μL，10×CutSmart Buffer 5 μL，ddH$_2$O 补足 50 μL；37℃酶切 4～6 h，酶切后的目的条带进行胶回收，回收纯化的酶切产物采用 NEB 的 Quick Ligation™ Kit，试剂盒进行连接，连接体系参照 9.3 中的方法进行。

将连接产物转化 DH5α，涂布含 50 mg/L 卡那霉素的 LB 固体培养基进行培养，挑取单菌落进行 PCR 检测和测序，测序结果正确的单克隆提取质粒并保存甘油菌，获得的重组质粒命名为 Tk1-FEH-pCAMBIA1300，将重组质粒转入农杆菌菌株 AGL1 中用于下一步侵染转化。

9.5.1.2　侵染转化诱导阳性再生植株

（1）农杆菌侵染液制备

将含有重组质粒 Tk1-FEH-pCAMBIA1300 的农杆菌 AGL1 于 5 mL 活化培养基（LB+25 mg/L Rif+50 mg/L Kan）中活化 36 h 左右，然后按照 1∶100 接种至扩大培养基（LB+25 mg/L Rif+50 mg/L Kan+200 μmol/L AS）中进行扩大培养，6 h 之后检测菌液 OD$_{600}$ 值，在 0.8～1.0 为宜，倒入 50 mL 离心管，3 800 r/min 离心 10 min，倒掉上清液，加入悬浮液（MS+20 g/L 蔗糖+1.5 mg/L 6-BA+0.05 mg/L NAA+200 μmol/L AS）充分打散后，调整 OD$_{600}$ 值为 0.8 左右。

（2）无菌根的准备

剪去生长状态良好的橡胶草组培苗的根，经无菌水洗 2～3 次后，用滤纸吸干用于侵染转化。

（3）侵染转化

将制备好的侵染液倒入洗净的根中，将根用解剖刀切成 1 cm 左右的小段，充分浸没在侵染液中 20 min，然后转移至滤纸上晾干，于 23℃ ±2℃的黑暗环境中共培养 3 d。

（4）根段诱导分化形成不定芽

共培养后的根段转接至分化培养基［MS+1.0 mg/L 6-BA+0.02 mg/L NAA+5 mg/L 潮霉素（Hyg）+500 mg/L Time+20 g/L 蔗糖+3.95 g/L 植物凝胶］诱导分化形成不定芽，分化培养条件均为 21～25℃，光周期为光照 16～18 h，黑暗 6～8 h。

（5）再生植株生根与抗性筛选

不定芽转接至生根培养基（1/2 MS+5 mg/L Hyg+300 mg/L Time+10 g/L 蔗糖+4.0 g/L 植物凝胶）进行生根，期间每 2～3 周转接一次，获得阳性再生植株（图 137）。

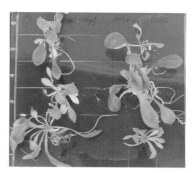

侵染根段诱导分化　　　　　　　不定芽抗性筛选　　　　　　　不定芽生根

图 137　过表达 *TK1-FEH* 转基因阳性植株诱导与筛选

（6）再生植株移栽

将生根良好的再生植株打开封口 3 ~ 4 d，之后移栽到基质中，并套上干净塑料膜保持湿度。3 d 后逐渐开孔防风，使植株适应外界环境。

9.5.1.3　过表达 *TK1-FEH* 转基因株系的分子鉴定

将所有转基因植株提取 DNA，用引物（1300-F：5′-CGGAATTCATGAGCAAGCCTCTTTCCT-3′ 和 FEH-*Xba* I-R：5′-GCTCTAGATTAAACTGTGCTTTTTACAGT-3′）进行 PCR 验证，能扩增出目的条带的即为阳性植株（图 138）。采用组培技术对阳性株系 OE-FEH619-2 进行扩繁，获得的组培苗用于后续实验。

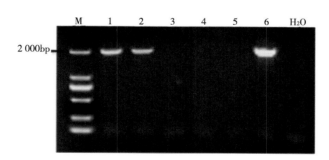

1 为阳性株系 OE-FEH619-1；2 为阳性株系 OE-FEH619-2；
3 和 4 为假阳性植株；5 为未转化对照 CK；6 为重组质粒

图 138　*Tk1-FEH* 转基因植株 PCR 检测

9.5.1.4　过表达 *TK1-FEH* 转基因株系的表型及其抗旱性分析

将部分过表达 TK1-FEH 转基因株系 OE-FEH619-2 组培苗及其为转化对照植株（CK）移入水培装置进行培养，观察其根系生长情况（图 139A），发现 OE-FEH619-2 植株的根系须根多且短，明显比对照植株的根系壮大。同时将部分 OE-FEH619-2 组培苗和对照植株移入基质中培养，观察其地上部生长情况（图 139B），在盛花期观察发现 OE-

FEH619-2 植株的地上部比对照植株更加茂盛。对基质中生长 3 个月的植株进行断水处理，在断水 38 d 之后可以明显观察到对照植株的地上部已经全部枯萎，而 OE-FEH619-2 植株仍有大部分绿叶（图 139C）。以上结果说明过表达 Tk1-FEH 基因可以显著提高橡胶草植株的生物量和抗旱性。

菊糖是橡胶草中一种重要的代谢物质，是由蔗糖 -1- 果糖基转移酶（1-SST）和果聚糖 1- 果糖基转移酶（1-FFT）催化合成的一种果聚糖。果聚糖的积累可以提高植物的抗逆性，比如可以通过稳定细胞膜来保护植物免受干旱和寒冷的胁迫。合成的果聚糖又可被果聚糖 1- 外切水解酶（1-FEH）降解成单个蔗糖。果聚糖的代谢是植物适应逆境胁迫的重要机制。1-SST 和 1-FFT 基因的调控作用在其他物种已得到证实，主要是通过调控果聚糖的积累来提高植株的耐受性。将水稻的 1-SST 基因转化到烟草中，可以提高烟草的耐寒性。水稻在低温条件下不能合成果聚糖，Kawakami 等（2008）将小麦的 1-SST 基因转入到水稻中，低温条件下转基因植株的成熟叶片中果聚糖含量增加，表现出耐寒性。小麦的 Ta1-SST、Ta6-SFT、Ta1-FFT 基因被证实可以提高水稻的抗旱性。武媛丽（2011）在甘蔗中过表达 1-SST 基因，发现转基因植株有了较强的抗旱性和抗盐性。在 PEG 模拟干旱胁迫下，细菌 1-SST 基因转化到烟草中，转基因烟草的果聚糖浓度显著提高，抗旱性也显著提高。在烟草中过表达菊苣 Ht1-FFT 基因，烟草叶片中的果聚糖浓度增加，提高了烟草对 PEG 模拟干旱胁迫的耐受性。对龙舌兰进行 PEG、ABA、水杨酸（SA）、MeJA 处理可以提高 1-SST、1-FFT 基因表达量，促进低聚合度果聚糖的积累（Suarez-Gonzalez et al.，2014）。黑麦草中过表达 Lp1-SST 基因提高了叶片中果聚糖、蔗糖、蔗果三糖的含量（Panter et al.，2017）。在银胶菊中用 RNA 干扰技术进行 1-SST 基因沉默，发现 1-SST RNAi 植株在 70 ～ 80 d 时果聚糖含量降低，但蔗糖和果糖等底物含量是野生型的两倍左右，但 1-SST 基因沉默对银胶菊中天然橡胶含量没有影响（Dong et al.，2017），表明银胶菊中果聚糖与天然橡胶的积累在底物蔗糖的利用上没有竞争性。果聚糖外切水解酶除了能够提供能量、维持液泡渗透压，还可以调节环境胁迫下植物的生长发育。

A，水培根系生长情况；B，盛花期地上部生长情况；C，断水 38 d 时生长情况

图 139　过表达 TK1-FEH 转基因株系不同生长时期及其抗旱表型

9.5.2　采用 CRISPR/Cas9 基因编辑技术创制橡胶草菊糖合成酶基因 *Tk1-SST*、*Tk1-FFT* 双基因同时缺失突变体

目前，创制高含胶量新种质是橡胶草产业化的关键。菊糖和天然橡胶是橡胶草的两个重要代谢产物，其合成的共同底物是蔗糖，但在橡胶草根部菊糖的含量远高于天然橡胶。已有的研究表明，橡胶草根部的菊糖和天然橡胶的积累存在竞争性，抑制菊糖合成可能是提高橡胶草根部天然橡胶含量的有效途径。蔗糖在乳管细胞中经过甲羟戊酸途径（MVA）合成天然橡胶（顺式 -1,4- 聚异戊二烯），而菊糖专一性地在橡胶草根部积累，其合成是以蔗糖为底物，由蔗糖 -1- 果糖基转移酶（1-SST，EC 2.4.1.99）和果聚糖：果聚糖 1- 果糖基转移酶（1-FFT，EC 2.4.1.100）催化完成。因此，敲除橡胶草菊糖合成酶基因 *Tk1-SST* 和 *Tk1-FFT*，可获得橡胶草菊糖合成缺陷型新种质，可提高蔗糖的供应从而促进天然橡胶的合成。CRISPR/Cas9 系统是一种高效的基因组 DNA 编辑技术，其实现基因编辑的原理是利用一段靶基因序列特异的 sgRNA 引导 Cas9 核酸内切酶对靶基因的 DNA 进行切割、编辑，而且这种突变可以稳定遗传。与化学诱变、物理诱变、DNA 插入突变等诱变技术相比，CRISPR/Cas9 技术具有靶标明确、突变效率高、多靶点同时突变等优点，是种质创新的强有力工具。CRISPR/Cas9 编辑的特异性由人工设计的 sgRNA 来决定，精确靶向的 sgRNA 是实现定点突变的关键。而目前橡胶草中尚未有利用 CRISPR/Cas9 技术实现多个靶位点同时突变的报道。

9.5.2.1　sgRNA 打靶位点筛选

由于橡胶草为自交不亲和植物，不同品系间基因序列存在差异，通过比较不同种质中 *Tk1-SST* 和 *Tk1-FFT* 基因序列，分别在两个基因的保守区域寻找 PAM 序（NGG），在 PAM 位置 5′端 20 bp 的一段序列即为 sgRNA 序列，并在已公布的橡胶草基因组序列中进行搜索分析靶标的特异性。最终确定了靶向 *Tk1-SST* 基因的 2 条 sgRNA（sgRNA-SST1：ATTGTTCCCTCCACCTGGAG 和 sgRNA-SST2：GTTTCTACCACGCACACGAA），二者均位于 *Tk1-SST* 基因的第 4 个外显子中，以及靶向 *Tk1-FFT* 基因的 2 条 sgRNA（sgRNA-FFT1：CTGTACATTCCACCAGGGAT 和 sgRNA-FFT2：TAAGTGGACCCCGGATAACC），二者均位于 *Tk1-FFT* 基因的第 2 个外显子中。

9.5.2.2　sgRNA 组装及其表达载体构建

中间载体 YLgRNA-AtU6/AtU3、表达载体 pYLCRISPR/Cas9Pubi-B 从刘耀光实验室引进，相关引物设计及其载体构建参考文献报道方法进行（Ma et al.，2015）。具体方法如下。

（1）设计用于表达盒构建的引物

利用在线软件 CRISPR-GE（http://skl.scau.edu.cn/）的"primerDesign"功能进行设

计，其中 AtU6-1 驱动 sgRNA-SST1、AtU6-29 驱动 sgRNA-SST2、AtU3b 驱动 sgRNA-FFT1、AtU3d 驱动 sgRNA-FFT2，不同 sgRNA 组装采用 Overlapping PCR 方法，设计的引物信息如表 61 所示。

（2）sgRNA 表达盒的构建

Overlapping PCR 第一轮 PCR 扩增。以中间载体 YLgRNA-AtU6/AtU3 为模板，AtU6-1-SST1-sgRNA 表达盒扩增引物对 U-F/SST1-AtU6-1T1（反应 1）、gR-T/SST1-gRT1（反应 2）；AtU6-29-SST2-sgRNA 表达盒扩增引物对 U-F/SST2-AtU6-29T2（反应 1）、gR-T/SST2-gRT2（反应 2）；AtU3b-FFT1-sgRNA 表达盒扩增引物对 U-F/FFT1-AtU3bT3（反应 1）、gR-T/FFT1-gRT3（反应 2）；AtU3d-FFT2-sgRNA 表达盒扩增引物对 U-F/FFT2-AtU3dT4（反应 1）、gR-T/FFT2-gRT4（反应 2）。PCR 用 Phanta Max Super-Fidelity DNA Polymerase

（Vazyme）进行扩增，扩增体系：$2 \times$ Phanta Max Buffer 7.5 μL，10 mmol/L dNTPs Mix 0.25 μL，Phanta Max Polymerase 0.2 U，YLgRNA-AtU6/AtU3 2 ~ 5 ng，10 μmol/L U-F 和 U#-T# 各 0.3 μL（反应 1），10 μmol/L gR-T# 和 gR-R 各 0.3 μL（反应 2），ddH$_2$O 补足到 15 μL。PCR 扩增程序为：95℃ 10 s，58℃ 15 s，72℃ 15 s，扩增 25 ~ 26 个循环。

第二轮 PCR 扩增：各表达盒反应 1 和反应 2 产物稀释 10 倍后分别混合后作为模板，分别利用引物对 Pps-R/Pgs-2（用于 AtU6-1-SST1-sgRNA 表达盒）、Pps-2/Pgs-3（用于 AtU6-29-SST2-sgRNA 表达盒）、Pps-3/Pgs-4（用于 AtU3b-FFT1-sgRNA 表达盒）、Pps-4/Pgs-L（用于 AtU3d-FFT2-sgRNA 表达盒）进行第二轮 PCR 反应。PCR 扩增体系：$2 \times$ Phanta Max Buffer 15 μL，10 mmol/L dNTP Mix 0.5 μL，Phanta Max 0.4 U，10 μmol/L 混合通用引物 0.5 μL，反应 1+ 反应 2 稀释液 1 μL，ddH$_2$O 补足到 30 μL。PCR 扩增程序为：95℃ 10 s，58℃ 15 s，72℃ 20 s，扩增 25 ~ 28 个循环。

表 61　引物信息

引物名称	引物序列（5′-3′）	用途
SST1-gRT1	ATTGTTCCCTCCACCTGGAGgttttagagctagaaat	重组表达载体 SST-FFT-Cas9 构建
SST1-AtU6-1T1	CTCCAGGTGGAGGGAACAATCaatcactacttcgtct	重组表达载体 SST-FFT-Cas9 构建
SST2-gRT2	TTTCTACCACGCACACGAAgttttagagctagaaat	重组表达载体 SST-FFT-Cas9 构建
SST2-AtU6-29T2	TTCGTGTGCGTGGTAGAAACaatctcttagtcgact	重组表达载体 SST-FFT-Cas9 构建
FFT1-gRT3	CTGTACATTCCACCAGGGATgttttagagctagaaat	重组表达载体 SST-FFT-Cas9 构建
FFT1-AtU3bT3	ATCCCTGGTGGAATGTACAGTgaccaatgttgctcc	重组表达载体 SST-FFT-Cas9 构建
FFT2-gRT4	TAAGTGGACCCCGGATAACCgttttagagctagaaat	重组表达载体 SST-FFT-Cas9 构建
FFT2-AtU3dT4	GGTTATCCGGGGTCCACTTATgaccaatggtgctttg	重组表达载体 SST-FFT-Cas9 构建

（续表）

引物名称	引物序列（5′–3′）	用途
U-F	CTCCGTTTTACCTGTGGAATCG	重组表达载体 SST-FFT-Cas9 构建
gR-R	CGGAGGAAAATTCCATCCAC	重组表达载体 SST-FFT-Cas9 构建
Pps-R	TTCAGAGGTCTCTACCGACTAGTCACGCGTATGGAATCGGCAGCAAA	重组表达载体 SST-FFT-Cas9 构建
Pgs-2	AGCGTGGGTCTCGTCAGGGTCCATCCACTCCAAGCTC	重组表达载体 SST-FFT-Cas9 构建
Pps-2	TTCAGAGGTCTCTCTGACACTGGAATCGGCAGCAAAGG	重组表达载体 SST-FFT-Cas9 构建
Pgs-3	AGCGTGGGTCTCGTCTTCACTCCATCCACTCCAAGCTC	重组表达载体 SST-FFT-Cas9 构建
Pps-3	TTCAGAGGTCTCTAAGACTTTGGAATCGGCAGCAAAGG	重组表达载体 SST-FFT-Cas9 构建
Pgs-4	AGCGTGGGTCTCGAGTCCTTTCCATCCACTCCAAGCTC	重组表达载体 SST-FFT-Cas9 构建
Pps-4	TTCAGAGGTCTCTGACTACATGGAATCGGCAGCAAAGG	重组表达载体 SST-FFT-Cas9 构建
Pgs-L	AGCGTGGGTCTCGCTCGACGCGTATCCATCCACTCCAAGC	重组表达载体 SST-FFT-Cas9 构建
SST-390F	CAATACAACCCGGAATCTGC	1-SST 基因检测引物
SST-1355R	GTGTAGCTGAGCCAATCTCG	1-SST 基因检测引物
FFT-338F	ATTGTTCCACATGGGTTGGT	1-FFT 基因检测引物
FFT-1322R	TGCCTATGTCGAGTGGAATG	1-FFT 基因检测引物
SST-505-SF	ATATCGAAGGTGTCATGAC	1-SST 基因测序引物
SST-1160-SR	CTTTAGGAGGGTCGGTTTCA	1-SST 基因测序引物
FFT-471-SF	CCAACCGAATGGTACGACAT	1-FFT 基因测序引物
FFT-1192-SR	TACCACAGTTCTTCCAACAT	1-FFT 基因测序引物

（3）将 sgRNA 表达盒克隆到 pYLCRISPR/Cas9Pubi-B 载体上

使用基于 *Bsa* Ⅰ 酶切和连接的"金门"克隆方法，以"边切边连"法组装 sgRNA 表达盒到 pYLCRISPR/Cas9Pubi-B 载体上。反应体系：10 × CutSmart Buffer 1.5 μL；10 mmol/L ATP 1.5 μL；pYLCRISPR/Cas9Pubi-B 质粒 60 ~ 80 ng；纯化后的混合 sgRNA 表达盒每

个表达盒 10 ~ 15 ng，4 个共 60 ~ 70 ng；*Bsa* I-HF 10 U；T4 DNA ligase 35 U；ddH$_2$O 补足到 15 μL。用变温循环（可使用 PCR 仪）进行边切边连反应 10 ~ 15 循环（37℃ 5 min，10℃ 5 min，20℃ 5 min）；最后 37℃ 5 min。

（4）连接产物转化

将连接产物滴载在悬浮于 0.2×TE 的透析膜 Millipore VSWP04700 上 4℃透析 15 ~ 20 min。取 1 ~ 1.5 μL 透析的连接产物电激转化 *E. coli* DH10B 感受态细胞。电激后加入 1 mL SOC 培养基 37℃恢复培养 1 h，将转化细胞涂在含卡那霉素（25 μg/mL）的 LB 平板培养过夜。

（5）阳性克隆筛选

挑取数个菌落培养和提取质粒，并用 *Asc* I 酶切和电泳确认，然后进行测序验证，确认构建成功，重组载体 SST-FFT-Cas9 的结构如图 140 所示，其中 AtU6-1 驱动 sgRNA-SST1、AtU6-29 驱动 sgRNA-SST2、AtU3b 驱动 sgRNA-FFT1、AtU3d 驱动 sgRNA-FFT2，Ubi 启动子驱动 Cas9，2×35S 加强型启动子驱动 Bar 筛选标记基因。

图 140　靶向 *Tk1-SST* 与 *Tk1-FFT* 双基因同时编辑的重组载体构建

（6）重组载体 SST-FFT-Cas9 导入农杆菌

将上述中获得的阳性克隆提取质粒，并电激转化农杆菌（如 AGL1）。阳性克隆用所有靶点接头正向引物和反向引物配对进行 PCR 扩增验证。

9.5.2.3　重组表达载体 SST-FFT-Cas9 转化橡胶草并诱导再生植株

（1）橡胶草无菌苗的获得

橡胶草品系 20112 的种子为材料，采用浓度为 10% ~ 15% 的次氯酸钠溶液（原液按 100% 用），按 1 滴（20 μL）/200 mL 加入 TritonX-100 混匀制成消毒液，用消毒液对种子进行消毒 10 ~ 15 min，无菌水冲洗 3 ~ 5 次后播种于 1/2 MS 培养基中催芽，5 d 后转接一次 1/2 MS 培养基培养 20 ~ 30 d 获得根系生长情况良好的无菌苗。

（2）培养基配制

活化培养基：LB+25 mg/L Rif+50 mg/L Kan。

扩大培养基：LB+25 mg/L Rif+50 mg/L Kan+200 μmol/L AS。

悬浮液：MS+1.5 mg/L 6-BA+0.05 mg/L NAA+20 g/L 蔗糖 +200 μmol/L AS。

分化培养基：MS+1.5 mg/L 6-BA+0.05 mg/L NAA+5 mg/L 除草剂 Basta+500 mg/L Time+20 g/L 蔗糖 +3.95 g/L 植物凝胶。

生根培养基：1/2 MS+10 mg/L Basta+300 mg/L Time+10 g/L 蔗糖 +4.0 g/L 植物凝胶。

（3）侵染菌液的制备

挑取菌落 PCR 检测正确的单菌落于 5 mL 活化培养基中活化 36 h 左右，然后按照 1：100 接种至扩大培养基中进行扩大培养，6 h 之后检测菌液 OD_{600} 值，在 0.8 ~ 1.0 为宜，倒入 50 mL 离心管，3 800 r/min 离心 10 min，倒掉上清液，加入悬浮液充分摇散之后，调整 OD_{600} 值为 0.8 左右。

（4）侵染橡胶草根段

剪取橡胶草组培苗的根用无菌水清洗干净后用滤纸吸干表面水分，倒入以上制备好的侵染菌液，用解剖刀切成 1 cm 左右的小段，充分浸没在侵染液中 20 min，然后将根转移至滤纸上晾干，于 23℃ ±2℃的黑暗环境中共培养 3 d。

（5）侵染根段诱导分化形成不定芽

共培养后的根段转接至分化培养基诱导分化形成不定芽，分化培养条件均为 23 ~ 25℃，光周期为光照 18 h、黑暗 6 h。

（6）再生植株生根与抗性筛选

将分化的不定芽转接至生根培养基，每隔 3 周转接一次相同的培养基，共转接 2 次进行抗性筛选，最终获得抗性再生植株。

（7）炼苗移栽

将生根良好的再生植株打开封口 3 ~ 4 d，之后移栽到基质中，并套上干净塑料膜保持湿度。3 d 后逐渐开孔防风，使植株适应外界环境。

9.5.2.4　基因编辑株系的靶位点序列检测及其表型

（1）抗性再生植株的分子鉴定

DNA 提取：用购自天根生化科技（北京）有限公司的 DNA 提取试剂盒抽提获得的 T0 代抗性再生植株的基因组 DNA。

（2）*Tk1-SST* 和 *Tk1-FFT* 基因靶位点的 PCR 扩增

使用 KOD-FX（TOYOBO）对 T0 代植株进行 PCR 扩增。反应体系为：基因组 DNA 30 ~ 50 ng，上、下游引物（SST-390F/SST-1355R 引物组合扩增 *Tk1-SST* 基因靶位点；FFT-338F/FFT-1322R 引物组合扩增 *Tk1-FFT* 基因靶位点）（10 μmol/L）各 1.5 μL，2 × PCR Buffer 25 μL，dNTP Mix 10 μL，KOD Polymerase 1.0 μL，加 ddH2O 至 50 μL。PCR 扩增程序为：98℃变性 2 min；98℃变性 10 s，55℃退火 30 s，68℃延伸 30 s，共 32 个循环；最后 72℃延伸 2 min；4℃保存。

（3）样品测序及其序列分析

分别将以上 *Tk1-SST* 和 *Tk1-FFT* 基因的 PCR 产物回收纯化之后连接到 T 载体进行测序验证。测序结果如图 141 所示，1-SST/WT 和 1-FFT/WT 分别为野生型对照 WT 的

Tk1-SST 和 *Tk1-FFT* 基因部分序列，突变体 M2-2 为转化后植株基因部分序列，从图中可以看出，突变体 M2-2 在 *Tk1-SST* 基因的第 2 个靶标（sgRNA-SST2）发生 2 个碱基删除，从而导致基因阅读框改变和基因失活；同时 *Tk1-FFT* 基因序列与野生型对照 WT 相比，在靶标 1（sgRNA-FFT1）与靶标 2（sgRNA-FFT2）之间发生了大片段缺失，删除了 504 bp，从而导致基因失活；表明利用这个 CRISPR/Cas9 载体系统成功实现了对菊糖合成酶基因 *Tk1-SST* 和 *Tk1-FFT* 的同时敲除。在 17 株抗性植株中检测到 1 株 *Tk1-SST* 和 *Tk1-FFT* 同时突变的株系，双基因的突变频率为 5.88%。

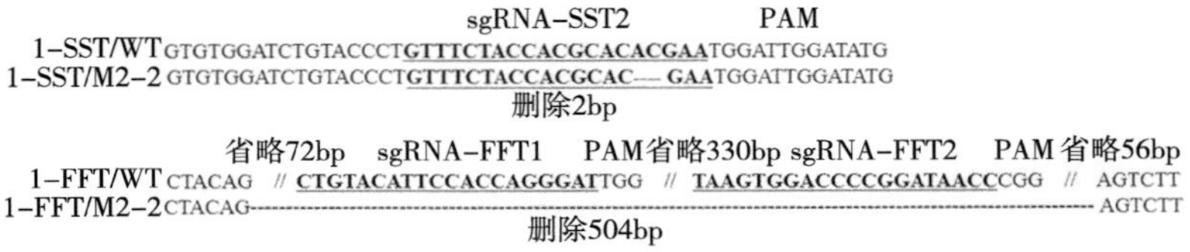

```
                        sgRNA-SST2            PAM
1-SST/WT    GTGTGGATCTGTACCCTGTTTCTACCACGCACACGAATGGATTGGATATG
1-SST/M2-2  GTGTGGATCTGTACCCTGTTTCTACCACGCAC---GAATGGATTGGATATG
                                    删除2bp

         省略72bp  sgRNA-FFT1   PAM省略330bp sgRNA-FFT2   PAM省略56bp
1-FFT/WT    CTACAG  CTGTACATTCCACCAGGGATTGG  //  TAAGTGGACCCCGGATAACCCGG  //  AGTCTT
1-FFT/M2-2  CTACAG--------------------------------------------------------------AGTCTT
                                    删除504bp
```

图 141 *1-sst*/*1-fft* 双基因突变体的靶位点测序验证结果

（4）突变体表型观察

如图 142 所示，T0 代突变体 M2-2 与野生型对照 WT 相比，突变体的叶片明显变宽，叶长变短。对其根部糖含量进行检测发现，蔗糖和果糖含量显著升高，而菊糖含量显著下降。结果表明，突变体中菊糖合成酶基因 *Tk1-SST* 和 *Tk1-FFT* 敲除后使得植株的菊糖含量降低，通过回交有望获得纯合的菊糖合成缺陷型突变体，为后期选育产胶型橡胶草品系提供优良的材料。

M2-2   WT

图 142 *1-sst*/*1-fft* 双基因突变体及其野生型植株（WT）的表型比较

9.5.3 基因编辑技术在橡胶草种质创新与遗传改良中的应用展望

笔者采用刘耀光实验室研发的 CRISPR/Cas9 载体系统 pYLCRISPR/Cas9 成功创制了橡胶草菊糖合成突变体材料，该载体系统由玉米泛素基因启动子 *Pubi* 驱动 Cas9 蛋白的表达和拟南芥 AtU3/U6 驱动 sgRNA。结果表明该系统能在橡胶草中进行应用，获得有效突变，但该系统在橡胶草中的编辑效率不高。研究表明，驱动 sgRNA 的启动子与基因编辑的效率密切相关。Sun 等（2015）分别构建了大豆 *GmU6* 启动子驱动 sgRNA 的 Cas9 载体和拟南芥 *AtU6* 启动子驱动 sgRNA 的 Cas9 载体，转化大豆毛状根后发现大豆 *GmU6* 启动子驱动 sgRNA 的编辑效率更高。Du 等（2016）也在大豆中得到了相似的结论，大豆 *GmU6-16* 启动子驱动 sgRNA 的编辑效率高于拟南芥 *AtU6-26* 启动子驱动 sgRNA 的编辑效率，表明用植物自身的启动子驱动 sgRNA 可以提高 CRISPR/Cas9 系统在植物中的编辑效率。Mao 等（2013）在拟南芥中比较了不同启动子 *AtUBQ*、*OsUBQ*、玉米泛素基因启动子 *Pubi* 和 *CaMV 35S* 驱动 Cas9 的编辑效率，发现 Pubi 驱动 Cas9 具有较高的基因编辑效率。同一种启动子在不同物种中产生的编辑效率存在差异。Yan 等（2015）比较了拟南芥 *Yao* 启动子和 *CaMV 35S* 启动子驱动 Cas9 在拟南芥中的编辑效率，发现 *Yao* 启动子显著提高了拟南芥 *AtU6-26* 驱动 sgRNA 载体的编辑效率。在柑橘中也证明了 *Yao* 启动子驱动 Cas9 能够得到更好的基因编辑效果（Zhang et al. 2017）。因此，通过克隆橡胶草的 U6 启动子，用于驱动 sgRNA，或者尝试其他的启动子驱动 Cas9 蛋白进行载体系统的改造，提高靶基因的编辑效率，尤其是提高 T0 代纯合突变体的频率，这对 CRISPR/Cas9 技术在橡胶草种质创新与遗传改良中的应用具有重要意义。

第十章

橡胶草作为产胶植物的优势及其产业化进展与展望

10.1 橡胶草产业化发展的重要性

天然橡胶与煤炭、钢铁、石油并称为四大基础工业原料，广泛用于航空航天、重型汽车、飞机轮胎和医疗卫生等领域。目前，世界上的橡胶制品多达 7 万多种，其中涉及天然橡胶的就有 4 万多种，体现在人类现代生活的方方面面，其中轮胎工业就占据了天然橡胶70% 的消费市场，其余乳胶产品占 8%、胶鞋占 8%、力车胎占 6%、胶管胶带占 4%、橡胶制品占 4%。天然橡胶具有多种良好的物理化学性能，如高弹性、高强度、高绝缘性、高抗冲、耐撕裂、耐穿刺、耐化学介质和耐水性，以及与金属优良的黏合性能等特性，其中最为突出的是应变诱导结晶性能及其所产生的高强度，这使天然橡胶在常态下为弹性体，受到外力作用而产生大应变时，就会产生应变诱导结晶现象，此时天然橡胶的模量会瞬间由 Mpa 增大至 Gpa，增大 1 000 倍，从而可以抵抗住超大外力的破坏作用，这种特性是目前大多数合成橡胶无法比拟的，这使得天然橡胶至今不可替代，用途极为广泛。比如飞机轮胎 100% 天然橡胶制造、工程轮胎 100% 天然橡胶制造、载重轮胎 90% 以上天然橡胶制造。

目前，我国天然橡胶过度依赖进口，严重威胁天然橡胶生产的国家战略安全。虽然我国是世界第五大产胶大国，但同时也是天然橡胶的消费大国。随着我国经济的快速发展，天然橡胶的需求量急剧增加，对外依存度超过 80%。然而，受地理条件限制，中国适于种植橡胶树的土地面积为 1 800 万亩左右，已经趋于饱和。在短时间内依靠扩大种植规模、扩大产能来保证中国天然橡胶供应非常不现实，供需缺口还将长期存在，过度依赖国际市场的局面将在未来相当长的一段时间内不会发生改变。近年来，我国因南海岛礁归属问题与越南和菲律宾等东南亚国家摩擦不断，而东南亚是全球天然橡胶的主要供应地，产量占全球 90% 以上，这严重威胁着我国的社会经济发展与国家战略安全。巴西橡胶树还一直面临着"橡胶癌症"南美叶疫病的潜在威胁，疫情一旦爆发将对我国橡胶产业造成毁灭性的打击。此外，还存在全球气候变化异常导致天然橡胶供应不稳定，三叶橡胶不具备机械化生产条件，劳动力成本高等实际问题。因此，面对我国三叶天然橡胶严重短缺等诸多挑战，立足本国，开发传统三叶橡胶以外的胶种，特别是不依赖于热带雨林气候，适应温带气候条件的第二天然橡胶资源，是解决中国未来天然橡胶短缺的有效手段，也是保证全球天然橡胶安全、长久、稳定供应的必由之路。

橡胶草原产于哈萨克斯坦共和国天山山谷和中国新疆，根部含有较高含量的天然橡胶，适宜生长于 20 ~ 25℃的温带凉爽气候，耐 −30℃低温。蒲公英橡胶的分子结构和三叶天然橡胶完全相同，分子量及分子量分布完全适于工业化生产。我国西北、华北和东北的大部分地区均适于蒲公英橡胶草的种植。适合于大规模机械化种植生产。如果蒲公英橡胶能够成功实现商业化生产，必将对我国现有的天然胶产业结构作出重大调整，拓宽我国天然胶供应的渠道，增强我国天然胶企业的国际竞争力，打破国外对市场的垄断，推动相关产业的技术进步。以 2014 年为例：我国进口天然胶 422 万 t，如果其中 200 万 t 被蒲公英橡胶替代，那么需要土地资源 3 000 万亩。按照一个人管护 100 亩地计算，可以直接带来 30 万人就业；按照目前 2 万元 /t 的价格，可以开发出 400 亿元的一个大产业。如果再配套下游的加工产业，就可形成一个集蒲公英橡胶草栽培、加工、产品制造、生物质循环利用的大产业链，那么其产业规模可以达到 2 000 亿元，就业人口可以达到 200 万，势必在我国北方地区形成一个新的天然胶产业集群。蒲公英橡胶的成功开发必将改变世界天然胶的分布带，并为我国天然胶资源的长久、安全、稳定供应作出巨大贡献。另外，蒲公英橡胶的成功开发和应用，也可以促使橡胶业降低石油基的合成橡胶用量，不仅可间接减少对石油的消耗，也会对改善环境、降低碳排放产生重大的社会效益。蒲公英橡胶草优良的栽培特性也将改良我国"三北"地区几千万亩的荒漠化盐碱地；通过林下间作和土地轮作，提高土地利用率和经济效益；缓解三叶天然橡胶产业对于热带雨林侵蚀的生态压力，生态效益显著。

10.2　橡胶草产业化发展的优势

（1）蒲公英橡胶的物理性能与三叶橡胶相当，可替代三叶橡胶用于轮胎制造

蒲公英橡胶的分子结构与巴西三叶橡胶相同，均为顺式 -1,4- 聚异戊二烯，其物理机械性能与三叶橡胶非常相似。由于蒲公英橡胶中含有较多的蛋白质，容易引起敏感人群的过敏反应，故不能应用在直接和人体接触的产品中，如橡胶手套等医疗产品。因此，其应用领域主要是用来制造轮胎、胶管等传统产品。轮胎制造是天然橡胶主要消耗领域，约68% 天然橡胶用于轮胎工业。北京化工大学科研人员又对蒲公英橡胶的加工性能和力学性能做了初步探索。在加工性能方面，与三叶橡胶相比，蒲公英橡胶普遍偏软。颜色也要比天然橡胶深得多，接近深棕色。在硫化性能方面，加入炭黑等补强剂之后，二者的硫化性能接近，看不出统计性的差异，说明蒲公英橡胶适于传统的硫化加工方法。在力学性能方面，加入炭黑等补强剂之后，二者的应力—应变曲线的轨迹相近，也说明二者的力学

性能差异不大。初步的硫化实验和力学性能实验表明，蒲公英橡胶完全适于传统橡胶工业的使用要求。2014 年德国大陆轮胎集团生产出蒲公英橡胶轮胎，其场地测试结果显示，其特性与三叶橡胶轮胎性能相当，蒲公英橡胶完全能够替代三叶橡胶用于轮胎制造。

（2）橡胶草品种改良迅速，产量潜力大，利用综合提取工艺，可降低成本，提高市场竞争力

橡胶草为草本植物，生长周期短，繁殖能力强。因此，在品种改良方面，与巴西橡胶树相比，更为迅速。目前，橡胶草在品种改良方面已取得了很大的进步。美国俄亥俄州立大学 Cornish 团队培育的二代橡胶草干根含胶量接近 10%，最高可达 18.6%，在小范围内种植，产量可达 1.5 t/hm²，基本与三叶橡胶的产量持平。除天然橡胶以外，橡胶草根部还含有 25% ~ 40% 的菊糖，其可作为食品添加剂和发酵生产乙醇的原料（梁素钰等，2006），市场需求大，价格高。此外，橡胶草中还含有大量的大分子聚合物和生物活性物质，如纤维素、半纤维素、木质素、多酚、类黄酮等。如果能在橡胶草橡胶提取中将上述成分都充分地利用起来，将极大提高蒲公英的加工效率，降低天然橡胶的提取成本，提高蒲公英橡胶的市场竞争力。近来，美国的德尔塔公司公布的一项数据显示，种植 1 万英亩（1 英亩≈4 047 m²）橡胶草，一年收获一次，经萃取得到 1 000 万磅（1 磅≈0.45kg）天然橡胶和 230 万加仑（1 加仑≈3.79 L）乙醇，副产品乙醇是一种替代燃料，它所带来的价值完全能够抵消草本天然橡胶的加工成本，从而拉低草本天然橡胶的市场价格，使之能够与目前常见的三叶橡胶相竞争。

（3）橡胶草收获周期短、受环境影响小，适于大规模机械化种植和采收

橡胶草的橡胶主要储存在根部，收获期短，1 年即可收获；而三叶橡胶树的橡胶主要存在于树皮内的乳管组织中，需要 5 ~ 7 年才能开始割胶。极短的收获期使橡胶草能够更快获得经济效益，而且对天然橡胶市场的变化可迅速做出调整，对于维持我国天然橡胶市场的稳定性具有重要的意义。

此外，橡胶草根部生产的橡胶对气候的依赖性要远远低于橡胶树和杜仲树，且其根部可用机械化收割设备收获，方便快捷。

（4）橡胶草在我国适种区域广，适应性强，更具发展潜力

橡胶草适宜生长温度为 20 ~ 25℃，耐 -30℃低温。我国西北、华北和东北的大部分地区均适于蒲公英橡胶草的种植。橡胶草适应性强，具有耐寒、耐旱、耐盐碱、耐贫瘠和喜阴凉特性，可以在中国"三北"地区不适于粮食作物生长的浅滩河涂、盐碱荒滩、荒漠化/半荒漠化土地、林下间作、土地轮作等地区或者模式大面积种植，在不与粮争地的条件下，可进一步提高土地的使用效率和单位面积土地的经济效益。三叶橡胶树在我国主要生长在北纬 18°09′ ~ 24°59′ 热带北缘的非传统植胶区，适宜种植面积 1 800 万亩，已经开发 1 710 多万亩，主要分布在海南、云南和广东。由于受低温和台风等自然条件限制，适合植胶的土地资源有限，进一步增长的空间非常有限。可见，橡胶草在我国比巴西橡胶

树植范围更广，种植模式更加灵活多样，具有很大的产业化发展潜力。

总之，橡胶草具有橡胶品质优良、适应性强、种植区域广、产量潜力大等诸多优点，使其成为最适合我国大规模产业化发展，最具发展潜力的新型产胶植物。

10.3 橡胶草产业化研究进展

10.3.1 国外橡胶草产业化研究进展

欧美国家对橡胶草的研究起步早，且近年来更加重视橡胶草的研究，并取得了巨大的进步。

1931年苏联由若丁（L. E. Rodin）为首的调查团到哈萨克斯坦邻近我国新疆的天山一带调查时发现了橡胶草，当地称为 kok-saghyz，意思是青胶。若丁根据这些材料加以详细描写，正式定名为 *Taraxacum kok-saghyz* Rodin。第二次世界大战期间，橡胶草成为苏联等国的重要天然橡胶的来源，橡胶草产业得到了广泛发展。在1941年，苏联的橡胶草种植面积曾达到 67 000 hm²，蒲公英橡胶占整个苏联天然橡胶消费量的30%。在第二次世界大战期间，由于战争对东南亚三叶橡胶产地造成严重破坏以及给全球橡胶运输带来很大的不便，除苏联外，世界其他各国包括美国和英国等，也开始纷纷发展基于本土植物的天然橡胶资源，尤其是橡胶草资源。据文献记载，橡胶草在美国的产胶量最高可达 110 kg/hm²（7.33 kg/ 亩），在苏联的产量最高可达 200 kg/hm²（13.33 kg/ 亩）（Polhamus，1962）。

然而，蒲公英橡胶产业属于劳动密集型产业，种植和加工都需要大量的劳动力，生产成本较高。在第二次世界大战结束后，廉价的三叶橡胶又重新占据天然橡胶市场的主导地位，各国纷纷放弃了蒲公英橡胶的研究计划，苏联也在20世纪50年代终止了相关的研究。直到近年来，由于天然橡胶资源开始供不应求，用于合成橡胶的石油资源也日渐枯竭，全球对非化石资源材料和绿色材料的呼声不断高涨，人们重新认识到开发第二天然橡胶资源的重要性。因此，各国纷纷重启对蒲公英橡胶的研究。2007—2011 年，美国开启"卓越计划，PENRA"，开始蒲公英橡胶的商业化研究与开发。该计划受到美国农业部资助 300 万美元以及俄亥俄州第三前线计划资助 38 万美元。2008—2012 年，欧盟以可再生橡胶和生物质能源为目标，以橡胶草为研究对象，正式启动"珍珠计划，EU-PEARLS"。项目拨款 770 万欧元，其中欧盟出资 560 万欧元，非欧盟国家出资 210 万欧元，涉及 7 个国家的 11 个单位。目标研究橡胶草的栽培种植方法，探索出高效的提胶技术及相关副产品工艺开发路线，并研究可行的商业化开发模式（焉妮，2011）。2014—2018 年，欧盟针对蒲公英橡胶又启动 DRIVE4EU 计划，总投资 700 欧元，渴望在欧洲开发出新的蒲公英橡胶产业集群。在欧盟珍珠计划的基础上，2013 年 10 月德国大陆轮胎公司与弗劳恩霍夫分子生物和应用生态研究所合作，启动 RUBIN 计划对蒲公英橡胶进行商业化开发。世界各国的关注和巨大的资金投入极大地推动了橡胶草产业化研究的迅猛发展。

在分子生物学方面，欧美科学家们从橡胶草中克隆到了顺式异戊烯转移酶（CPT）、羟甲戊二酰辅酶 A 还原酶（HMGR）、甲羟戊酸激酶（MVA）、多酚氧化酶（PPO）和小橡胶粒子蛋白等控制橡胶草橡胶生物链延长及合成的基因，并对其功能进行了详细研究，也获得了部分转基因植株。德国明斯特大学的科学家分离出一种 TKS 胶乳的凝固酶 - 多酚氧化酶，如果屏蔽这种酶的基因，则 TKS 胶乳可以完全自行流出，这对于今后橡胶草胶乳的收集是一项非常关键的技术。Zhang 等（2015）建立了橡胶草高效的无激素农杆菌介导的转基因技术，为今后橡胶草基因功能研究和转基因育种打下基础。在短角蒲公英中分别发现了一个橡胶转移酶激活因子（TbRTA）和一个橡胶延长因子（TbREF），研究显示它们在橡胶合成中起着重要作用。2016 年 Neiker 与 KeyGene 公司合作，采用 AFLP、COS 与 SSR 3 种分子标记构建了第一个高密度橡胶草遗传连锁图谱。2016 年 McAssey 等利用 SSR 标记分析橡胶草种质资源的遗传结构和遗传多样性，并筛选到了 17 个橡胶草 SSR 标记（McAssey et al.，2016）。以上工作为进一步的橡胶草基因工程改良和调控奠定基础。

在种质改良方面，国外科学家很早就开始通过育种手段进行橡胶草的种质改良，20 世纪 40—50 年代曾培育出 Veikoalekseevskiy、No485 和四倍体 Navashin 3 个品种，干根产量达到 10 t/hm²。美国在二战期间曾培育出含胶量 5% ~ 6%，产量达到 110 kg/hm² 的橡胶草。2010 年 Černý 等通过俄罗斯蒲公英、短脚蒲公英、西洋蒲公英和四倍体俄罗斯蒲公英之间的杂交，筛选出大量优异种质，部分含胶量达到 6% ~ 7%。最近，美国俄亥俄州立大学 Cornish 团队在传统良种选育的基础上，引入现代杂交和基因改造技术，进行高品质蒲公英橡胶草的种质创制，已经将蒲公英橡胶的平均含胶量提高到 9%，最高可达到 18.6%（http://ocj.com/2012/10/dandelions-cash-crop-for-ohio/），在小范围内种植，产量可达 1.5 t/hm²，基本与三叶橡胶的产量持平。在 2016 年 8 月 15 日召开的中国、美国、俄罗斯蒲公英橡胶高端论坛上，Cornish 展示了通过水培农艺培养的超级蒲公英橡胶草，其浓密粗壮的根须显示出今后蒲公英橡胶草在生物质量提高方面有着令人激动的良好前景。

在高产栽培技术方面，目前已经探索出一套系统的种植和收获技术，并实现了机械化操作。在产量方面，据路透社报道，德国大陆轮胎公司与弗劳恩霍夫分子生物学和应用生态学研究所合作团队利用基因工程技术已将蒲公英橡胶的产量提高至 500 kg/hm²，目前正向 1 t/hm² 推；而北美 PENRA 联盟利用所培育的二代蒲公英橡胶草，在小范围内种植，可达到 1.5 t/hm²，基本与三叶橡胶的产量持平。

在提胶技术方面，实现了新一代水基提胶技术，并形成了 3 项可产业化的专利技术：美国俄州立大学开发的湿磨法提胶技术；加拿大诺华生物橡胶绿色技术有限公司开发的干磨法提胶技术；美国 Yulex 公司开发的缓冲液胶乳提取技术。其中，干磨法提胶工艺环保，不使用溶剂和化学试剂，耗水量小，生产成本低廉。与湿磨法相比，干磨法工艺可以大幅度的节约加工成本，能源成本降低 50%，人工成本降低约 80%，化学制剂成本降低 100%，水耗降低 90%，是目前先进的提胶工艺。加拿大新星生物橡胶绿色科技公司正在研发第一条以此工艺为基础的橡胶草加工生产线，预计每年能够生产约 100 t 天然胶和 100 t 菊糖。

在应用开发方面，蒲公英橡胶的主要应用方向是天然橡胶量消耗最大的轮胎领域。2012 年在荷兰瓦赫宁根召开的"欧盟珍珠计划（EU-PEARLS）"项目总结会议上，VREDESTEIN 公司展示了一条由蒲公英橡胶制备的轿车轮胎。2014 年德国大陆轮胎公司申请了 Taraxagum tire 商标，并生产出用蒲公英橡胶冬季乘用车胎，为此大陆轮胎公司获得欧盟 2014 年绿色技术奖。轮胎场地测试结果显示，其特性与三叶橡胶轮胎性能相当，蒲公英橡胶完全能够替代三叶橡胶用于轮胎制造。大陆轮胎公司计划 5 ~ 10 年将蒲公英橡胶轮胎推向市场。

10.3.2　我国橡胶草产业化研究进展

近年来，随着对天然橡胶需求量不断增大和国际形势的变化，我国意识到橡胶生产多元化发展的重要性，橡胶草研究工作也逐渐开展起来。2012 年由北京化工大学牵头，玲珑轮胎出资 500 万元，联合中国热带农业科学院成立蒲公英橡胶三角联盟，正式实施我国的蒲公英橡胶商业化开发计划。2013 年黑龙江省科学院和新疆农业科学院加入联盟。2015 年石化联合会批准成立中国"蒲公英橡胶产业技术创新战略联盟"，该联盟集结了国内 15 家相关领域的优势力量，并形成产、学、研、用一条龙产业链平台。在"联盟"积极推动下，我国的橡胶草各个研究领域均取得全面成果。

在试验种植基地建设方面，黑龙江省科学院投资 1 600 万元，建成占地面积 2 万 m^2、建筑面积 5 000 m^2 的哈尔滨蒲公英橡胶草试验中心；中国热带农业科学院橡胶研究所在农业部 170 万元的资助下建成橡胶草种质资源圃 46 亩；内蒙古多伦建立了 52 亩橡胶草种植栽培示范基地。目前，联盟的成员单位已经在新疆、内蒙古、黑龙江、山东、广东、海南、宁夏、甘肃等地共建立了 200 亩种植基地。

在种质资源方面，中国热带农业科学院橡胶研究所、黑龙江省科学院、新疆农业科学院等单位通过野生种质调查收集和国外引进的方式，使得我国掌握的蒲公英橡胶草种质资源在含胶量方面已经从之前的 2% 提高到 10% 左右。2016 年和 2017 年，新疆农业科学院和中国热带农业科学院橡胶研究所联合在新疆伊犁昭苏地区找到了高含胶量的橡胶草种群，数量较大，为联盟后续的研究开发工作奠定了良好的基础。

在含胶量快速检测方面，北京化工大学基于其所研究成功的差重和尺寸排阻色谱分析技术，目前正在进行近红外小型化快速检测设备的研发。同时，2016 年北京化工大学还开发成功与天然橡胶生物合成密切相关的小橡胶颗粒蛋白以及天然橡胶聚合反应前体物质的精准定量技术，并成功申请到国家自然科学基金支持，为阐释天然橡胶生物合成机理并实现天然橡胶的体外合成奠定了良好的工作基础。

在分子生物学方面，中国科学家们从橡胶草中克隆了几个与橡胶合成相关的基因（HMGR、FPS 和 CPT1）并对其功能进行了初步分析。赵丽娟等（2015）通过转基因将橡胶树的 REF 基因转到橡胶草中，通过橡胶和可溶性糖质量浓度等分析显示，橡胶延伸因子 REF 基因可加快橡胶的合成速度，提高橡胶产量。中国科学院遗传发育所李家洋团队开展了橡胶草转基因研究，结果显示，经过转基因的橡胶草根部的形态方面发生了显著的变化，这意味着今后有可能通过基因工程育种获得根部较为粗大的种质资源。同时，李家洋团队还构建了橡胶草的 T-DNA 插入突变文库，创造不同类型的橡胶草新种质，为橡胶草的品种改良提供丰富的材料。

在栽培技术方面，内蒙古多伦县农牧和科技在机械化栽培方面和种子丸粒化、线性化播种方面取得了不小突破；新疆农业科学院在橡胶草与果树间作方面进行了尝试，同时，对不同施肥量和种植密度对橡胶草农艺性状及产量的影响进行了研究，并确定了新疆伊犁地区的最佳施肥量（N、P_2O_5 和 K_2O 施用量分别为 155.25 kg/hm^2、207 kg/hm^2、90.20 kg/hm^2）和种植密度（橡胶草最佳种植密度为 11.1 × 104 株 /hm^2，株行距配置为 30 cm × 30 cm；黑龙江省科学院在蒲公英橡胶草的引种适应性栽培，以及蒲公英橡胶草的耐寒性、耐旱性、耐盐碱性方面取得了关键数据，并对橡胶草的最佳收获期进行了研究，结果显示橡胶草的最佳收获期为生长第 2 年的结实期，这一时期收获的干根生物量和橡胶含量最高（冯春罡和盛后财，2014）。

在提胶技术方面，北京化工大学的研究团队已经在北京玲珑轮胎研发中心建设一条 1 吨级溶剂法提胶装置。根据蒲公英橡胶草根部橡胶和菊糖共存，并且橡胶溶于甲苯、石油醚等非极性有机溶剂，而菊糖溶于水的特性，再根据水油分离的原理，设计了五段动态逆流提取工艺分别提取菊糖和橡胶。此装置是国内第一套蒲公英橡胶提取装置，并获得了国内授权的发明专利（ZL 201310311989.3），这也是继美国、加拿大、德国之后的第四套蒲公英橡胶提取装置，处于国内领先、国际一流水平。目前研究团队正在逐步由溶剂法提胶技术向水基溶剂法提胶技术的研究开发过渡，并在实验室范围内取得了突破，基本摸清楚了水基溶剂提胶技术的基本原理，为今后蒲公英橡胶大规模产业化生产打下了坚实的基础。

在蒲公英橡胶应用方面，北京化工大学和山东玲珑轮胎股份有限公司在蒲公英橡胶的理化性能方面做了探索研究，证实蒲公英橡胶与三叶橡胶性能相近，适合工业化应用，并利用提取出来的橡胶制造出三条蒲公英橡胶概念轮胎，其中一条在 2014 年 9 月 16 日举行的国际橡胶会议上展出，获得行业好评和高度关注。

在对外合作方面，黑龙江省科学院已经与俄罗斯瓦维洛夫植物研究所在橡胶草种质资源的收集与研究方面进行了实质深入的合作，联合成立了该所在海外唯一的试验站——

瓦维洛夫哈尔滨试验站，该项目已经列入中俄总理定期会晤委员会科技合作分委员会第十七届例会确定合作项目清单（国科外字〔2013〕215号，附件No. CR17-4），经过3年努力，已经引入了11份优异橡胶草种质资源。中国热带农业科学院橡胶研究所已经与美国俄亥俄州立大学的Cornish团队形成了初步合作关系，双方同意在橡胶草的育种及高产栽培领域进行合作。新疆农业科学院与哈萨克斯坦国家种植业与农作物生产研究所有着悠久的合作历史，双方同意进行橡胶草的野外搜集与勘察方面的合作，并于2014年7月在哈萨克斯坦组织了中哈橡胶草野外联合考察，带回10份材料，丰富了我国橡胶草种质资源，为下一步橡胶草种质的优化改良奠定基础。

10.3.3　国内与国外在橡胶草产业化研究进展的差距及其对策

美、欧在蒲公英橡胶的开发方面比我国早起步10年，目前已经培育出含胶量较高的二代橡胶草；在高产栽培技术及农艺管理方面形成了一整套现代机械化操作手段；在提取技术方面建立了环保的绿色水基提胶技术。不仅制备出原型概念胎，并且已经申请了相关商标，正式进入产业化的轮胎路试实验阶段。而我国才刚刚进入一代橡胶草选育阶段，提胶技术还停留在溶剂法提胶阶段，相关栽培技术和农艺管理也正在摸索和整理中，应用方面仅制备出了原型样胎。可见，在蒲公英橡胶产业化研究方面，我国与欧美发达国家相比还存在很大差距。因此通过国际科技合作，对外引进蒲公英橡胶产业化关键技术，特别是高品质的橡胶草种质资源，是加速我国蒲公英橡胶产业化进程的有效之路，也是推动建设中亚蒲公英第二天然橡胶产业快速发展的便捷之路。因此，今后我国蒲公英橡胶的产业化开发必须坚持国际合作与独立自主开发相结合的路子。继续加大我国蒲公英橡胶的科研力度，争取在今后5年内缩小与国外的差距，初步实现100吨级蒲公英橡胶产能的小规模商业化开发。在种质资源方面争取在国家层面加大与哈萨克斯坦、俄罗斯的合作，引进尽可能多的蒲公英橡胶草种质资源，为我国蒲公英橡胶草的优选优育提供尽可能多的资源。

经过"联盟"大力推动以及各成员单位的努力工作，有望在不远的将来成功实现蒲公英橡胶的产业化开发。届时将会为我国"三北"地区不适于粮食种植的盐碱荒滩提供新的一种经济作物，还可为我国北方地区的农民进行作物的轮作提供一个选择，在不久的将来，在一带一路的欧亚大陆桥经济带上，一个以橡胶草的原产地——中哈边界天山地区为中心，涵盖乌兹别克斯坦、塔吉克斯坦、土库曼斯坦、吉尔吉斯斯坦、蒙古国、俄罗斯等国，集蒲公英橡胶草的种植、加工、销售，以及蒲公英橡胶下游终端产品的制造与销售的庞大产业链集群极有可能形成。这个集群的形成必将改变世界天然橡胶的分布格局，必将对我国天然橡胶这一战略物资长期依赖进口资源这一局面产生重大影响。

参考文献

———

安红强，范静，梁易，等，2016. 铁皮石斛泛素结合酶基因*DoUBC24*的克隆及表达分析 [J]. 生物技术通讯，27：643-648.

蔡佳文，金晓霞，于丽杰，等，2016. 龙葵E2泛素结合酶基因*SorUBC*克隆及表达特性分析 [J]. 东北农业大学学报，47：26-36.

曹尚银，汤一卒，张俊昌，2001. GA3和PP333对苹果花芽形态建成及其内源激素比例变化的影响[J]. 果树学报，18：313-316.

曹新文，王秀珍，李永梅，等，2016. 橡胶草法尼基焦磷酸合酶基因的克隆与功能分析 [J]. 中国农业科学，49：1 034-1 046.

柴拉轩，周荣仁，1959. 赤霉素对植物生长与发育的影响 [J]. 植物生理学通讯（4）：63-70.

陈菲，沈光，曲彦婷，等，2016. 一种降低俄罗斯橡胶草组织培养褐化率的组培繁殖方法：CN201510001394.7 [P]. 2016-08-03.

陈华，李平，晶刘，等，2005. 药蒲公英再生体系的建立和优化[J]. 生物工程学报，21：244-249.

陈荣，年海，吴鸿，2007. 氮磷钾配施对紫锥菊产量和质量的影响[J]. 中草药，38：917-921.

陈易雨，王志平，倪汉文，等，2017. CRISPR/Cas9单碱基编辑技术创制抗除草剂拟南芥种质[J]. 中国科学生命科学，47：1 196-1 199.

成春彦，熊顺贵，1997. 氮、磷、钾不同施肥水平对菊花生长发育的影响[J]. 中国农业大学学报（S2）：93-96.

储丽红，彭佳佳，王钊，等，2014. 氨磺灵、氟乐灵和秋水仙素诱导安祖花多倍体的研究 [J]. 园艺学报，41：2 275-2 280.

董晨，魏永赞，王弋，等，2020. 荔枝泛素结合酶基因（*LcUBC12*）的生物信息学及表达特性分析 [J]. 南方农业学报，51：115-121.

董轩名，蔡佳文，郑妍，等，2018. 蒜芥茄SsUBC基因的克隆及表达分析[J]. 分子植物育种，16：5 591-5 600.

樊双虎，郭文柱，路小铎，等，2014. 玉米EMS突变体库构建及突变体初步鉴定[J]. 安徽农业科学，42：3 162-3 165，3 185.

樊雨，2009. 赤霉素（GA₃）对高山杜鹃开花生理生化指标的影响[D]. 保定：河北农业大学.

冯春罡，盛后财，2014. 绿色能源植物橡胶草的最佳收获期研究[J]. 安徽农业科学，42：2 237-2 238.

冯午，吴相钰，罗士苇，1952. 橡胶草的研究：部分Ⅲ. 第一年生长季内橡胶草根部乳管的发展及橡胶的聚积[J]. J Integr Plant Biol（2）：117-124.

付学，唐勋，刘维刚，等，2020. 马铃薯StUBC12基因的生物信息学及表达特性分析[J]. 农业生物技术学报，28：784-793.

高和琼，王英，金鸽，等，2009. 橡胶树叶片染色体制片方法的优化[J]. 热带作物学报，30：565-569.

高俊凤，2000. 植物生理学实验技术[M] . 西安：世界图书出版公司.

高玉尧，刘洋，许文天，等，2018. 不同施肥处理对橡胶草生物量积累与分配变化及相关性分析[J]. 分子植物育种，16：2 979-2 986.

葛胜娟，2005. 植物组织培养中的快繁与脱毒技术及其应用[J]. 中国农学通报（5）：104-107.

葛学军，1998. 横断山脉地区蒲公英属植物资料[J]. 热带亚热带植物学报（3）：225-230.

葛学军，林有润，翟大彤，1998. 中国蒲公英属植物的初步整理[J]. 植物研究（4）：1-21.

郭彩云，许凌霞，2014. 赤霉素对连翘花期调控的影响研究[J]. 现代农业科技（9）：176-178.

郭小英，吴玉香，2005. 多裂蒲公英（T. dissectu Ledeb）染色体的核型分析[J]. 天津农学院学报（1）：16-18.

黄永莲，黄真池，陈燕妮，等，2009. 外源赤霉素对黑麦草和高羊茅的生理影响[J]. 湖北农业科学，48：1 185-1 188.

霍晋彦，李姣，荆雅峰，等，2019. CRISPR/Cas9系统在植物基因功能研究中的应用进展[J]. 植物生理学报，55：241-246.

孔德政，申雪莹，孟伟芳，等，2015. 外源激素对碗莲开花及酶活性的影响[J]. 东北林业大学学报，43：79-82.

赖燕，徐波，林明，等，2008. 辣椒泛素交联酶cDNA的分离及其在UV-B作用下的表达分析[J]. 福建农林大学学报（自然科学版），37：162-165.

黎裕，贾继增，王天宇，1999. 分子标记的种类及其发展[J]. 生物技术通报（4）：21-24.

李冬梅，李少旋，徐功勋，等，2018. 设施作物响应UV-B辐射的研究进展[J]. 植物生理学报，54：36-44.

李贵利，潘宏兵，杜邦，2009. 赤霉素对"凯特芒"花期调控试验[J]. 中国园艺文摘，25：37-39.

李合生，2000. 植物生理生化实验原理和技术[M]. 北京：高等教育出版社.

李继强，赵向田，王浩翰，等，2016. 栽培密度和施肥水平对春油菜产量的影响[J]. 基因组学与应用生物学，35：1 240-1 247.

李丽，何伟明，马连平，等，2009. 用EST-SSR分子标记技术构建大白菜核心种质及其指纹图谱库[J]. 基因组学与应用生物学，28：76-88.

李若霖，2012. 新疆橡胶草种质资源遗传多样性研究 [D]. 海口：海南大学.

李若霖，崔百明，王颖，等，2011. 橡胶草基因组DNA提取及RAPD反应体系的优化[J]. 中国农学通报，27：239-244.

李喜凤，邱天宝，张红梅，等，2012. 蒲公英遗传多样性的ISSR分析[J]. 中草药，43：2 025-2 029.

李谊，胡文军，叶波平，2013. 木榄多聚泛素基因*BgUBQ10*转化拟南芥及转基因植株耐盐功能分析[J]. 药物生物技术，20：100-105.

李英霜，陆璐，陆婷，等，2017. 橡胶草及其同域近缘种表型多样性研究[J]. 西北植物学报，37：1 205-1 215.

李有则，1955. 橡胶草内醣对于橡胶形成的意义[J]. 植物生理学通讯（6）：50.

梁素钰，王文帆，刘滨凡，等，2010. 能源橡胶草的综合利用研究[J]. 能源研究与信息，26：219-224，236.

林伯煌，魏小弟，2009. 橡胶草的组织培养研究[J]. 热带农业工程，33：1-3.

林秀琴，蔡青，陆鑫，等，2011. 甘蔗根尖染色体制片技术研究[J]. 中国农学通报，27：104-108.

刘畅宇，陈勋，龙雨青，等，2019. 乙烯生物合成及信号转导途径中介导花衰老相关基因的研究进展[J]. 生物技术通报，35：171-182.

刘大会，朱端卫，周文兵，等，2006. 氮、磷、钾配合施用对福田白菊产量和品质的影响[J]. 中草药（1）：125-129.

刘丹，夏雪，吴益梅，等，2015. 植物染色体制片效果影响因素的解析[J]. 浙江农业科学，56：1 654-1 657.

刘明乾，吴绍华，田郎，等，2018. 橡胶草悬浮细胞遗传转化体系的建立[J]. 热带生物学报，9：176-182.

刘威，杨峰，任旭东，等，2017. EMS对种子萌发影响的进展[J]. 分子植物育种，15：4 585-4 589.

刘文辉，张英俊，师尚礼，等，2017. 高寒地区燕麦人工草地生物量积累对施肥和箭筈豌豆混播水平的响应[J]. 草原与草坪，37：35-42.

卢银，刘梦洋，王彦华，等，2014. EMS处理对大白菜种子萌发及主要生化指标的影响[J]. 中国蔬菜，1：20-24.

陆坤，徐柱，刘朝，等，2009. St基因组中的CRW同源序列在偃麦草中的FISH分析[J]. 遗传，31：1 141-1 148.

陆燕茜，张冬，王立丰，等，2017. 巴西橡胶树HbMYB62转录因子基因的克隆和表达分析 [J]. 植物研究，37：953-960，969.

罗成华，2013. 橡胶草再生体系的建立及遗传转化的研究 [M]. 石河子：石河子大学.

罗士苇，冯午，吴相钰，1951a. 橡胶草[D]//北京：中国科学院.

罗士苇，吴相钰，冯午，1951b. 橡胶草的研究 部分Ⅱ.新疆产橡胶草的化学分析及其橡胶含量之测定[J]. 中国科学，2：381-387.

罗士苇，1950. 橡胶草：橡胶植物的介绍之一[J]. 科学通报（8）：559-564.

马海新，庞胜群，杨邦杰，等，2015. EMS诱变对加工番茄种子萌发的影响[J]. 种子，34：28-33.

马孟莉，刘艳红，张建华，等，2013. 外源赤霉素对仙客来开花的影响[J]. 北方园艺（22）：89-91.

梅凌锋，唐艳梅，唐晓敏，等，2015. 3种化学诱变剂对广金钱草种子萌发的影响[J]. 广东药科大学学报，31：310-315.

梅四卫，贾云超，宋巧玲，等，2010. 钾肥施用量对中牟大白蒜产量及品质影响[J]. 基因组学与应用生物学，29：115-119.

苗晓洁，董文宾，代春吉，等，2006. 菊糖的性质、功能及其在食品工业中的应用[J]. 食品科技（4）：9-11.

欧阳磊，陈金慧，郑仁华，等，2014. 杉木育种群体SSR分子标记遗传多样性分析[J]. 南京林业大学学报（自然科学版），38：21-26.

裴薇，梁易，范静，等，2017. 铁皮石斛多聚泛素基因*Polyubiquitin1*（*DoUb1*）的克隆及表达分析[J]. 生物学杂志，34：6-10.

彭世清，陈守才，2002. 巴西橡胶树多聚遍在蛋白基因的表达分析 [J]. 热带作物学报，23：32-35.

覃碧，潘敏，余海洋，等，2016. 橡胶草实时荧光定量PCR内参基因评价[J]. 植物生理学报，52：1 059-1 065.

覃碧，王锋，张立群，等，2015. 一种利用橡胶草叶片再生植株的方法：CN201510 488896.7[D]. 2015-11-18.

仇键，张继川，罗世巧，等，2015. 橡胶草的研究进展[J]. 植物学报，50：133-141.

曲高平，孙妍妍，庞红喜，等，2014. 甘蓝型油菜EMS突变体库构建及抗除草剂突变体筛选[J]. 中国油料作物学报，36：25.

任红旭，陈雄，孙国钧，等，2000. 抗旱性不同的小麦幼苗对水分和NaCl胁迫的反应 [J]. 应用生态学报，11：718-722.

邵志广，吴国荣，张卫明，等，2001. 不同生态环境对蒲公英超氧物歧化酶（SOD）的影响 [J]. 中国野生植物资源，20：20-21.

石海春，谭义川，夏伟，等，2016. 19份玉米EMS诱变系的遗传差异评价[J]. 华北农学报，31：110-116.

帅素容，2003. 普通遗传学实验教程[M]. 成都：四川科学技术出版社.

斯契潘诺夫，普拉夫金，阿克谢洛德，1952. 橡胶草栽培法[M]. 沈阳：东北农业出版社.

孙会军，雷家军，2008. 赤霉素对君子兰花期调控的研究 [J]. 北方园艺（4）：177-179.

唐蓉，韦梅琴，熊增宏，2005. 蒲公英试管培养中芽形成的研究[J]. 青海大学学报，23：68-71.

王超，王婧菲，庄南生，等，2012. 木薯根尖染色体制片方法的优化 [J]. 热带作物学报，33：627-630.

王峰，徐飚，杨正林，等，2011. EMS诱变水稻矮生资源的鉴定评价 [J]. 核农学报，25：197-201.

王家麟，2006. 植物组织培养及其应用研究概况 [J]. 黑龙江农业科学（3）：86-89.

王金利，史胜青，贾利强，等，2010. 植物泛素结合酶E2功能研究进展 [J]. 生物技术通报（4）：7-10.

王启超，刘实忠，校现周，2012. 橡胶草HMGR基因的克隆及表达分析[J]. 植物研究，32：61-68.

王秀珍，赵丽娟，赵李婧，等，2015. 橡胶草顺式异戊烯基转移酶基因的克隆与原核表达 [J]. 西北农业学报，24：84-91.

王学征，朱娜娜，高清宇，等，2015. EMS诱变西瓜种子条件分析[J]. 东北农业大学学报，46：35-39.

王艳，周荣，任吉君，等，2015. 赤霉素对银拖墨兰生长发育及开花的影响 [J]. 黑龙江农业科学（1）：60-63.

王艳玲，孟志，李妍妍，等，2017. CRISPR/Cas9编辑棉花精氨酸酶基因促进侧根形成和发育[J]. Scientia Sinica Vitae，47：1 200-1 203.

吴嘉雯，王庆亚，2010a. 干旱胁迫对野生和栽培蒲公英抗性生理生化指标的影响 [J]. 江苏农业学报，26：264-271.

吴巧玉，何天久，夏锦慧，等，2014. 赤霉素对马铃薯生长及开花的影响[J]. 广东农业科学，41：20-22.

吴兴兰，孙超，燕丽萍，等，2015. EMS对紫花苜蓿中苜一号种子萌发和生长的影响 [J]. 山东林业科技，45：1-3，106.

吴秀红，2012. EMS诱发大豆不同品种M2代与M3代农艺性状变异比较[J]. 中国农学通报，28：49-52.

武媛丽，2011. 转蔗糖-蔗糖-1-果糖基转移酶基因甘蔗的抗旱性研究 [D]. 海口：海南大学.

邢慧丽，2017. CRISPR/Cas9系统在植物基因组编辑中的应用 [D]. 北京：中国农业大学.

徐东北，于月华，韩巧玲，等，2014. 大豆（*Glycine max*）GmDREB5互作蛋白GmUBC13的特性及功能 [J]. 中国农业科学，47：3 534-3 544.

徐建欣，杨洁，高玉尧，等，2016. 水分胁迫对3个不同地区橡胶草生理特性的影响 [J]. 干旱地区农业研究，34：153-159.

徐澜，原亚琦，高志强，2017. 施氮量对春播冬麦生长发育及产量的影响[J]. 分子植物育种，15：2 457-2 464.

徐术菁，2016. 东北蒲公英叶片再生体系建立与优化 [D]. 沈阳：沈阳农业大学.

薛芳，褚洪雷，胡志伟，等，2010. EMS对新春11小麦抗性淀粉和农艺性状的诱变效果 [J]. 麦类作物学报，30：431-434.

焉妮，萨日娜，孙树泉，等，2011. 蒲公英橡胶：一种亟需大力研究的NR[J]. 橡胶工业，58：632-637.

阎志红，刘文革，赵胜杰，等，2008. 利用二硝基苯胺类除草剂离体诱导西瓜四倍体 [J]. 园艺学报（11）：1 621-1 626.

杨晓杰，李波，王萍，2005. 管花蒲公英的组织培养 [J]. 植物生理学报，41：485-485.

殷冬梅，杨秋云，杨海棠，等，2009. 花生突变体的EMS诱变及分子检测[J]. 中国农学通报，25：53-56.

尹丽娟，陈阳，刘沛，等，2014. 小麦泛素结合酶TaE2的表达分析及蛋白互作 [J]. 植物遗传资源学报，15：144-148，152.

袁彬青，王秀珍，罗成华，等，2014. 农杆菌介导的橡胶草遗传转化体系的建立 [J]. 西北农业学报，23：98-105.

袁力行，傅骏骅，Warburton M，等，2000. 利用 RFLP、SSR、AFLP和 RAPD标记分析玉米自交系遗传多样性的比较研究 [J]. 遗传学报（8）：725-733，756.

张宝田，穆春生，金成吉，等，2006. 松嫩草地2种胡枝子地上生物量动态及其种间比较[J]. 草业学报，15：36-41.

张纪元，张平平，姚金保，等，2014. 以EMS诱变创制软质小麦宁麦9号高分子量谷蛋白亚基突变体 [J]. 作物学报，40：1 579-1 584.

张继川，薛兆弘，严瑞芳，等，2011. 天然高分子材料：杜仲胶的研究进展[J]. 高分子学报，47：1 105-1 117.

张建，宁伟，2013. 东北蒲公英核型分析与减数分裂的细胞遗传学观察[J]. 湖北农业科学，52：3 895-3 898.

张健，郭军辉，陈雄庭，等，2012. 木薯叶片染色体制片技术研究[J]. 热带作物学报，33：20-23.

张丽辉，倪秀珍，汤庆莲，2017. 蒲公英花期种群构件的生物量结构与异速生长分析 [J]. 杂草学报，35：20-24.

张明锦，陈良华，张健，等，2016. 干旱胁迫和施肥对巨能草生物量及C、N、P积累与分配的影响[J]. 西北农林科技大学学报（自然科学版），44：105-112.

张宪政，谭桂茹，1989. 植物生理学实验技术[M]. 沈阳：辽宁科学技术出版社.

张新果，陈显扬，姜丹，等，2008. 耐盐药蒲公英（*Taraxacum officinale* Weber）愈伤组织筛选及生理生化特性分析 [J]. 生物工程学报，24：1 202-1 209.

张玉秀，张延红，高华，等，2002. 菜豆泛肽基因在生物和非生物胁迫下的表达 [J]. 西北植物学报，22：505-510.

赵大芹，彭剑涛，林宏，等，2014. 不同处理方法对耐抽薹大白菜亲本材料开花期的调控效应[J]. 中国园艺文摘，30：22，163.

赵佳，2015. 我国蒲公英橡胶商业化开发进入快车道[J]. 中国橡胶，31：29-30.

赵磊，杨延杰，林多，2007. 光照强度对蒲公英光合特性及品质的影响 [J]. 园艺学报，34：1 555-1 558.

赵李婧，2016. 橡胶草*HMGR*基因的克隆及功能分析 [D]. 石河子：石河子大学.

赵丽娟，袁彬青，王秀珍，等，2015. 橡胶延伸因子REF基因的克隆、转化及功能分析[J]. 西北农业学报，24：144-150.

赵英明，范文丽，2009. 光照强度对蒲公英光合特性的影响 [J]. 辽宁农业科学，5：28-31.

曾小玲，赵瑞丽，钟开勤，等，2018. 菜心BclUBE2基因的克隆与表达分析[J]. 热带作物学报，39：1 772-1 777.

中国科学院中国植物志编辑委员会，1996. 中国植物志[M]. 北京：科学出版社.

钟淑梅，2010. 蒲公英人工加倍及其应用价值研究 [D]. 武汉：华中农业大学.

周岚，陈殿元，2005. SSR分子标记技术及其在玉米种子鉴定上的应用 [J]. 中国种业（6）：51-52.

朱乐乐，杨露露，任汝豪，等，2018. 新疆橡胶草胚性悬浮细胞体系的建立[J]. 北方农业学报，46：32-37.

Abdel-Ghany S E，Hamilton M，Jacobi J L，et al.，2016. A survey of the sorghum transcriptome using single-molecule long reads[J]. Nat Commun，7：11 706.

Abdul-Ghaffar M A，Meulia T，Cornish K，2016. Laticifer and rubber particle ontogeny in *Taraxacum kok-saghyz*（Rubber Dandelion）roots[J]. Microsc Microanal，22：1 034-1 035.

Aguirrezabal L，Bouchier-Combaud S，Radziejwoski A，et al.，2006. Plasticity to soil water deficit in *Arabidopsis thaliana*：dissection of leaf development into underlying growth dynamic and cellular variables reveals invisible phenotypes[J]. Plant Cell Environ，29：2 216-2 227.

Akkaya M S，Shoemaker R C，Specht J E，et al.，1995. Integration of simple sequence repeat DNA markers into a soybean linkage map[J]. Crop Sci，35：1 439-1 445.

Ammar M H，Khan A M，Migdadi H M，et al.，2017. Faba bean drought responsive gene identification and validation[J]. Saudi J Biol Sci，24：80-89.

Arias M，Hernandez M，Remondegui N，et al.，2016a. First genetic linkage map of *Taraxacum koksaghyz* Rodin based on AFLP，SSR，COS and EST-SSR markers[J]. Sci Rep，6：31031.

Arias M，Herrero J，Ricobaraza M，et al.，2016b. Evaluation of root biomass，rubber and inulincontents in nine *Taraxacum koksaghyz* Rodin populations[J]. Ind Crop Prod，83：316-321.

Ashburner M，Ball C A，Blake J A，et al.，2000. Gene ontology：tool for the unification of biology[J]. Nat Genet，25：25-29.

Awasthi A，Paul P，Kumar S，et al.，2012. Abnormal endosperm development causes female sterility in rice insertional mutant OsAPC6[J]. Plant Sci，183：167-174.

Azad M A，Morita K，Ohnishi J，et al.，2013. Isolation and characterization of a polyubiquitin gene and its promoter region from *Mesembryanthemum crystallinum* [J]. Biosci Biotechnol Biochem，77：551-559.

Baloglu M C，Patir M G，2014. Molecular characterization，3D model analysis，and expression pattern of the CmUBC gene encoding the melon ubiquitin-conjugating enzyme under drought and salt stress conditions[J]. Biochem Genet，52：90-105.

Beilen J，Poirier Y，2007. Establishment of new crops for the production of natural rubber[J]. Trends Biotechnol，25：522-529.

Blair M W，Pedraza F，Buendia H F，et al.，2003. Development of a genome-wide anchored microsatellite map for common bean（*Phaseolus vulgaris* L.）[J]. Theor Appl Genet，107：1 362-1 374.

Bonner J，1991. The history of rubber[C]//Guayule Natural Rubber. Tucson：Office of Arid Lands Studies，University of Arizona.

Bonner J，Galston A W，1947. The physiology and biochemistry of rubber formation in plants[J]. Bot Rev，13：543-596.

Bostick M，Lochhead S R，Honda A，et al.，2004. Related to ubiquitin 1 and 2 are redundant and essential and regulate vegetative growth，auxin signaling，and ethylene production in Arabidopsis[J]. Plant Cell，16：2 418-2 432.

Bowes B G, 1970. Preliminary observations on organogenesis in *Taraxacum officinale* tissue cultures[J]. Protoplasma, 71: 197-202.

Bowes B G, 1971. The occurrence of shoot teratomata in tissue cultures of *Taraxacum officinale*[J]. Planta, 100: 272-276.

Bozhko M, Riegel R, Schubert R, et al., 2003. A cyclophilin gene marker confirming geographical differentiation of Norway spruce populations and indicating viability response on excess soil-born salinity[J]. Mol Ecol, 12: 3 147-3 155.

Buchanan R A, Swanson C L, Weisleder D, et al., 1979. Gutta-producing grasses [J]. Phytochemistry, 18: 1 069-1 071.

Buranov A U, Elmuradov B J, 2010. Extraction and characterization of latex and natural rubber from rubber-bearing plants[J]. J Agric Food Chem, 58: 734-743.

Burke T J, Callis J, Vierstra R D, 1988. Characterization of a polyubiquitin gene from *Arabidopsis thaliana*[J]. Mol Gen Genet, 213: 435-443.

Caldwell D G, Mccallum N, Shaw P, et al., 2004. A structured mutant population for forward and reverse genetics in Barley (*Hordeum vulgare* L.) [J]. Plant J, 40: 143-150.

Cao Y, Dai Y, Cui S, et al., 2008. Histone H_2B monoubiquitination in the chromatin of FLOWERING LOCUS C regulates flowering time in Arabidopsis[J]. Plant Cell, 20: 2 586-2 602.

Capron A, Okresz L, Genschik P, 2003a. First glance at the plant APC/C, a highly conserved ubiquitin-protein ligase[J]. Trends Plant Sci, 8: 83-89.

Capron A, Serralbo O, Fulop K, et al., 2003b. The Arabidopsis anaphase-promoting complex or cyclosome: molecular and genetic characterization of the APC2 subunit[J]. Plant Cell, 15: 2 370-2 382.

Carroll C W, Enquist-Newman M, Morgan D O, 2005. The APC subunit Doc1 promotes recognition of the substrate destruction box[J]. Curr Biol, 15: 11-18.

Carroll C W, Morgan D O, 2002. The Doc1 subunit is a processivity factor for the anaphase-promoting complex[J]. Nat Cell Biol, 4: 880-887.

Chambers J P, Behpouri A, Bird A, et al., 2012. Evaluation of the use of the polyubiquitin genes, Ubi4 and Ubi10 as reference genes for expression studies in Brachypodium distachyon[J]. PLoS One, 7: e49372.

Chen C, Chen R, Wu S, et al., 2018. Genome-wide analysis of Glycine soja ubiquitin (UBQ) genes and functional analysis of GsUBQ10 in response to alkaline stress[J]. Physiol Plant, 164: 268-278.

Chen E, Cho C W, So H A, et al., 2013. Overexpression of VrUBC1, a mung bean E2 ubiquitin-conjugating enzyme, enhances osmotic stress tolerance in Arabidopsis[J]. PLoS One, 8: e66056.

Claeys H, Skirycz A, Maleux K, et al., 2012. DELLA signaling mediates stress-induced cell differentiation in Arabidopsis leaves through modulation of anaphase-promoting complex/cyclosome activity[J]. Plant Physiol, 159: 739-747.

Collins-Silva J, Nural A T, Skaggs A, et al., 2012. Altered levels of the *Taraxacum kok-saghyz* (Russian dandelion) small rubber particle protein, TkSRPP3, result in qualitative and quantitative changes in rubber metabolism[J]. Phytochemistry, 79: 46-56.

Cornish K, 2001. Similarities and differences in rubber biochemistry among plant species[J]. Phytochemistry, 57: 1 123-1 134.

Cui F, Liu L, Zhao Q, et al., 2012. Arabidopsis ubiquitin conjugase UBC32 is an ERAD component that functions in brassinosteroid-mediated salt stress tolerance[J]. Plant Cell, 24: 233-244.

Danin-Poleg Y, Reis N, Baudracco-Arnas S, et al., 2000. Simple sequence repeats in Cucumis mapping and map merging [M]. Ottawa: NRC Research Press.

de Roovera J, Van Laerea A, De Wintera M, et al., 1999. Purification and properties of a second fructan exohydrolase from the roots of *Cichorium intybus*[J]. Physiol Plantarum, 106: 28-34.

Deng Y, Li J, Wu S, et al., 2006. Integrated nr database in protein annotation system and its localization[J]. Computer Engineering, 32: 71-72.

Dennis M S, Light D R, 1989. Rubber elongation factor from *Hevea brasiliensis*. Identification, characterization, and role in rubber biosynthesis[J]. J Biol Chem, 264: 18 608-18 617.

Dharmasiri N, Dharmasiri S, Estelle M, 2005. The F-box protein TIR1 is an auxin receptor[J]. Nature, 435: 441-445.

Dielen A S, Badaoui S, Candresse T, et al., 2010. The ubiquitin/26S proteasome system in plant-pathogen interactions: a never-ending hide-and-seek game[J]. Mol Plant Pathol, 11: 293-308.

Dong N, Dong C, Ponciano G, et al., 2017. Fructan reduction by downregulation of 1-SST in guayule[J]. Ind: Crop Prod, 107: 609-617.

Downes B P, Stupar R M, Gingerich D J, et al., 2003. The HECT ubiquitin-protein ligase (UPL) family in Arabidopsis: UPL3 has a specific role in trichome development[J]. Plant J, 35: 729-742.

Du J, Wang M L, Chen R Y, et al., 2001. Two new bislabdane-type diterpenoids and three new diterpenoids from the roots of *Cunninghamia lanceolata*[J]. Planta Med，67：542-547.

Eloy N B，de Freitas Lima M，Van Damme D，et al. 2011. The APC/C subunit 10 plays an essential role in cell proliferation during leaf development[J]. Plant J，68：351-363.

Eng A H，Kawahara S，Tanaka Y，1994. Trans-isofrene units in natural rubber [J]. Rubber Chem Technol，67：159-168.

Epping J，van Deenen N，Niephaus E，et al.，2015. A rubber transferase activator is necessary for natural rubber biosynthesis in dandelion[J]. Nat Plants，1：15048.

Finn R D，Tate J，Mistry J，et al.，2005. The Pfam protein families database[J]. Naclek Acid Res，32（S1）：D138-D141.

Flüß H，Rugewehling B，Eickmeyer F，et al.，2013. Breeding of Russian dandelion （*Taraxacum kok-saghyz*）- From the wild type to a new resource for a sustainable rubber production[J]. Dev Brain Res，132：33-45.

Foe I，Toczyski D，2011. Structural biology：a new look for the APC[J]. Nature，470：182-183.

Fulton T M，Van der Hoeven R，Eannetta N T，et al.，2002. Identification，analysis，and utilization of conserved ortholog set markers for comparative genomics in higher plants[J]. Plant Cell，14：1 457-1 467.

Gagne J M，Downes B P，Shiu S H，et al.，2002. The F-box subunit of the SCF E3 complex is encoded by a diverse superfamily of genes in Arabidopsis[J]. Proc Natl Acad Sci U S A，99：11 519-11 524.

Gibson D G，Young L，Chuang R Y，et al.，2009. Enzymatic assembly of DNA molecules up to several hundred kilobases[J]. Nat Methods，6：343-345.

Gingerich D J，Gagne J M，Salter D W，et al.，2005. Cullins 3a and 3b assemble with members of the broad complex/tramtrack/bric-a-brac（BTB）protein family to form essential ubiquitin-protein ligases（E3s）in Arabidopsis[J]. J Biol Chem，280：18 810-18 821.

Graindorge S，Cognat V，Johann To Berens P，et al.，2019. Photodamage repair pathways contribute to the accurate maintenance of the DNA methylome landscape upon UV exposure [J]. PLoS Genet，15：e1008476.

Granier C，Tardieu F，1999. Water deficit and spatial pattern of leaf development. Variability In responses can Be simulated using a simple model of leaf development [J]. Plant Physiol，119：609-620.

Greene E，Codomo C A，Taylor N E，et al.，2003. Spectrum of chemically induced mutations from a large-scale reverse-genetic screen in Arabidopsis[J]. Genetics，164：731-740.

Guo J，Wang M H，2008. Transgenic tobacco plants overexpressing the Nicta；CycD3；4 gene demonstrate accelerated growth rates [J]. BMB Rep，41：542-547.

Guo Q，Zhang J，Gao Q，et al.，2008. Drought tolerance through overexpression of monoubiquitin in transgenic tobacco [J]. J Plant Physiol，165：1 745-1 755.

Harkness T A，Shea K A，Legrand C，et al.，2004. A functional analysis reveals dependence on the anaphase-promoting complex for prolonged life span in yeast[J]. Genetics，168：759-774.

Hatfield P M，Gosink M M，Carpenter T B，et al.，1997. The ubiquitin-activating enzyme (E1) gene family in *Arabidopsis thaliana*[J]. Plant J，11：213-226.

Hendry G，1987. Frontiers of comparative plant ecology ‖ the ecological significance of fructan in a contemporary flora[J]. New Phytol，106：201-216.

Henrissat B，1991. A classification of glycosyl hydrolases based on amino acid sequence similarities[J]. Biochem J，280（Pt 2）：309-316.

Hincha D K，Livingston Ⅲ D P，Premakumar R，et al.，2007. Fructans from oat and rye：composition and effects on membrane stability during drying[J]. BBA，1768：1 611-1 619.

Hirayama T，Shinozaki K，2007. Perception and transduction of abscisic acid signals：keys to the function of the versatile plant hormone ABA[J]. Trends Plant Sci，12：343-351.

Hodgson-Kratky K，Wolyn D，2014. Breeding for improved germination under water stress，and genetic analyses of flowering habit and male sterility in Russian dandelion[C]. Ashs Conference.

Hodgson-Kratky K J M，Stoffyn O M，Wolyn D J，2017. Recurrent selection for rubber yield in Russian dandelion [J]. J Am Soc Hortic Sci，142：470-475.

Hoege C，Pfander B，Moldovan G L，et al.，2002. RAD6-dependent DNA repair is linked to modification of PCNA by ubiquitin and SUMO [J]. Nature，419：135-141.

Horvath P，Barrangou R，2010. CRISPR/Cas，the immune system of bacteria and archaea[J]. Science，327：167-170.

Hruska R E，Kennedy S，Silbergeld E K，1979. Quantitative aspects of normal locomotion in rats[J]. Life Sci，25：171-179.

Iaffaldano B，Zhang Y X，Cornish K，2016. CRISPR/Cas9 genome editing of rubber producing dandelion *Taraxacum kok-saghyz* using Agrobacterium rhizogenes without selection[J]. Ind Crop Prod，89：356-362.

Ibrahim R，Debergh P C，2001. Factors controlling high efficiency adventitious bud formation and plant regeneration from in vitro leaf explants of roses（*Rosa hybrida* L.）[J]. Sci Hortic-Amsterdam，88：41-57.

Inze D，De Veylder L，2006. Cell cycle regulation in plant development[J]. Annu Rev Genet，40：77-105.

James F R，2001. NTSYSPC version2. 11. 1986 – 2002[C]. Boston：Biostatistics Inc.

Jentsch S，Seufert W，Hauser H P，1991. Genetic analysis of the ubiquitin system[J]. Biochim Biophys Acta，1089：127−139.

Jiao R，Gao C，2016. The CRISPR/Cas9 Genome Editing Revolution [J]. J Genet Genomics，43：227−228.

Kantety R V，Rota M L，Matthews D E，et al.，2002. Data mining for simple sequence repeats in expressed sequence tags from barley，maize，rice，sorghum and wheat[J]. Plant Mol Biol，48：501−510.

Kawakami A，Sato Y，Yoshida M，2008. Genetic engineering of rice capable of synthesizing fructans and enhancing chilling tolerance[J]. J Exp Bot，59：793−802.

Kawakami A，Yoshida M，2002. Molecular characterization of sucrose：sucrose 1-fructosyltransferase and sucrose：fructan 6-fructosyltransferase associated with fructan accumulation in winter wheat during cold hardening [J]. Biosci Biotechnol Biochem，66：2 297−2 305.

Keener H M，Shah A，Klingman M，et al.，2018. Progress in direct seeding of an alternative natural rubber plant，*Taraxacum kok-saghyz*（L. E. Rodin）[J]. Agronomy，8：182.

Kelley D R，Estelle M，2012. Ubiquitin-mediated control of plant hormone signaling [J]. Plant Physiol，160：47−55.

Kent E G，Swinney F B，1966. Properties and applications of trans-1,4-polyisoprene[J]. Ind Eng Chem. Prod Res Dev，5：134−138.

Kim D Y，Kwon S I，Choi C，et al.，2013a. Expression analysis of rice VQ genes in response to biotic and abiotic stresses [J]. Gene，529：208−214.

Kim I S，Kim H Y，Kim Y S，et al.，2013b. Expression of dehydrin gene from Arctic *Cerastium arcticum* increases abiotic stress tolerance and enhances the fermentation capacity of a genetically engineered *Saccharomyces cerevisiae* laboratory strain[J]. Appl Microbiol Biotechnol，97：8 997−9 009.

Kirschner J，Stepanek J，Cerny T，et al.，2013. Available *ex situ* germplasm of the potential rubber crop *Taraxacum koksaghyz* belongs to a poor rubber producer，*T. brevicorniculatum*（Compositae-Crepidinae）[J]. Genet Resour Crop Evol，60：455−471.

Koken M H，Reynolds P，Jaspers-Dekker I，et al.，1991. Structural and functional conservation of two human homologs of the yeast DNA repair gene RAD6[J]. Proc Natl Acad Sci U S A，88：8865−8869.

Kong L，Yong Z，Ye Z Q，et al.，2007. CPC：assess the protein-coding potential of transcripts using sequence features and support vector machine [J]. Nucleic Acids Res，35：W345−349.

Koonin E V, Fedorova N D, Jackson J D, et al., 2004. A comprehensive evolutionary classification of proteins encoded in complete eukaryotic genomes[J]. Genome Biol, 5: R7.

Kraft E, Stone S L, Ma L, et al., 2005. Genome analysis and functional characterization of the E2 and RING-type E3 ligase ubiquitination enzymes of Arabidopsis [J]. Plant Physiol, 139: 1 597-1 611.

Kreuzberger M, Hahn T, Zibek S, et al., 2016. Seasonal pattern of biomass and rubber and inulin of wild Russian dandelion (*Taraxacum kok-saghyz* L. Rodin) under experimental field conditions [J]. Eur J Agron, 80: 66-77.

Krivorotova T, Sereikaite J, 2014. Seasonal changes of carbohydrates composition in the tubers of *Jerusalem artichoke* [J]. Acta Physiol Plant, 36: 79-83.

Krotkov G, 1945. A review of literature on *Taraxacum koksaghyz* Rod. [J]. Bot Rev, 14: 417-461.

Kumlehn J, Pietralla J, Hensel G, et al., 2018. The CRISPR/Cas revolution continues: from efficient gene editing for crop breeding to plant synthetic biology[J]. J Integr Plant Biol, 60: 1 127-1 153.

Kusch U, Greiner S, Steininger H, et al., 2009. Dissecting the regulation of fructan metabolism in chicory (*Cichorium intybus*) hairy roots [J]. New Phytol, 184: 127-140.

Kwee H S, Sundaresan V, 2003. The NOMEGA gene required for female gametophyte development encodes the putative APC6/CDC16 component of the Anaphase Promoting Complex in Arabidopsis [J]. Plant J, 36: 853-866.

Laibach N, Hillebrand A, Twyman R M, et al., 2015. Identification of a *Taraxacum brevicorniculatum* rubber elongation factor protein that is localized on rubber particles and promotes rubber biosynthesis[J]. Plant J, 82: 609-620.

Laibach N, Schmidl S, Muller B, et al., 2018. Small rubber particle proteins from *Taraxacum brevicorniculatum* promote stress tolerance and influence the size and distribution of lipid droplets and artificial poly (cis-1,4-isoprene) bodies [J]. Plant J, 93: 1 045-1 061.

Leach J D, Sobolik K D, 2010. High dietary intake of prebiotic inulin-type fructans in the prehistoric Chihuahuan Desert[J]. Br J Nutr, 103: 1 558-1 561.

Lee J H, Terzaghi W, Gusmaroli G, et al., 2008. Characterization of Arabidopsis and rice DWD proteins and their roles as substrate receptors for CUL4-RING E3 ubiquitin ligases[J]. Plant Cell, 20: 152-167.

Lee S, Seo M H, Oh D K, et al., 2014. Targeted metabolomics for *Aspergillus oryzae*-mediated biotransformation of soybean isoflavones, showing variations in primary metabolites [J]. Biosci Biotechnol Biochem, 78: 167-174.

Li H, 2018. Minimap2: pairwise alignment for nucleotide sequences[J]. Bioinformatics, 34:

3 094-3 100.

Li J，Wei M，Zeng P，et al.，2015. LncTar：a tool for predicting the RNA targets of long noncoding RNAs[J]. Brief Bioinform，16：806-812.

Lin T，Xu X，Ruan J，et al.，2018. Genome analysis of *Taraxacum kok-saghyz* Rodin provides new insights into rubber biosynthesis[J]. Nat Sci Rev，5：78-87.

Lindsay D L，Bonham-Smith P C，Postnikoff S，et al.，2011. A role for the anaphase promoting complex in hormone regulation[J]. Planta，233：1 223-1 235.

Liu B，Hong S，Tang Z，et al.，2005. HTLV-I Tax directly binds the Cdc20-associated anaphase-promoting complex and activates it ahead of schedule[J]. Proc Natl Acad Sci U S A，102：63-68.

Liu J，2015. Effects of induced concentration and time of EMS on seed germination of common buckwheat[J]. Agr Sci Tech，16：2 081-2 083.

Liu J，Shi C，Shi C C，et al.，2020. The chromosome-based rubber tree genome provides new insights into spurge genome evolution and rubber biosynthesis[J]. Mol Plant，13：336-350.

Livingston D P，Knievel D P，Gildow F E，1994. Fructan synthesis in oat. I. oligomer accumulation in stems during cold hardening and their In vitro synthesis in a crude enzyme extract[J]. New phytol，127：27-36.

Lombard J，2016. Early evolution of polyisoprenol biosynthesis and the origin of cell walls[J]. PeerJ，4：e2626.

Lowder L G，Zhang D，Baltes N J，et al.，2015. A CRISPR/Cas9 toolbox for multiplexed plant genome editing and transcriptional regulation[J]. Plant Physiol，169：971-985.

Luo R，Song X，Li Z，et al.，2018a. Effect of soil salinity on fructan content and polymerization degree in the sprouting tubers of *Jerusalem artichoke*（*Helianthus tuberosus L.*）[J]. Plant Physiol Biochem，125：27-34.

Luo Z，Iaffaldano B J，Cornish K，2018b. Colchicine-induced polyploidy has the potential to improve rubber yield in *Taraxacum kok-saghyz*[J]. Ind Crop Prod，112：75-81.

Luscher M，Erdin C，Sprenger N，et al.，1996. Inulin synthesis by a combination of purified fructosyltransferases from tubers of *Helianthus tuberosus*[J]. FEBS Lett，385：39-42.

Ma X，Zhang Q，Zhu Q，et al.，2015. A robust CRISPR/Cas9 system for convenient，high-efficiency multiplex genome editing in monocot and dicot plants[J]. Mol Plant，8：1 274-1 284.

Ma X L，Liu Y G，2016. CRISPR/Cas9 - based multiplex genome editing in monocot and dicot plants[J]. Curr Protoc Mol Biol，115：31.6.1-31.6.21.

Marrocco K，Thomann A，Parmentier Y，et al.，2009. The APC/C E3 ligase remains active in most post-mitotic Arabidopsis cells and is required for proper vasculature development and organization[J]. Development, 136: 1 475-1 485.

McAssey E V, Gudger E G, Zuellig M P, et al., 2016. Population genetics of the rubber-producing russian dandelion (*Taraxacum kok-saghyz*) [J]. PLoS One, 11: e0146417.

Mckenna A, Hanna M, Banks E, et al., 2010. The Genome Analysis Toolkit: a MapReduce framework for analyzing next-generation DNA sequencing data[J]. Genome Res, 20: 1 297-1 303.

Menda N, 2010. In silico screening of a saturated mutation library of tomato[J]. Plant J, 38: 861-872.

Metcalfe C R, 1967. Distribution of latex in the plant kingdom[J]. Econ Bot, 21: 115-127.

Minoru K, Susumu G, Shuichi K, et al., 2004. The KEGG resource for deciphering the genome[J]. Nucleic Acids Res, 32: D277.

Mooibroek H, Cornish K, 2000. Alternative sources of natural rubber[J]. Appl Microbiol Biotechnol, 53: 355-365.

Mudgil Y, Shiu S H, Stone S L, et al., 2004. A large complement of the predicted Arabidopsis ARM repeat proteins are members of the U-box E3 ubiquitin ligase family[J]. Plant Physiol, 134: 59-66.

Mullenders L H F, 2018. Solar UV damage to cellular DNA: from mechanisms to biological effects[J]. Photochem Photobiol Sci, 17: 1 842-1 852.

Muller K J, He X, Fischer R, et al., 2006. Constitutive knox1 gene expression in dandelion (*Taraxacum officinale*, Web.) changes leaf morphology from simple to compound[J]. Planta, 224: 1 023-1 027.

Nagaraj V J, Riedl R, Boller T, et al., 2001. Light and sugar regulation of the barley sucrose: fructan 6-fructosyltransferase promoter[J]. J plant physiol, 158: 1 601-1 607.

Niephaus E, Muller B, van Deenen N, et al., 2019. Uncovering mechanisms of rubber biosynthesis in *Taraxacum koksaghyz* - role of cis-prenyltransferase-like 1 protein[J]. Plant J, 100: 591-609.

Nishimura N, Yoshida T, Kitahata N, et al., 2007. ABA-Hypersensitive Germination1 encodes a protein phosphatase 2C, an essential component of abscisic acid signaling in Arabidopsis seed[J]. Plant J, 50: 935-949.

Nong Q, Yang Y, Zhang M, et al., 2019. RNA-seq-based selection of reference genes for RT-qPCR analysis of pitaya[J]. FEBS Open Bio, 9: 1 403-1 412.

Olson M, Hood L, Cantor C, et al., 1989. A common language for physical mapping of the human genome[J]. Science, 245: 1 434-1 435.

Panter S, Mouradov A, Badenhorst P, et al., 2017. Re-programming photosynthetic cells of perennial ryegrass (*Lolium perenne* L.) for fructan biosynthesis through transgenic expression of fructan biosynthetic genes under the control of photosynthetic promoters[J]. Agronomy, 7: 36.

Papaleo E, Casiraghi N, Arrigoni A, et al., 2012. Loop 7 of E2 enzymes: an ancestral conserved functional motif involved in the E2-mediated steps of the ubiquitination cascade[J]. PLoS One, 7: e40786.

Parvanova D, Ivanov S, Konstantinova T, et al., 2004. Transgenic tobacco plants accumulating osmolytes show reduced oxidative damage under freezing stress[J]. Plant Physiol Biochem, 42: 57-63.

Passmore L A, McCormack E A, Au S W, et al., 2003. Doc1 mediates the activity of the anaphase-promoting complex by contributing to substrate recognition[J]. EMBO J, 22: 786-796.

Peng R H, Yao Q-H, XIONG A S, et al., 2003. Ubiquitin-conjugating enzyme (E2) confers rice UV protection through phenylalanine ammonia-lyase gene promoter Unit [J]. J Integr Plant Biol, 45: 1 351-1 358.

Peters J M, 2006. The anaphase promoting complex/cyclosome: a machine designed to destroy[J]. Nat Rev Mol Cell Biol, 7: 644-656.

Pickart C M, 2001. Mechanisms underlying ubiquitination[J]. Annu Rev Biochem , 70: 503-533.

Pines J, 2011. Cubism and the cell cycle: the many faces of the APC/C[J]. Nat Rev Mol Cell Biol, 12: 427-438.

Polhamus L G, 1962. Rubber: botany, production, and utilization[M]. London: Leonard Hill Limited.

Polhamus L G, Hill L, 1962. Rubber. botany, production, and utilization[J]. Q Rev Biol, 38: 89-90.

Ponciano G, McMahan C M, Xie W, et al., 2012. Transcriptome and gene expression analysis in cold-acclimated guayule (*Parthenium argentatum*) rubber-producing tissue[J]. Phytochemistry, 79: 57-66.

Portes M T, Figueiredo-Ribeiro Rde C, de Carvalho M A, 2008. Low temperature and defoliation affect fructan-metabolizing enzymes in different regions of the rhizophores of *Vernonia herbacea* [J]. J Plant Physiol, 165: 1 572-1 581.

Post J, van Deenen N, Fricke J, et al., 2012. Laticifer-specific cis-prenyltransferase silencing affects the rubber, triterpene, and inulin content of *Taraxacum brevicorniculatum*[J]. Plant Physiol, 158: 1 406-1 417.

Qian R, Wu Z, Xue Z, et al., 1995. Length of chain segment motion needed for crystallization[J]. Macromol Rapid Comm, 16: 19-23.

Qiao H, Chang K N, Yazaki J, et al., 2009. Interplay between ethylene, ETP1/ETP2 F-box proteins, and degradation of EIN2 triggers ethylene responses in Arabidopsis[J]. Genes Dev, 23: 512-521.

Qin B, 2013. The function of Rad6 gene in *Hevea brasiliensis* extends beyond DNA repair[J]. Plant Physiol Biochem, 66: 134-140.

Qiu J, Sun S, Luo S, et al., 2014. Arabidopsis AtPAP1 transcription factor induces anthocyanin production in transgenic *Taraxacum brevicorniculatum*[J]. Plant Cell Rep, 33: 669-680.

Quraishi U M, Abrouk M, Bolot S, et al., 2009. Genomics in cereals: from genome-wide conserved orthologous set (COS) sequences to candidate genes for trait dissection[J]. Funct Integr Genomics, 9: 473-484.

Rolf A, Amos B, Wu C H, et al., 2004. UniProt: the universal protein knowledgebase[J]. Nucleic Acids Res, 32: D115-D119.

Rubio S, Rodrigues A, Saez A, et al., 2009. Triple loss of function of protein phosphatases type 2C leads to partial constitutive response to endogenous abscisic acid[J]. Plant Physiol, 150: 1 345-1 355.

Sakhanokho H F, Rajasekaran K, Kelley R Y, et al., 2009. Induced polyploidy in diploid ornamental ginger (*Hedychium muluense* R. M. Smith) using colchicine and oryzalin[J]. Hort Science, 44: 1 809-1 814.

Sando T, Takaoka C, Mukai Y, et al., 2008. Cloning and characterization of mevalonate pathway genes in a natural rubber producing plant, *Hevea brasiliensis*[J]. Biosci Biotechnol Biochem, 72: 2 049-2 060.

Schmidt T, Lenders M, Hillebrand A, et al., 2010. Characterization of rubber particles and rubber chain elongation in *Taraxacum koksaghyz*[J]. BMC Biochem, 11: 11.

Schuch A P, Garcia C C, Makita K, et al., 2013. DNA damage as a biological sensor for environmental sunlight[J]. Photochem Photobiol Sci, 12: 1 259-1 272.

Schumacher F R, Wilson G, Day C L, 2013. The N-terminal extension of UBE2E ubiquitin-conjugating enzymes limits chain assembly[J]. J Mol Biol, 425: 4 099-4 111.

Schuppler U, He P H, John P C, et al., 1998. Effect of water stress on cell division and cell-division-cycle 2-like cell-cycle kinase activity in wheat leaves[J]. Plant Physiol, 117: 667-678.

Scott K D, Eggler P, Seaton G, et al. Analysis of SSRs derived from grape ESTs[J]. Theor Appl Genet, 100: 723-726.

Shintani D N-T H C J, 2010. Summary of U.S. efforts to identify rubber biosynthetic genes [M]. EU-PEARLS consortium: The Future of Natural Rubber, e0146417.

Skirycz A, Claeys H, De Bodt S, et al., 2011. Pause-and-stop: the effects of osmotic stress on cell proliferation during early leaf development in Arabidopsis and a role for ethylene signaling in cell cycle arrest [J]. Plant Cell, 23: 1 876-1 888.

Smalle J, Vierstra R D, 2004a. The ubiquitin 26S proteasome proteolytic pathway[J]. Annu Rev Plant Biol, 55: 555-590.

Song M S, Carracedo A, Salmena L, et al., 2011. Nuclear PTEN regulates the APC-CDH1 tumor-suppressive complex in a phosphatase-independent manner[J]. Cell, 144: 187-199.

Song N J, Luan J, Zhang Z H, 2017. Updating and identifying a novel mutation in the PMVK gene in classic porokeratosis of Mibelli[J]. Clin Exp Dermatol, 42: 910-911.

Song Y, Wang Y, Guo D, et al., 2019. Selection of reference genes for quantitative real-time PCR normalization in the plant pathogen Puccinia helianthi Schw [J]. BMC Plant Biol, 19: 20.

Stolze A, Wanke A, van Deenen N, et al., 2017. Development of rubber-enriched dandelion varieties by metabolic engineering of the inulin pathway [J]. Plant Biotechnol J, 15: 740-753.

Stone S L, 2014. The role of ubiquitin and the 26S proteasome in plant abiotic stress signaling[J]. Front Plant Sci, 5: 135.

Stone S L, Hauksdottir H, Troy A, et al., 2005. Functional analysis of the RING-type ubiquitin ligase family of Arabidopsis[J]. Plant Physiol, 137: 13-30.

Suarez-Gonzalez E M, Lopez M G, Delano-Frier J P, et al., 2014. Expression of the 1-SST and 1-FFT genes and consequent fructan accumulation in *Agave tequilana* and *A. inaequidens* is differentially induced by diverse (a) biotic-stress related elicitors[J]. J Plant Physiol, 171: 359-372.

Sun L, Luo H, Bu D, et al., 2013. Utilizing sequence intrinsic composition to classify protein-coding and long non-coding transcripts[J]. Nucleic Acids Res, 41: e166.

Sylvain F, Michael S, 2007. ASTALAVISTA: dynamic and flexible analysis of alternative splicing events in custom gene datasets[J]. Nucleic Acids Res, 35: W297.

Takeuchi K, Gyohda A, Tominaga M, et al., 2011. RSOsPR10 expression in response to environmental stresses is regulated antagonistically by jasmonate/ethylene and salicylic acid signaling pathways in rice roots [J]. Plant Cell Physiol, 52: 1 686-1 696.

Tanaka Y, Kawahara S, Aik-Hwee E, et al., 1995. Initiation of biosynthesis in cis polyisoprenes[J]. Phytochemistry, 39: 779-784.

Tangpakdee J, Tanaka Y, Shiba K-i, et al., 1997. Structure and biosynthesis of trans-polyisoprene from Eucommia ulmoides[J]. Phytochemistry, 45: 75-80.

Taning C N, Van Eynde B, Yu N, et al., 2017. CRISPR/Cas9 in insects: applications, best practices and biosafety concerns[J]. J Insect Physiol, 98: 245-257.

Tatusov R L, Galperin M Y, Natale D A, et al., 2000. The COG database: a tool for genome-scale analysis of protein functions and evolution[J]. Nucleic Acids Res, 33-36.

Thiel T, Michalek W, Varshney R, et al., 2003. Exploiting EST databases for the development and characterization of gene-derived SSR-markers in barley (*Hordeum vulgare* L.) [J]. Theor Appl Genet, 106: 411-422.

Thines B, Katsir L, Melotto M, et al., 2007. JAZ repressor proteins are targets of the SCF (COI1) complex during jasmonate signalling[J]. Nature, 448: 661-665.

Tong Z, Wang D, Sun Y, et al., 2017. Comparative proteomics of rubber latex revealed multiple protein species of REF/SRPP family respond diversely to ethylene stimulation among different rubber tree clones[J]. Int J Mol Sci, 18: 958.

Turner L B, Cairns A J, Armstead I P, et al., 2008. Does fructan have a functional role in physiological traits? Investigation by quantitative trait locus mapping[J]. New Phytol, 179: 765-775.

van Beilen J B, Poirier Y, 2007a. Establishment of new crops for the production of natural rubber[J]. Trends Biotechnol, 25: 522-529.

van Beilen J B, Poirier Y, 2007b. Guayule and Russian dandelion as alternative sources of natural rubber[J]. Crit Rev Biotechnol, 27: 217-231.

van Deenen N, Bachmann A L, Schmidt T, et al., 2012. Molecular cloning of mevalonate pathway genes from *Taraxacum brevicorniculatum* and functional characterisation of the key enzyme 3-hydroxy-3-methylglutaryl-coenzyme A reductase[J]. Mol Biol Rep, 39: 4 337-4 349.

van den Ende W, Clerens S, Vergauwen R, et al., 2006. Cloning and functional analysis of a high DP fructan: fructan 1-fructosyl transferase from *Echinops ritro* (Asteraceae): comparison of the native and recombinant enzymes[J]. J Exp Bot, 57: 775-789.

Verhaest M, Van den Ende W, Roy K L, et al., 2005. X-ray diffraction structure of a plant glycosyl hydrolase family 32 protein: fructan 1-exohydrolase Ⅱa of *Cichorium intybus*[J]. Plant J, 41: 400-411.

Vierstra R D, 2009. The ubiquitin-26S proteasome system at the nexus of plant biology[J]. Nat Rev Mol Cell Biol, 10: 385-397.

Wadeesirisak K, Castano S, Berthelot K, et al., 2017. Rubber particle proteins REF1 and SRPP1 interact differently with native lipids extracted from *Hevea brasiliensis* latex[J]. Biochim Biophys Acta Biomembr, 1859: 201-210.

Waechter C J, Lucas J J, Lennarz W J, 1973. Membrane glycoproteins. I. Enzymatic synthesis of mannosyl phosphoryl polyisoprenol and its role as a mannosyl donor in glycoprotein synthesis[J]. J Biol Chem, 248: 7 570-7 579.

Wahler D, Gronover C S, Richter C, et al., 2009. Polyphenoloxidase silencing affects latex coagulation in *Taraxacum* species [J]. Plant Physiol, 151: 334-346.

Wan X, Mo A, Liu S, et al., 2011. Constitutive expression of a peanut ubiquitin-conjugating enzyme gene in Arabidopsis confers improved water-stress tolerance through regulation of stress-responsive gene expression[J]. J Biosci Bioeng, 111: 478-484.

Wang F, Deng X W, 2011. Plant ubiquitin-proteasome pathway and its role in gibberellin signaling [J]. Cell Res, 21: 1286-1294.

Wang L G, Park H, Dasari S, et al., 2013. CPAT: coding-potential assessment tool using an alignment-free logistic regression model[J]. Nucleic Acids Res, 41: e74.

Wang J, Liu Y, Liu F, et al., 2016. Loss-of-function mutation in PMVK causes autosomal dominant disseminated superficial porokeratosis [J]. Sci Rep, 6: 24226.

Wang S, Li Q, Zhao L, et al., 2020. Arabidopsis UBC22, an E2 able to catalyze lysine-11 specific ubiquitin linkage formation, has multiple functions in plant growth and immunity[J]. Plant Sci, 297: 110520.

Wang Y, Hou Y, Gu H, et al., 2012. The Arabidopsis APC4 subunit of the anaphase-promoting complex/cyclosome (APC/C) is critical for both female gametogenesis and embryogenesis [J]. Plant J, 69: 227-240.

Wang Y, Hou Y, Gu H, et al., 2013. The Arabidopsis anaphase-promoting complex/cyclosome subunit 1 is critical for both female gametogenesis and embryogenesis (F) [J]. J Integr Plant Biol, 55: 64-74.

Warmke H E, 1945. Experimental polyploidy and rubber content in *Taraxacum kok-saghyz*[J]. Bot Gaz, 106: 316-324.

Wasch R, Robbins J A, Cross F R, 2010. The emerging role of APC/CCdh1 in controlling differentiation, genomic stability and tumor suppression[J]. Oncogene, 29: 1-10.

Watkins J H, Sung P, Prakash S, et al., 2003. The extremely conserved amino terminus of RAD6 ubiquitin-conju: atlng enzyme is essential for amino-endgrule-dependent protein degradation[J]. Gene Dev, 7: 250-261.

Watt R, Piper P W, 1997. UBI4, the polyubiquitin gene of *Saccharomyces cerevisiae*, is a heat shock gene that is also subject to catabolite derepression control[J]. Mol Gen Genet, 253: 439-447.

Whaley W G, Bowen S J, 1947. Russian dandelion (*kok-saghyz*). An emergency source of natural rubber[C]//United States Department of Agriculture.Washington: Miscella-neous

Publication.

Wieghaus A，Prufer D，Schulze Gronover C，2019. Loss of function mutation of the Rapid Alkalinization Factor（RALF1）-like peptide in the dandelion *Taraxacum koksaghyz* entails a high-biomass taproot phenotype[J]. PLoS One，14：e0217454.

Xie G，Kato H，Imai R，2012. Biochemical identification of the OsMKK6-OsMPK3 signalling pathway for chilling stress tolerance in rice[J]. Biochem J，443：95-102.

Xie G，Kato H，Sasaki K，et al.，2009. A cold-induced thioredoxin h of rice，OsTrx23，negatively regulates kinase activities of OsMPK3 and OsMPK6 *in vitro*[J]. FEBS Lett，583：2734-2738.

Xing S，van Deenen N，Magliano P，et al.，2014. ATP citrate lyase activity is post-translationally regulated by sink strength and impacts the wax，cutin and rubber biosynthetic pathways[J]. Plant J，79：270-284.

Xu C，Wang Y，Yu Y，et al.，2012. Degradation of MONOCULM 1 by APC/C（TAD1）regulates rice tillering[J]. Nat Commun，3：750.

Xu L，Menard R，Berr A，et al.，2009. The E2 ubiquitin-conjugating enzymes，AtUBC1 and AtUBC2，play redundant roles and are involved in activation of FLC expression and repression of flowering in *Arabidopsis thaliana* [J]. Plant J，57：279-288.

Xu Q，Yin S，Ma Y，et al.，2020. Carbon export from leaves is controlled via ubiquitination and phosphorylation of sucrose transporter SUC2 [J]. Proc Natl Acad Sci U S A，117：6 223-6 230.

Yamashita S，Takahashi S，2020. Molecular mechanisms of natural rubber biosynthesis[J]. Annu Rev Biochem，89：821-851.

Yeh F C，Boyle T J B，1997. Population genetics analysis of codominant and dominant marks and quantitative traits [J]. Belg J Bot，129：157.

Yi Z，Chen J，Sun H，et al.，2016. iTAK：a program for genome-wide prediction and classification of plant transcription factors，transcriptional regulators，and protein kinases [J]. Mol Plant，9：1 667-1 670.

Yu K F，Park S J，Poysa V，1999. Abundance and variation of microsatellite DNA sequences in beans（*Phaseolus* and *Vigna*）[J]. Genome，42：27-34.

Zhang J，Jia W，Yang J，et al.，2006. Role of ABA in integrating plant responses to drought and salt stresses[J]. Field Crop Res，97：111-119.

Zhang Y X，Iaffaldano B J，Xie W S，et al.，2015. Rapid and hormone-free *Agrobacterium rhizogenes*-mediated transformation in rubber producing dandelions *Taraxacum kok-saghyz* and *T. brevicorniculatum*[J]. Ind Crop Prod，66：110-118.

Zhao M L，Wang J N，Shan W，et al.，2013. Induction of jasmonate signalling regulators

MaMYC2s and their physical interactions with MaICE1 in methyl jasmonate-induced chilling tolerance in banana fruit[J]. Plant Cell Environ，36：30-51.

Zheng L，Chen Y，Ding D，et al.，2019. Endoplasmic reticulum-localized UBC34 interaction with lignin repressors MYB221 and MYB156 regulates the transactivity of the transcription factors in *Populus tomentosa*[J]. BMC Plant Biol，19：97.

Zhu Q F，Qi Y Y，Zhang Z J，et al.，2018. Vibsane-type diterpenoids from *Viburnum odoratissimum* and their cytotoxic and HSP90 inhibitory activities [J]. Chem Biodivers，15：e1800049.

Zwirn P，Stary S，Luschnig C，et al.，1997. *Arabidopsis thaliana* RAD6 homolog AtUBC2 complements UV sensitivity，but not N-end rule degradation deficiency，of *Saccharomyces cerevisiae rad6* mutants [J]. Curr Genet，32：309-314.

附　录

一、组培培养基配置方法

1. MS 大量元素贮备液 I（20×）的配制

如配制 1L 贮备液 I（20×），将烧杯中加入 900 mL 蒸馏水，依次称取附表 1 的药品，加入烧杯中（溶好一个后，再加下一个）。最后定容至 1 L，4℃冰箱保存备用。

附表 1　MS 大量元素贮备液 I（20×）的组分及含量

成分名称	分子式	浓度 /（mg·L⁻¹）
硝酸铵	NH_4NO_3	33 000
硝酸钾	KNO_3	38 000
二水氯化钙	$CaCl_2 \cdot 2H_2O$	8 800
七水氯化镁	$MgCl_2 \cdot 7H_2O$	7 400
磷酸二氢钾	KH_2PO_4	3 400

2. MS 微量元素贮备液 II（200×）的配制

如配制 1L 贮备液 II（200×），将烧杯中加入 900 mL 蒸馏水，依次称取附表 2 的药品，加入烧杯中（溶好一个后，再加下一个）。最后定容至 1 L，4℃冰箱保存备用。由于 $CuSO_4 \cdot 5H_2O$ 和 $CoCl_2 \cdot 6H_2O$ 称取量很小，如果天平精确度没有达到万分之一，可先分别称取 0.05 g $CuSO_4 \cdot 5H_2O$，0.05 g $CoCl_2 \cdot 6H_2O$，各自配成 100 mL 的调整液，然后取 10 mL 即是 0.005 g（即 5 mg）的量。

附表2　MS 微量元素贮备液Ⅱ（200×）的组分及含量

成分名称	分子式	浓度/（mg·L^{-1}）
碘化钾	KI	166
硼酸	H_3BO_3	1 240
四水硫酸锰	$MnSO_4 \cdot 4H_2O$	4 460
七水硫酸锌	$ZnSO_4 \cdot 7H_2O$	1 720
二水钼酸钠	$Na_2MoO_4 \cdot 2H_2O$	50
五水硫酸铜	$CuSO_4 \cdot 5H_2O$	5
六水氯化钴	$CoCl_2 \cdot 6H_2O$	5

3. MS 铁盐贮备液Ⅲ（200×）的配制

如配制 1L 贮备液Ⅲ（200×），将 $FeSO_4 \cdot 7H_2O$ 和 $Na_2 \cdot EDTA \cdot 2H_2O$ 分别置于 450 mL 蒸馏水中，加热并不断搅拌使之溶解。须先分别溶解。$Na_2 \cdot EDTA \cdot 2H_2O$ 可以加热助溶，硫酸亚铁溶解时不可加热，否则立即氧化成棕褐色三价铁。然后，趁热将将硫酸亚铁溶液缓慢倒入 $Na_2 \cdot EDTA$ 溶液（注意顺序），边倒边搅拌，混合均匀后，调节 pH 值至 5.5，加蒸馏水定容到 1 L。配好后 4℃冰箱冷藏，防止霉菌滋生，产生絮状沉淀。

附表3　MS 铁盐贮备液Ⅲ（200×）的组分及其含量

成分名称	分子式	浓度/（mg·L^{-1}）
七水硫酸亚铁	$FeSO_4 \cdot 7H_2O$	5 560
EDTA 钠盐	$Na_2 \cdot EDTA \cdot 2H_2O$	7 460

4. MS 有机物贮备液Ⅳ（200×）的配制

如配制 1L 贮备液Ⅳ（200×），将烧杯中加入 900 mL 蒸馏水，依次称取附表4中的药品，加入烧杯中（溶好一个后，再加下一个）。最后定容至 1 L，4℃冰箱保存备用。

附表 4　MS 有机物贮备液Ⅳ（200×）的组分及其含量

成分名称	浓度 /（mg · L⁻¹）
肌醇	20 000
烟酸	100
盐酸吡哆醇	100
盐酸硫胺素	100
甘氨酸	400

5. MS 培养基的配制

如配制 1 L MS 培养基，将烧杯中加入 800 mL 蒸馏水，称取 15 ~ 20 g 蔗糖，搅拌使其溶解，然后依次取 50 mL 贮备液Ⅰ、5 mL 贮备液Ⅱ、5 mL 贮备液Ⅲ、5 mL 贮备液Ⅳ，添加适量浓度的激素，用 1.0 mol/L NaOH 和 1.0 mol/L HCl 调节 pH 值至 5.8 ~ 6.0；加入植物凝胶 3.95 ~ 4.0 g，摇匀；定容至 1 L，用高压灭菌锅在 121 ℃下灭菌 15 min。从灭菌锅取出后，冷却至 60 ~ 65 ℃，在超净工作台上，根据需要添加适当的筛选剂或者抗生素，充分混匀后分装到每个培养皿中，每个皿约装 30 mL，室温冷却后，每个培养皿用封口膜封口，4 ℃保存备用。

6. 1/2 MS 培养基的配制

配制方法与 MS 培养基相同，基本组分及其含量如下：10 ~ 15 g 蔗糖，25 mL 贮备液Ⅰ、5 mL 贮备液Ⅱ、5 mL 贮备液Ⅲ、5 mL 贮备液Ⅳ，植物凝胶 3.95 ~ 4.0 g。

二、激素、抗生素及其配置方法

6-BA：6- 苄氨基嘌呤，浓度 0.5 mg/mL，称 50 mg 6-BA 粉末溶于 50 mL 超纯水中，逐滴加入 1 mol/L 的 HCl 溶液直至完全溶解，定容至 100 mL。

NAA：a- 萘乙酸，浓度 0.5 mg/mL，称 50 mg NAA 粉末用少量 95% 乙醇完全溶解后，加超纯水定容至 100 mL。

ABA：脱落酸，浓度 0.5 mg/mL，称 50 mg ABA 粉末溶于 50 mL 超纯水中，逐滴加入 1 mol/L 的 NaOH 溶液直至完全溶解，定容至 100 mL。

AS：乙酰丁香酮，浓度 100 mmol/L，称 1 962 mg AS 直接溶于 100 mL 二甲基甲酰胺中再分装至已灭菌的 1.5 mL 离心管中。

Kan：硫酸卡那霉素，浓度 50 mg/mL，称 5 g 直接溶于 100 mL 灭菌的超纯水中，过滤除菌后分装于灭菌的 1.5 mL 离心管中。

Amp：氨苄青霉素，浓度 100 mg/mL，称 10 g 直接溶于 100 mL 灭菌的超纯水中，过滤除菌后分装于灭菌的 1.5 mL 离心管中。

Time：特美汀 Timentin，浓度 500 mg/mL，取一瓶 Time（5 g/ 瓶）直接溶于 10 mL 灭菌的超纯水中，过滤除菌后分装于灭菌的 1.5 mL 离心管中。

Hyg：潮霉素，浓度 50 mg/mL，取 1 瓶 Hyg（1 g/ 瓶）直接溶于 20 mL 灭菌的超纯水中，过滤除菌后分装于灭菌的 1.5 mL 离心管中。

三、细菌培养基及其配置方法

LB 培养基 1 L：胰蛋白胨 10 g，酵母提取物 5 g，NaCl 10 g，溶解后用 1 mol/L NaOH 调节 pH 值至 7.0；固体培养基添加 15 g 琼脂粉。用高压灭菌锅在 121℃下灭菌 15 min。从灭菌锅取出后，冷却至 60 ~ 65℃，在超净工作台上，添加适当的抗生素，充分混匀后分装到每个培养皿中，每个皿装 25 ~ 30 mL，室温冷却后，每个培养皿用封口膜封口，4℃保存备用。